"十三五"国家重点出版物出版规划项目
可靠性新技术丛书

航空发动机关键部件的缺陷检测与评估

Detection and Evaluation of Defects in Critical Aero Engine Components

梁 菁　沙正骁　史亦韦　何方成　编著

国防工业出版社
·北京·

内 容 简 介

本书介绍了航空发动机的结构、材料和工艺特点以及无损检测方法的选用原则,重点介绍了近年来在航空发动机转动件径轴向裂纹超声和涡流检测、双合金整体叶盘连接界面质量无损评价、叶片热障涂层缺陷的红外与超声检测、空心叶片壁厚工业计算机层析成像测量及残余型芯无损检测、盘件及大直径棒材高灵敏度超声检测、钎焊结构超声检测与缺陷定量评价、钛合金复杂铸件缺陷检测、复合材料无损检测等领域取得的实用创新性研究成果。

本书面向航空发动机无损检测工程技术人员、科研工作者和生产检测人员,可在技术开发、检测方法选用和工艺编制等方面提供相关知识和经验,可作为航空无损检测人员资格认证培训的补充教学资料,也可供航空产品设计、生产和研发人员学习参考。

图书在版编目(CIP)数据

航空发动机关键部件的缺陷检测与评估/梁菁等编著.—北京:国防工业出版社,2022.1
(可靠性新技术丛书)
ISBN 978-7-118-12418-7

Ⅰ.①航… Ⅱ.①梁… Ⅲ.①航空发动机–零部件–缺陷检测②航空发动机–零部件–评估 Ⅳ.①V232

中国版本图书馆 CIP 数据核字(2021)第 238485 号

※

*国防工业出版社*出版发行
(北京市海淀区紫竹院南路 23 号 邮政编码 100048)
北京龙世杰印刷有限公司印刷
新华书店经售

*

开本 710×1000 1/16 插页 4 印张 21 字数 369 千字
2022 年 1 月第 1 版第 1 次印刷 印数 1—2000 册 定价 138.00 元

(本书如有印装错误,我社负责调换)

国防书店:(010)88540777 书店传真:(010)88540776
发行业务:(010)88540717 发行传真:(010)88540762

可靠性新技术丛书
编审委员会

主任委员：康　锐

副主任委员：周东华　左明健　王少萍　林　京

委　　　员（按姓氏笔画排序）：

　　　　　　朱晓燕　任占勇　任立明　李　想

　　　　　　李大庆　李建军　李彦夫　杨立兴

　　　　　　宋笔锋　苗　强　胡昌华　姜　潮

　　　　　　陶春虎　姬广振　翟国富　魏发远

丛书序

可靠性理论与技术发源于20世纪50年代,在西方工业化先进国家得到了学术界、工业界广泛持续的关注,在理论、技术和实践上均取得了显著的成就。20世纪60年代,我国开始在学术界和电子、航天等工业领域关注可靠性理论研究和技术应用,但是由于众所周知的原因,这一时期进展并不顺利。直到20世纪80年代,国内才开始系统化地研究和应用可靠性理论与技术,但在发展初期,主要以引进吸收国外的成熟理论与技术进行转化应用为主,原创性的研究成果不多,这一局面直到20世纪90年代才开始逐渐转变。1995年以来,在航空航天及国防工业领域开始设立可靠性技术的国家级专项研究计划,标志着国内可靠性理论与技术研究的起步;2005年,以国家863计划为代表,开始在非军工领域设立可靠性技术专项研究计划;2010年以来,在国家自然科学基金的资助项目中,各领域的可靠性基础研究项目数量也大幅增加。同时,进入21世纪以来,在国内若干单位先后建立了国家级、省部级的可靠性技术重点实验室。上述工作全方位地推动了国内可靠性理论与技术研究工作。当然,随着中国制造业的快速发展,特别是《中国制造2025》的颁布,中国正从制造大国向制造强国的目标迈进,在这一进程中,中国工业界对可靠性理论与技术的迫切需求也越来越强烈。工业界的需求与学术界的研究相互促进,使得国内可靠性理论与技术自主成果层出不穷,极大地丰富和充实了已有的可靠性理论与技术体系。

在上述背景下,我们组织撰写了这套可靠性新技术丛书,以集中展示近5年国内可靠性技术领域最新的原创性研究和应用成果。在组织撰写丛书过程中,坚持以下几个原则:

一是**坚持原创**。丛书选题的征集,要求每一本图书反映的成果都要依托国家级科研项目或重大工程实践,确保图书内容反映理论、技术和应用创新成果,力求做到每一本图书达到专著或编著水平。

二是**体系科学**。丛书框架的设计,按照可靠性系统工程管理、可靠性设计与实验、故障诊断预测与维修决策、可靠性物理与失效分析4个板块组织丛书的选题,基本上反映了可靠性技术作为一门新兴交叉学科的主要内容,也能在一定时期内保证本套丛书的开放性。

三是保证权威。丛书作者的遴选，汇聚了一支由国内可靠性技术领域长江学者特聘教授、千人计划专家、国家杰出青年基金获得者、973项目首席科学家、国家级奖获得者、大型企业质量总师、首席可靠性专家等领衔的高水平作者队伍，这些高层次专家的加盟奠定了丛书的权威性地位。

四是覆盖全面。丛书选题内容不仅覆盖了航空航天、国防军工行业，还涉及了轨道交通、装备制造、通信网络等非军工行业。

本套丛书成功入选"十三五"国家重点出版物出版规划项目，主要著作同时获得国家科学技术学术著作出版基金、国防科技图书出版基金以及其他专项基金等的资助。为了保证本套丛书的出版质量，国防工业出版社专门成立了由总编辑挂帅的丛书出版工作领导小组和由可靠性领域权威专家组成的丛书编审委员会，从选题征集、大纲审定、初稿协调、终稿审查等若干环节设置评审点，依托领域专家逐一对入选丛书的创新性、实用性、协调性进行审查把关。

我们相信，本套丛书的出版将推动我国可靠性理论与技术的学术研究跃上一个新台阶，引领我国工业界可靠性技术应用的新方向，并最终为"中国制造2025"目标的实现做出积极的贡献。

康锐

2018年5月20日

前言

航空发动机作为集高、精、尖技术之大成的工业产品，几乎可以代表人类最高的设计和制造水平。"工业皇冠上的明珠"是世界给予航空发动机的赞誉，这既是对其设计之复杂、运行之精密的准确评价，也是对其制造难度和易损特性的形象诠释。

为了保证产品质量，消除潜在的安全隐患，在航空发动机的制造过程中，大量采用了无损检测技术。特别是一些关键、重要的零部件（例如涡轮盘、机匣等），往往需要在不同工艺阶段接受数次不同方法的无损检测。作为唯一的非破坏性检测手段，无损检测可直接应用于零件本身，反映出被检对象中存在缺陷情况和材料组织状态。依据无损检测提供的信息，可实现对零件安全性、可靠性和经济性的准确评估，并根据评估结果对零件作出最合理的处理决策。

与其他工业产品相比，航空发动机的无损检测具有检测对象复杂、检测要求高的特点。一方面，航空发动机为了追求高推重比/功重比，大量采用了钛合金、高温合金、复合材料等高性能材料，以及精密铸造、增材制造、粉末冶金等复杂的制造和成形工艺，这些材料和工艺的使用大大增加了产品的材料组织和结构复杂性，使无损检测存在极大的难度；另一方面，由于航空发动机具有长达上千小时的安全使用寿命，需要经历数百次的启停，在循环载荷的作用下，某些微小的缺陷也可能成为疲劳裂纹源，威胁发动机的可靠安全服役，因此航空发动机产品具有极高的检测要求。为了适应这些特殊需求，用于航空发动机产品的无损检测技术一般具有自动化程度高、检测过程控制严格、灵敏度要求高、缺陷可定量评价等特点。

近年来，我国在自主研发高性能航空发动机方面的需求日益迫切，多个型号军用和民用航空发动机的专项研发计划相继启动，各类新材料、新工艺和新结构的采用，促使零部件不断朝着整体化、复杂化方向发展，这给无损检测带来更多新的需求和挑战，推动航空发动机无损检测技术的持续进步。

本书汇集了中国航发北京航空材料研究院多年来在航空发动机无损检测领域取得的有代表性和实用创新性的研究成果和经验，内容涉及航空发动机中大量难检材料和制件的检测思路和实施实例，包括转动件径轴向裂纹超声和涡流检测、双合金整体叶盘连接界面质量无损评价、叶片热障涂层缺陷的红外与超声检测、空心叶片壁厚工业计算机层析成像（CT）检测、钎焊结构超声检测与缺陷定量评价、钛合金复杂铸件缺陷检测、复合材料无损检测等。希望各位读者在阅读后能有所启发。

全书共分 10 章,第 1 章航空发动机无损检测概述,由梁菁、沙正骁、史亦韦撰写;第 2 章发动机转动件径轴向裂纹无损检测,由史亦韦、杨平华、王东升、乔海燕、赵宏达、梁菁撰写;第 3 章双合金整体叶盘连接界面质量评价,由沙正骁、梁菁、韩波、史亦韦撰写;第 4 章叶片热障涂层的无损检测,由刘颖韬、唐佳撰写;第 5 章空心叶片壁厚工业 CT 测量,由陈子木、苏宇航和何方成撰写;第 6 章盘件及大直径棒材的高灵敏度超声检测,由梁菁、沙正骁、王铮和韩波撰写;第 7 章钎焊结构质量的超声定量评价,由沙正骁、梁菁和史亦韦撰写;第 8 章钛合金复杂精密铸件的无损检测,由王倩妮、何方成、马海全撰写;第 9 章高温合金空心叶片的残余型芯检测,由高祥熙、王倩妮、陈子木、何方成撰写;第 10 章复合材料在发动机上的应用及无损检测,由韩波、陈子木、王铮、梁菁撰写。梁菁、沙正骁、史亦韦和何方成负责全书的统稿和定稿。

衷心感谢陶春虎研究员在本书选题和统稿中给予的重要指导和建议。此外,史丽军、林立志、石剑、李泽、林莉、马志远、冯立春、刘京洲、王建国、马小怀、王丽娟、王勇灵、董德秀、董瑞琴、何喜、陈果等也对本书中涉及的研究作出了贡献,在此一并表示感谢。

鉴于本书内容涉及范围较广,时间跨度大,技术上可能会存在不完善之处,望读者不吝赐教与纠正。

作　者

2021 年 7 月 8 日

目录

第1章 航空发动机无损检测概述 ... 1
1.1 航空发动机简介 ... 1
1.1.1 航空发动机的分类和工作原理 ... 1
1.1.2 航空发动机零部件的结构、材料与制造工艺特点 ... 3
1.2 航空发动机的无损检测 ... 8
1.2.1 无损检测技术概述 ... 8
1.2.2 无损检测在发动机设计、制造、使用过程中的作用 ... 10
1.2.3 航空发动机制件的无损检测特点 ... 13
1.2.4 常用无损检测方法及在航空发动机中的选用 ... 14
1.3 航空发动机无损检测技术的发展趋势 ... 20
1.3.1 航空发动机无损检测面临的需求和挑战 ... 21
1.3.2 航空发动机无损检测技术发展方向 ... 28
参考文献 ... 34

第2章 发动机转动件径轴向裂纹无损检测 ... 35
2.1 概述 ... 35
2.1.1 发动机转动件裂纹的无损检测方法及特点 ... 35
2.1.2 发动机转动件径轴向裂纹无损检测的技术难点 ... 40
2.2 发动机转动件径轴向裂纹的超声检测 ... 45
2.2.1 纵波缺陷回波法 ... 45
2.2.2 超声底波监控法 ... 48
2.2.3 横波、表面波等检测技术 ... 56
2.3 发动机转动件径轴向裂纹的涡流检测特点与相关影响因素 ... 60
2.3.1 涡流C扫描检测系统 ... 61
2.3.2 对比试样 ... 63
2.3.3 涡流信号分量选择 ... 66
2.3.4 检测频率的影响 ... 68
2.3.5 曲率对检测灵敏度的影响 ... 68

####### 2.3.6 扫查间距的选择 ·········· 69
####### 2.3.7 扫查速度与滤波参数的配合方式 ·········· 70
####### 2.3.8 探头与转动件接触方式 ·········· 72
####### 2.3.9 转动件表面状态的影响 ·········· 73
####### 2.3.10 转动件径轴向裂纹涡流检测实例 ·········· 74
2.4 不同无损检测方法的检测能力比较 ·········· 74
参考文献 ·········· 75

第3章 双合金整体叶盘连接界面质量评价 ·········· 77
3.1 概述 ·········· 77
####### 3.1.1 双合金整体叶盘的扩散连接 ·········· 77
####### 3.1.2 双合金整体叶盘连接界面的无损检测 ·········· 79
3.2 双合金连接界面缺陷信号的识别 ·········· 79
####### 3.2.1 双合金连接界面的本底反射 ·········· 79
####### 3.2.2 提高界面缺陷检测能力 ·········· 81
3.3 几种常见的超声检测方法及存在的问题 ·········· 85
####### 3.3.1 纵波+反射镜检测方法 ·········· 86
####### 3.3.2 横波检测方法 ·········· 88
####### 3.3.3 超声相控阵检测方法 ·········· 89
####### 3.3.4 不同检测方法比较 ·········· 92
3.4 基于小孔声透镜理论的超声检测技术 ·········· 93
####### 3.4.1 曲面作用下的声场分布模拟和探头参数设计 ·········· 93
####### 3.4.2 双合金整体叶盘界面超声检测能力验证 ·········· 99
3.5 小结 ·········· 102
参考文献 ·········· 103

第4章 叶片热障涂层的无损检测 ·········· 104
4.1 热障涂层的无损检测问题 ·········· 104
4.2 热障涂层缺陷的红外检测 ·········· 105
####### 4.2.1 典型热循环实验中缺陷的跟踪检测 ·········· 105
####### 4.2.2 热障涂层脱粘缺陷的红外热像检测能力评价 ·········· 113
4.3 热障涂层的厚度测量 ·········· 115
####### 4.3.1 超声频谱测厚法 ·········· 116
####### 4.3.2 激光激励脉冲红外热像测厚 ·········· 127
参考文献 ·········· 131

第5章 空心叶片壁厚工业 CT 测量 ·· 132
5.1 概述 ·· 132
5.1.1 工业 CT 尺寸测量技术 ··· 132
5.1.2 尺寸测量技术的应用 ·· 133
5.2 叶片壁厚的工业 CT 测量技术 ·· 134
5.2.1 叶片壁厚测量的技术难点 ··· 134
5.2.2 叶片的工业 CT 扫描成像 ··· 135
5.3 空心叶片壁厚的图像测量方法 ·· 137
5.3.1 叶片壁厚的定义和常用测量方法 ······························ 137
5.3.2 叶片结构的表面确定方法 ··· 140
5.3.3 叶片壁厚工业 CT 测量值准确性的验证 ··················· 144
5.3.4 叶片壁厚的自动测量 ·· 150
参考文献 ··· 151

第6章 盘件及大直径棒材的高灵敏度超声检测 ·························· 152
6.1 概述 ·· 152
6.1.1 盘件分类和常用无损检测手段 ································· 152
6.1.2 提高超声检测灵敏度的必要性 ································· 153
6.2 提高缺陷超声检测灵敏度和信噪比 ····································· 154
6.2.1 采用较高的检测频率 ·· 154
6.2.2 采用单一探头聚焦 C 扫描方式 ································ 154
6.2.3 多探头分区聚焦 C 扫描方式 ···································· 155
6.2.4 超声相控阵动态聚焦检测 ··· 156
6.3 盘件用大直径棒材的超声检测 ·· 156
6.3.1 棒材超声水浸聚焦检测的模拟仿真 ·························· 156
6.3.2 棒材检测能力验证试验 ··· 162
6.3.3 讨论 ·· 168
6.4 变形钛合金和高温合金盘锻件超声检测 ······························ 170
6.4.1 对比试块 ··· 170
6.4.2 变形合金盘锻件水浸聚焦检测能力试验 ··················· 174
6.5 粉末高温合金盘锻件超声高灵敏度检测 ······························ 181
6.5.1 超声分区聚焦检测 ·· 181
6.5.2 环形相控阵探头动态聚焦检测 ································· 186
6.6 盘件和棒材的超声检测标准分析 ··· 193

参考文献 ·· 195

第7章 钎焊结构质量的超声定量评价 ·· 196
7.1 概述 ··· 196
7.2 钎焊试样的制作 ··· 197
7.2.1 平板-蜂窝钎焊结构 ·· 198
7.2.2 平板-平板钎焊结构 ·· 201
7.2.3 平板-筋条钎焊结构 ·· 203
7.3 钎焊结构的超声C扫描成像 ··· 204
7.3.1 水距 ·· 205
7.3.2 探头频率 ··· 206
7.3.3 声束直径 ··· 207
7.3.4 扫描间距 ··· 212
7.3.5 扫描灵敏度 ·· 214
7.4 缺陷尺寸测量 ·· 215
7.4.1 影响缺陷尺寸测量准确度的因素 ··· 215
7.4.2 缺陷尺寸测量不确定度分析 ·· 223
7.5 钎着率的超声定量评价 ··· 225
7.5.1 软件研制 ··· 226
7.5.2 试验验证 ··· 228

参考文献 ·· 234

第8章 钛合金复杂精密铸件的无损检测 ·· 235
8.1 钛合金复杂精密铸件在航空发动机中的应用 ··· 235
8.2 钛合金复杂精密铸件无损检测技术特点 ·· 237
8.2.1 钛合金复杂精密铸件结构特点 ·· 237
8.2.2 钛合金复杂精密铸件内部常见缺陷 ··· 237
8.2.3 钛合金复杂精密铸件内部质量控制要求 ·· 237
8.3 钛合金复杂精密铸件的X射线照相检测 ·· 239
8.3.1 X射线照相检测的原理及特点 ··· 239
8.3.2 X射线照相检测工艺研究 ·· 240
8.3.3 典型缺陷的检出及分析 ·· 242
8.4 计算机射线照相检测技术 ·· 244
8.4.1 计算机射线照相检测技术原理及特点 ·· 244
8.4.2 计算机射线照相检测技术能力分析 ··· 245

  8.4.3 计算机射线照相检测技术的应用 ·········· 253
 8.5 射线检测计算机模拟仿真技术 ·········· 255
  8.5.1 射线检测计算机模拟仿真技术介绍 ·········· 255
  8.5.2 射线检测计算机模拟仿真技术在复杂钛合金精密铸件检测
     中的应用 ·········· 257
 8.6 工业 CT 缺陷检测技术 ·········· 261
  8.6.1 工业 CT 检测技术原理及特点 ·········· 261
  8.6.2 工业 CT 检测技术能力分析 ·········· 263
  8.6.3 工业 CT 检测技术的应用 ·········· 265
 参考文献 ·········· 268

第 9 章 高温合金空心叶片的残余型芯检测 ·········· 269
 9.1 残余型芯的来源与危害 ·········· 269
 9.2 残余型芯检测国内外现状 ·········· 269
  9.2.1 流量和密度测定法 ·········· 269
  9.2.2 X 射线照相法 ·········· 270
  9.2.3 中子照相法 ·········· 270
 9.3 残余型芯的内窥镜检测 ·········· 275
 9.4 残余型芯的 X 射线照相检测 ·········· 276
 9.5 残余型芯的工业 CT 检测 ·········· 278
 9.6 残余型芯的中子照相检测 ·········· 279
  9.6.1 残余型芯中子照相的图像质量评价方法 ·········· 280
  9.6.2 残余型芯中子照相检测能力影响因素 ·········· 284
  9.6.3 不同成像方式对残余型芯图像质量的影响 ·········· 287
  9.6.4 反应堆中子源和加速器中子源的检测能力分析 ·········· 289
 9.7 残余型芯不同无损检测方法综合对比 ·········· 290
 参考文献 ·········· 291

第 10 章 复合材料在发动机上的应用及无损检测 ·········· 292
 10.1 概述 ·········· 292
 10.2 陶瓷基复合材料的无损检测 ·········· 294
  10.2.1 陶瓷基复合材料特点及常用的无损检测方法 ·········· 294
  10.2.2 陶瓷基复合材料典型缺陷 ·········· 297
  10.2.3 不同无损检测技术的缺陷检测能力 ·········· 299
 10.3 连续纤维增强钛基复合材料的无损检测 ·········· 305

        10.3.1 TMC 制件的工艺特点 ·· 306
        10.3.2 TMC 制件的无损检测方法 ··· 308
        10.3.3 TMC 整体叶环的超声检测 ·· 309
   10.4 树脂基复合材料的超声检测 ·· 312
        10.4.1 常用超声检测技术 ··· 313
        10.4.2 检测用对比试块 ··· 313
        10.4.3 复杂结构检测方法 ··· 315
        10.4.4 大型曲面结构的超声检测 ··· 318
        10.4.5 孔隙率检测 ·· 320
参考文献 ·· 320

第1章

航空发动机无损检测概述

1.1 航空发动机简介

航空发动机是现代飞机的动力装置，作为飞机的心脏，主要用来产生拉力或推力以达到为飞机飞行提供动力的目的。其次还可以为飞机上的用电设备提供电力，为空调设备等用气设备提供气源。利用航空发动机派生发展的燃气轮机还被广泛应用于地面发电、船用动力等。

随着飞机航程和飞行速度的提高，以及军用飞机作战机动性能的提升，对航空发动机推重比的要求也在不断提高。推重比的提高取决于涡轮前温度的提高，从而导致了发动机的压力比、进口温度、燃烧室温度以及转速也都大大提高。此外由于军用飞机飞行环境复杂，耐腐蚀性和隐身性能等也在设计和选材考虑之列。航空发动机这些高性能指标要求给发动机材料性能和质量可靠性带来了严峻挑战。除高比强度、高比模量外，耐高温、耐腐蚀、长寿命、高可靠性成为先进航空发动机制造不断追求的重要目标。

1.1.1 航空发动机的分类和工作原理

目前应用最广泛的航空发动机是燃气涡轮发动机，包括涡轮喷气发动机（简称涡喷发动机）、涡轮风扇发动机（简称涡扇发动机）、涡轮螺旋桨发动机（简称涡桨发动机）和涡轮轴发动机（简称涡轴发动机）等多种类型。涡轮发动机的主要组成包括进气道、压气机、燃烧室、涡轮和尾喷管等，某些发动机的涡轮和尾喷管之间还有加力燃烧室。涡桨发动机主要用于时速小于800km的飞机，涡喷发动机和涡扇发动机主要用于速度更高的飞机，涡轴发动机则主要用于为直升机提供动力。

1. 涡喷发动机

涡喷发动机结构示意图如图1-1所示。经进气道流入的空气通过压气机增压后进入燃烧室与燃油混合燃烧，燃气气流推动涡轮高速旋转，并从尾喷口喷出产生推力。由于涡喷发动机的推进效率低，能量损失大，耗油率高，因此，为提高推进效率，出现了涡扇发动机。

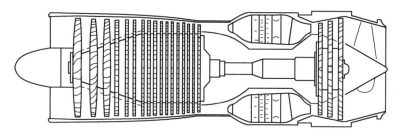

图 1-1 涡喷发动机结构示意图

2. 涡扇发动机

涡扇发动机结构示意图如图 1-2 所示。与涡喷发动机不同的是，流入发动机的空气在风扇中增压后，一部分从燃气发生器中流过，称为内涵气流；一部分从围绕燃气发生器外壳的外涵中流过，称为外涵气流，发动机推力由内、外涵气流分别产生的推力共同组成。涡扇发动机具有耗油率低、起飞推力大、噪声低、迎风面积大等特点，在现代飞机上得到广泛应用。其中高推重比、带加力燃烧室的低涵道比涡扇发动机，被作为空中优势战斗机的动力；而高涵道比（5~8）、大推力的涡扇发动机则用于大型宽体客机和战略远程巨型运输机上。

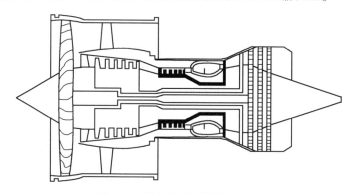

图 1-2 涡扇发动机结构示意图

3. 涡桨发动机

涡桨发动机结构示意图如图 1-3 所示。涡桨发动机主要由进气装置、压气机、燃烧室、燃气发生器涡轮、自由涡轮、排气装置、减速器及传动装置等部件组成。涡桨发动机是通过动力涡轮、减速器等部件把燃气发生器出口燃气中的大部分可用能量转变为轴功率，用以驱动空气螺旋桨，燃气中剩余小部分可用能量

（约10%）在喷管中转为气流动能，直接产生反作用推力。受螺旋桨结构的限制，涡桨发动机只适用于飞行速度较低的飞机。但由于其低速飞行时推进效率高，具有相同燃气发生器的涡桨发动机可产生比涡喷发动机和涡扇发动机更大的推力。

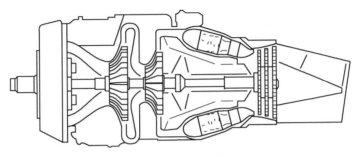

图 1-3　涡桨发动机结构示意图

4. 涡轴发动机

涡轴发动机是直升机的动力装置，其结构示意图如图 1-4 所示。涡轴发动机工作原理与涡桨发动机基本相同，主要特点是燃气发生器出口燃气中的可用能量几乎全部通过涡轮轴输出，并带动直升机的旋翼和尾桨。涡轴发动机与涡喷、涡扇发动机相比具有耗油率低的优点。涡轴发动机在可靠性方面有一些特殊性：由于直升机在起飞、爬高和悬停时，发动机需要在大功率状态下工作，且工作状态变化大，零部件受到热冲击容易出现低频热循环疲劳损伤；此外，飞行离地面近，没有起降机场，为了避免沙石、海水等外来杂物吸入发动机造成损坏，其进气道采用了特殊防护设计。

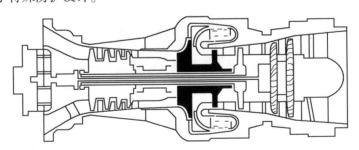

图 1-4　涡轴发动机结构示意图

1.1.2　航空发动机零部件的结构、材料与制造工艺特点

现代飞机的高性能、长寿命、高可靠性和安全性要求，直接或间接反映在航空发动机的零部件结构和性能设计、材料选用和制造以及质量控制等各个方面，

形成了航空发动机有别于其他产品的自身特点。

1. 零部件结构特点

（1）包含大量转动类关键零部件，如涡轮盘、压气机盘、风扇盘、篦齿盘等盘类件、高/低压涡轮轴、后轴、后轴颈等轴类件。

（2）有复杂的空间构型和精密的空心结构，如空心无余量涡轮叶片、双联导向叶片、双层壁冷叶片等空心叶片，中介机匣等大型薄壁复杂整体精铸件。

（3）采用了大量一体化和复合连接结构设计，如整体叶盘、盘轴一体结构、支板、尾喷管、消音板、蜂窝钎焊封严环组件等。

发动机复杂结构件如图1-5所示。

(a) 发动机粉末涡轮盘

(b) 空心无余量涡轮叶片

(c) 中介机匣

图1-5 发动机复杂结构件

2. 材料特点

航空发动机相当于飞机的心脏，是确保飞机使用性能、可靠性和经济性的决定因素，其性能水平在很大程度上依赖于所用材料的性能水平。

目前航空发动机主要材料有高温合金、钛合金、钢以及高温/超高温复合材料等，其中最典型/应用最广泛的发动机材料是镍基高温合金和钛合金。随着先进发动机制造技术的不断发展，陶瓷基、金属基复合材料，碳/碳复合材料和金属间化合物等新型耐高温材料将逐步取代传统材料用于发动机热端部件制造。

1) 高温合金

高温合金一般指在 600℃ 以上高温和一定应力条件下长期可靠工作的合金。它不但有良好的高温抗氧化和抗腐蚀能力，而且有较高的高温强度、蠕变强度和持久性能以及良好的抗疲劳性能，主要用于制作涡轮叶片、导向器叶片、涡轮盘、燃烧室、机匣、喷管等。其中，用于制造单晶叶片和粉末涡轮盘的高温合金材料是现代航空发动机最关键的热端部件材料。目前先进发动机的高温合金用量已占到发动机重量的 55%～65%。

高温合金按制作工艺可分为变形高温合金、铸造高温合金、粉末冶金高温合金和发散冷却高温合金等。按合金基体元素可分为铁基、镍基和钴基高温合金，使用最广的是镍基高温合金，其高温持久强度最高。典型的高温合金有：GH4169、GH4133、GH907 等变形高温合金；DZ4、DZ22、DZ125 等定向凝固铸造高温合金；DD3、DD5、DD6 等单晶铸造高温合金；FGH95、FGH96、FGH99 等粉末高温合金。

2) 钛合金

航空发动机用钛合金是指具有较高的高温蠕变抗力、持久强度、高温强度、热稳定性和高温疲劳性能，能够满足航空发动机零件在高温环境下长期工作要求的钛合金，主要用于制造风扇叶片、压气机叶片、盘、内环、压气机匣、中间机匣、增压器叶轮、发动机罩、排气罩、轴承壳体及支座等零部件。钛合金的主要优点有：重量轻，密度仅为钢的 60%；耐热性好，最高使用温度可达 600℃；耐腐蚀性能优异，耐海水腐蚀性能可与白金相比。

目前高推重比发动机中钛合金占到发动机重量的 25%～40%。钛合金按照其能满足发动机高温零部件长期工作的最高温度进行分类。最高使用温度 400℃ 的钛合金包括 TC4、TC6 和 TC17 等，其中 TC4 常用于制造压气机盘、叶片和轴颈等，TC17 用于制造整体叶盘，TC6 用于制造紧固件、风扇叶片等。最高使用温度为 500℃ 的钛合金主要是 TC11，常用于制造压气机盘、叶片和轴颈等。此外更高使用温度的新型钛合金和金属间化合物材料正在研制过程中，例如，550℃ 使用的钛合金 TA12，600℃ 使用的钛合金 Ti60，650～850℃ 使用的 Ti_3Al 金属间化合物等。

3) 钢

航空发动机常用钢种是合金结构钢和不锈钢。合金结构钢主要是高强度钢和超高强度钢。这种钢最终热处理后具有良好的综合力学性能，主要用于制造发动机上要求强度高、韧性好的构件。例如，发动机轴采用 C250 钢制造，压气机机匣用 30CrMnSiNi2A 低合金超高强度钢制造。

4）先进复合材料

复合材料是由两种或多种材料组成的多相材料。一般指由一种或多种起增强作用的材料（增强体）与一种起黏结作用的材料（基体）结合制成的具有较高强度的结构材料。增强体是指复合材料中借基体粘结，强度、模量远高于基体的组分。基体是指复合材料中黏结增强体的组分。一般分为金属基体、聚合物基体和无机非金属基体三大类。基体对增强体应具有良好的粘结力和兼容性。基体和增强体之间的接触面称为界面。由于基体对增强体的粘结作用，使界面发生力的传播、裂纹的阻断、能量的吸收和散射等效应，从而使复合材料产生单一材料所不具备的某些优异性能。

航空发动机应用的复合材料主要为以高强度、高模量为特征的碳纤维等纤维增强的先进复合材料，包括聚合物基复合材料、金属基复合材料、以及以陶瓷基和碳基（石墨）为代表的无机非金属基复合材料。

与相应基体的复合材料相比，相同密度下的先进复合材料的使用温度显著提高。可用密度仅为 $1.66g/cm^3$ 的树脂基复合材料代替密度为 $4.43g/cm^3$ 的钛合金制作进气机匣，用密度为 $3.95g/cm^3$ 的钛基复合材料代替密度为 $8g/cm^3$ 的镍基高温合金制作风扇和高压压气机的零部件，用密度仅为 $3.22g/cm^3$ 的陶瓷基复合材料代替密度为 $8.03\sim8.86g/cm^3$ 的镍或单晶镍合金制作燃烧室、高压涡轮、低压涡轮和尾喷管零部件。

3. 制造工艺特点

航空发动机零部件制造工艺除传统的铸造、锻造、焊接、热处理、机械加工、表面处理外，还大量采用其他先进工艺，如：

1）粉末冶金工艺

以镍基粉末高温合金盘为例，采用粉末热等静压（HIP）工艺直接成形，或采用HIP+挤压+等温锻造成形工艺制造盘坯。采用粉末冶金方法生产高温合金制件时，由于制粉过程中每个粉末颗粒都是由微量液体金属快速冷凝而成，所有成分偏析被限制在粉末颗粒尺寸范围内，用这样的粉末制成的坯料具有均匀的细晶组织，很好地解决了铸锻合金普遍存在的成分偏析严重、组织不均匀、热工艺性能恶化、成形困难等诸多问题。随着高温合金成分日趋复杂、零件尺寸不断增大，粉末冶金工艺显示出更大的优越性，目前粉末冶金工艺已成为制造先进高性能航空发动机涡轮盘最重要的方法，同时也用于生产先进军用、民用航空发动机压气机盘、鼓筒轴、封严盘以及高压涡轮挡板等高温转动部件。

2）精密铸造技术

精密铸造技术是航空发动机关键热端部件的另一重要制造工艺，与其他热工艺相比，具有以下特点：①可实现对铸件的精密控形和精确控性；②在凝固过程中可实现晶粒和组织的原位控制,既可实现单一形态的等轴晶、定向柱晶、单晶生长控制,同时也可实现对整体结构件的复合生长控制;③近净尺寸成形,可制造最小壁厚为 0.35mm 的复杂空心叶片,也可整铸最大尺寸为 1500mm、最小壁厚 0.8~1.2mm 的整体结构件。

按照铸件的结构和组织特点,发动机精密铸造技术可主要分为三类,即定向凝固和单晶涡轮叶片精密铸造技术、整体叶盘精密铸造技术、机匣等大型复杂结构件铸造技术。

3) 特种焊接工艺

航空发动机中的焊接结构一般采用钛合金或高温合金等难焊材料制造,同时对成形质量、焊后组织和变形量等有较为严格的要求,普通氩弧焊等熔焊工艺往往难以满足要求,需要采用电子束焊、钎焊等特种焊接工艺。其中电子束焊具有深宽比大、热影响区小、焊接组织细密等优点,可用于发动机风扇转子组件、中压转子组件、高压压气机转子组件、关键阀门、活门、控制阀体、齿轮组件等承力和非承力部件的焊接;钎焊具有适用范围广、焊接温度低、焊接工艺简单等特点,一般用于燃烧室外套、压气机导向器、燃气导向器、蜂窝封严环等非承力部件的焊接。

除此之外,扩散焊、摩擦焊等固相连接技术作为先进的材料连接技术,以其特有的优良接头组织和力学性能,正越来越多地用于航空发动机中复杂零部件的制造。其中,扩散焊用于高温合金和钛合金整体叶盘、钛合金支板等零件的制造,惯性摩擦焊用于发动机压气机转子鼓筒、盘-盘组件和盘-轴组件的制造,线性摩擦焊用于整体叶盘的制造。

4) 特种加工

航空发动机中某些零件由于材料难加工且结构复杂,采用常规的数控铣削、精密铸造等手段或无法加工,或加工难度大成本太高。特别是一些结构复杂的整体构件,需采用电解加工、电火花加工等特种加工工艺进行加工,例如发动机涡轮叶片型面采用了电解加工、发散冷却零件采用激光打孔等。

5) 先进表面防护技术

表面防护包括表面处理、表面改性、表面镀涂等。其中,表面镀涂技术是航空发动机中最常采用的表面防护技术。复合镀涂层厚度可以薄至微米级,也可厚至几毫米。

表面涂层是保护叶片等热端部件在高温下免受氧化腐蚀并延长其使用寿命的重要措施。一般将高温涂层分为扩散涂层、包覆涂层以及后来发展起来的热障涂层三种。通过与基体接触并与其内部的元素反应,从而改变基体外层的涂层称为扩散涂层,其典型代表是在镍基和钴基合金上热扩散渗铝,分别形成 $NiAl$、$CoAl$

涂层。它是通过在基体表面形成金属间化合物来提高基体的抗氧化能力，扩散涂层是目前应用最广泛的高温防护涂层技术，在各种航空发动机上大量使用。随着航空发动机向高推重比、高进口温度的方向发展，燃烧室的温度和压力不断提高，为适应恶劣的工作环境，发展了热障涂层，热障涂层是由陶瓷隔热面层和金属黏结层组成的涂层系统，采用金属结合底层的目的是改善陶瓷层面和基体合金的物理相容性以及基体的抗氧化性能。利用陶瓷层导热差的特性，在陶瓷层内形成温度梯度，从而降低基体表面温度。陶瓷层厚度一般为 0.1~0.4mm。

1.2 航空发动机的无损检测

航空发动机无损检测技术，是指在发动机零部件制造以及使用维修过程中用于发现材料和结构中的缺陷和异常状态，评价制造质量和损伤程度所采用的无损检测方法和技术。

由于航空发动机高可靠性、高安全性的要求，以及零部件使用环境和载荷条件的极端恶劣，对其产品的完整性要求是极其严格的。无损检测技术不破坏产品使用特性的特点，使其可直接针对制造阶段和使用阶段的产品进行缺陷、尺寸等质量特性的检测和评价，因此该技术成为保证发动机完整性和可靠性的重要手段：制造阶段的无损检测成为产品质量控制的重要环节，使用和维修阶段的无损检测则成为产品修补和寿命评估的重要依据。作为产品质量控制中重要的基础技术，无损检测技术的发展对于发动机制造技术的发展有着不可或缺的作用，而发动机性能及安全性、可靠性要求的不断提高，也给无损检测技术不断带来新的需求和挑战，促进航空发动机无损检测技术的发展。

1.2.1 无损检测技术概述

无损检测是研发和应用各种技术方法，以不损害被检对象未来用途和功能的方式，为探测、定位、测量和评价缺陷，评估完整性、性能和组成，测量几何特征，而对材料和零部件所进行的检测。一般来说，缺陷检测是无损检测中最重要的方面。

与其他检测技术相比，无损检测具有以下特点：

（1）非破坏性。由无损检测定义可知，不损伤被检对象本身的特性是无损检测最大的特点。

（2）针对产品的检测。不同于诸如力学性能、化学成分等检测只能作用于试样或随炉样品，无损检测可用来对处于不同制造阶段和使用阶段的产品进行检测。

（3）多学科交叉。为了实现被检对象的无损检测，必须采用多种物理量间接表征材料和缺陷特性，因此需要综合运用材料学、电磁学、断裂力学等多方面知识进行分析和评价。

（4）检测方法针对性强。检测方法与检测对象结合紧密，需要针对各种新材料和新结构的特点，不断开发新的检测方法和检测工艺。

根据物理原理的不同，无损检测可分为很多不同方法。最普遍采用的有涡流检测（ET）、液体渗透检测（PT）、磁粉检测（MT）、射线照相检测（RT）和超声检测（UT），通称五大常规无损检测方法。其中，射线照相检测和超声检测主要用于检测内部缺陷，而液体渗透检测只能检测表面开口缺陷，磁粉检测和涡流检测只能检测表面和近表面缺陷。其他无损检测方法有红外热像检测、激光错位散斑干涉检测、泄漏检测和声发射检测等。

无损检测的实施过程如图1-6所示。

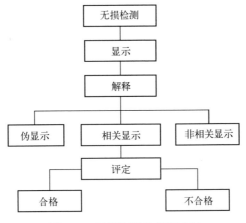

图1-6 无损检测的实施过程

（1）通过对材料和零部件实施无损检测，获得特征物理量（信号响应或痕迹）的显示，显示的表现形式取决于所采用的无损检测方法，如渗透检测的迹痕、磁粉检测的磁痕、超声检测中指示反射体存在的信号等。

（2）通过专业人员的解释判断确定该显示的类型：伪显示（虚假显示）、非相关显示或相关显示。其中伪显示是指由于设备操作不当、外界干扰等因素引起的显示，例如，由于检测人员的手、检测台、检测工具、显像剂被渗透剂污染，操作中渗透剂的飞溅，相邻零件接触等原因引起零件污染产生的迹痕；由于工件表面粗糙滞留磁粉，工件表面有油污粘附磁粉或由于工件表面有氧化皮等原因形成的磁痕；射线照相检测中的伪影；超声检测中的仪器噪声和外界干扰信号等。非相关显示指设计或工艺所要求的零部件结构或外形特征，例如，螺孔、键槽等引起的显示。相关显示指裂纹、折叠、夹杂、孔隙、偏析等宏观缺陷引起的显示。

（3）对于所有相关显示，均应根据验收标准进行评定，对检测对象作出合格或不合格的结论。

1.2.2 无损检测在发动机设计、制造、使用过程中的作用

无损检测在发动机设计、制造、使用过程中的作用如图 1-7 所示。①设计部门按照顾客需求，在充分考虑材料科学与制造工艺工程化发展水平的基础上进行产品设计；②相关研究所和制造厂按照设计要求进行材料和制件的研制、生产；③生产出的产品经检测合格后交付用户使用；④用户将使用中出现的问题或需方提出的更高要求反馈设计部门，进一步改进产品设计，至此进入下一个循环。

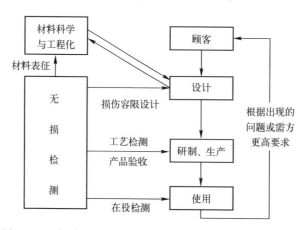

图 1-7 无损检测在发动机设计、制造、使用过程中的作用

在上述整个过程中，无损检测既是一门区别于设计、材料、工艺和产品的相对独立的技术，又是一门贯穿于产品设计、制造和使用全过程的综合技术。在设计阶段，无损检测技术用于给损伤容限设计提供技术支持；在研制、生产阶段，用于剔除不合格的原材料、坯料及工序不合格品，为制造工艺改进提供数据支持，评估产品与验收标准的符合性，判定产品是否合格；在使用阶段，通过在役检测，监测产品结构和状态的变化，确保产品运行安全可靠。目前在航空发动机设计、研制、生产和使用各阶段中，无损检测技术已经获得广泛应用，无损检测的作用得到各方越来越多的重视。

1. 设计阶段

设计阶段，无损检测是损伤容限设计的一项支撑技术。

损伤容限是指尽管结构存在缺陷（裂纹或其他损伤），在规定的不修理使用

期内能成功遏制缺陷而无损于飞行安全的能力。赋予断裂关键件以遏制损伤能力的设计称为损伤容限设计。损伤容限设计承认结构中存在一定程度的初始缺陷，通过对零件工作条件和材料特性分析及试验，对不可检结构给出最大允许初始缺陷尺寸，对可检构件给出最大允许初始缺陷尺寸和检修周期，以保证结构在给定的使用寿命期限不致由于缺陷的扩展而出现灾难性事故。断裂关键件是指其损伤会导致发动机丧失运行能力的构件，如涡轮叶片、盘、轴等。

损伤容限设计的实施必须取得无损检测的密切配合，因为最大初始缺陷尺寸 a_{NDT}（检测概率90%、置信度95%）的确定，对使用期间缺陷是否萌生和发展到何种程度的了解，都取决于无损检测的检出能力、定量能力和检测可靠性。可见，如果没有生产质量控制和定量无损检测技术的实施，损伤容限设计便没有意义。无损检测能力是设计人员进行损伤容限设计的基础之一。

GJB 1681A—2019《军用飞机材料与零件无损检测大纲要求》是用于军用飞机和发动机的材料设计、使用、维护及维修的标准，明确提出设计单位应考虑无损检测的实际能力，以保证结构设计要求与无损检测的灵敏度、分辨率和可靠性相一致；要求设计单位成立无损检测技术审查部，对零件图样和有关文件上标注的零件类别、允许缺陷类型和尺寸、关键部位、无损检测方法和规范、验收标准、使用修理中需用无损检测的项目、原位无损检测的项目及原位无损检测可达性是否满足要求等内容进行审查，审查后应在零件图样和有关文件上会签。无损检测在设计阶段的重要作用可见一斑。

2. 制造阶段

产品制造阶段包括研制、试生产和批生产等过程。在材料和制件的研制阶段，无损检测人员主要研究将来生产时如何控制生产过程以保证质量符合设计要求，首先要研究应控制哪些项目，然后研究用什么方法控制，在试制过程中要积累这方面的数据并初步定出指标，最后提出一套质量控制文件；在试生产阶段，主要应考查原定质量控制方法是否可行，是否有效，并予以修订，形成生产定型时的正式文件；批生产阶段质量控制的根本目的在于保证产品的性能稳定与定型时相当，确定产品能否验收，确保产品使用的安全性。

就整体而言，原材料和制造过程中产生的缺陷是难以完全避免的。因此应用无损检测手段检查把关是十分必要的。产品质量、可靠性、寿命要求越高，对产品质量的控制要求就越严格，对无损检测的要求也就越高，这是关系产品质量和使用安全的问题。

显然，没有无损检测的参与，设计人员对产品质量的要求是难以控制的，产品的安全使用就得不到保证；反之无损检测信息的反馈也对设计质量的改进与提高起着重要作用。例如，1980年一架装有F404发动机的F18飞机失事，直接原因是粉末盘破裂，调查报告分析认为缺陷导致盘件由于应力、温度和循环载荷超过预期值而在陶瓷夹杂缺陷部位引起低周疲劳断裂，消除和控制缺陷成为当时采取的重要解决措施之一。后来粉末盘能够得到广泛应用，就在于美国通用电气公司及其盘件制造厂较系统地研究了缺陷与力学性能、微观组织的关系，并在工艺文件中确定了缺陷的容限，制定了高灵敏度的无损检测方法予以监控，有效地保证了盘件的可靠性。另一个典型案例是1991年美国联邦航空局针对一次飞行失事提出的调查，当时的调查结论是在25起钛合金转动件断裂事故中，19起是源于硬α夹杂缺陷。为了避免此类事故的发生，除了在材料制造工艺改进和制造过程的质量控制之外，还对无损检测水平提出了更高要求。在美国联邦航空局支持下，于1993年由艾奥华大学无损检测中心和美国通用电气公司、美国普惠公司等发动机公司组成"发动机钛合金协作组"，研究提供可靠和经济适用的大尺寸钛合金坯料检测新方法和成熟方法的改进方案，开发的多区超声检测系统和方法得到了广泛应用，取得很好成效，检出了传统方法无法检出的硬α夹杂缺陷、碳化钨和孔洞等缺陷，避免了此类事故的发生，提高了发动机的安全性。可见无损检测技术是避免带有危险缺陷的零件进入使用状态而造成重大灾难的必不可少的重要手段。另一方面我们可以看到，这一事件在推行产品质量高标准检测要求的同时，也推动了无损检测技术的发展。

无损检测在制造阶段的具体作用可归结如下：

（1）工艺研究：鉴定制造工艺对产品质量要求的适应程度，用于改进制造工艺；

（2）原材料检测：剔除不合格的原材料、坯料；

（3）工序检测：剔除工序不合格品；

（4）成品检测：评估产品对验收标准的符合性，判断产品合格与否。

3. 使用阶段

产品在使用过程中，由于应力与环境的共同作用，可能产生新的缺陷；已有缺陷可能扩展，超出允许范围。因此，为保证使用的可靠性，采用无损检测手段进行检查和监控是必要的。使用部门应根据设计部门规定的检测周期和方法，按照制造和生产部门提供的检测工艺或手册，对指定零部件进行定期无损检测。通过了解使用部门的无损检测结果、分析问题的原因（含环境条件对使用可靠性的影响），改进设计、提高制造水平及检测水平，从而提高产品使用性能、延长使用寿命。以航空部件为例，疲劳损伤是使用阶段失效的主要原因。而疲劳裂纹是由约$1\mu m$的微观裂纹发展起来的，这一尺寸按目前的无损检测水平是难以检测的。曾有人声称有必要将零件最大寿命预定为无裂纹运转期，在达到平均值之时即给予报废。但是研究表明，疲劳的损伤其范围是由微小的原子错排到大的裂纹的，由于裂纹扩展占据了大部分的疲劳寿命，而当一条裂纹成长到临界长度后方有可能出现零件的失效。因此，有人建议报废的标准应通过采用先进的无损检测技术的实施来做重大改进。在美国，"为延长老龄飞机使用年限所需的新的无损检测方法"在1991年即列入美国国家关键技术委员会向布什总统提交的报告中。可见使用阶段的在役无损检测的作用是不可忽视的。

无损检测在使用阶段的主要作用归纳如下：

（1）监测产品结构和状态的变化，确保产品运行的安全性与可靠性。

（2）将检测结果反馈设计部门，以改进产品设计。

1.2.3 航空发动机制件的无损检测特点

现代航空发动机的高性能、高质量、高寿命、高可靠性和高安全性要求，及大量使用新材料、新工艺、新结构的结果，导致航空发动机无损检测在制造阶段和使用维修阶段均表现出不同于其他工业领域无损检测的特点。

1. 制造阶段的无损检测特点

（1）航空发动机质量要求高，检测灵敏度高，检测难度大。例如，厚150mm的发动机粉末涡轮盘全深度范围内，要求检测出当量100μm左右的缺陷。

（2）无损检测过程控制要求严格，检测方法标准及质量管理标准配套齐全，对检测人员能力水平要求高，检测机构和人员资格认证管理严格规范。

（3）同一检测对象，在制造不同工序需要综合运用多种无损检测方法。例如，空心无余量涡轮叶片需要采用荧光渗透技术检出表面缺陷，采用射线照相技术检测内部缺陷，采用超声方法和/或计算机层析成像技术测量叶片壁厚。除此之外，目前正在针对激光打孔质量、表面镀膜质量的评价研究新的检测技术。

（4）无损检测应用广泛。在航空发动机生产制造过程中，关键件、重要件、一般件，均需无损检测。相关航空院所和工厂均建立了相应的无损检测机构。

（5）按照"型号需求牵引，技术发展推动"的原则，需持续开展无损检测新方法、新技术的研究与应用。

2. 使用维修阶段的无损检测特点

（1）检测与设计、制造结合紧密。航空发动机在役维护及大修中的无损检测技术是发动机设计、制造的组成和延伸，它贯穿于发动机的全寿命中。发动机在维护中必须按照制造厂提供的相应文件进行，而检测中发现的重要缺陷必须及时向设计部门和制造厂反馈。可见发动机维修中的无损检测技术必须与设计、制造紧密结合。

（2）以原位检测为主。除非返厂大修，一般情况下航空发动机的日常维护以原位检测为主，这就需要考虑检测部位的可达性以及环境的影响，多数情况下需要使用便携式设备。内部构件检查时，要考虑零件之间的相互干扰和多重损伤的影响，以及表面保护层和不可见结构的影响等。内部检查时，往往要和孔探技术结合进行，这就使得发动机在役无损检测与制造过程中的检测具有明显区别。

（3）裂纹和腐蚀是金属结构件的检测重点。发动机金属结构件在使用过程中产生的缺陷除腐蚀外，主要是裂纹。通常是由于长期交变载荷作用下产生的疲劳裂纹，以及不正常使用产生的应力腐蚀。因此，对发动机的无损检测主要是针对裂纹检测，这就要求检测者必须熟悉被检测构件的几何形状、受力特点、裂纹可能的扩展方向和构件剖面情况以及该零件的制造工艺等。

（4）大量采用新技术、新工艺及特殊工具设备。由于现代航空发动机制造技术不断发展，新材料、新工艺、新技术不断采用，无损检测技术和方法也在不断发展，并大量采用一些专用探头、试块，甚至专用仪器，有时还有特殊的工艺和技术要求。

（5）适情维护。发动机的适情维护是相对于定期检修而言的，即通过一定的技术手段监控发动机的健康状况，适时做出维修计划与送修计划。

1.2.4 常用无损检测方法及在航空发动机中的选用

1. 常用无损检测方法的优势和局限性

无损检测方法都是物理方法。由于物理量的变化与材料组织结构的异常不一定是一一对应的，因此必须掌握各种无损检测的理论基础和技术特点。

正因为检测原理不同，各种无损检测方法有着各自的优势和局限性以及实施条件，只有根据检测对象的特性和检测要求，选用最适当的无损检测方法，应用正确的检测技术，在最适当的时机进行检测才能充分发挥其作用。例如：要发现锻造及挤压加工所产生的缺陷，不宜采用射线检测；对于钢件表面淬火裂纹则宜选用磁粉检测；对于粉末冶金制件，要发现微小夹杂物宜采用超声水浸聚焦C扫描自动检测技术；微孔隙检测宜采用超声声速测量技术。常用无损检测方法的优点和局限性见表1-1。

表1-1 常用无损检测方法的优点和局限性

检测方法	检测的缺陷类型	典型应用对象	优　点	缺　点
射线检测	孔洞、孔隙、夹杂、裂纹	铸件、锻件、焊接件、结构组件等	检测内部缺陷；适用于复杂几何形状；可提供永久记录	成本高；对薄片状缺陷不灵敏，如疲劳裂纹、分层等；有潜在健康危害
超声检测	裂纹、孔洞、孔隙、夹杂和分层、界面结合不良	复合材料、锻件、铸件、焊接件和管材、棒材、板材等	深度穿透性强；灵敏度高，分辨力好；可提供永久记录	与零件需要声耦合；数据解释有一定困难

续表

检测方法	检测的缺陷类型	典型应用对象	优　点	缺　点
渗透检测	裂纹、孔隙、折叠、开口于表面的缝隙	铸件、锻件、焊接件和承受疲劳或应力-腐蚀破裂的零件	成本低；易实现；容易解释	缺陷必须开口于可见的表面，检测能力受操作者经验影响大
涡流检测	裂纹、合金成分或热处理状态的不同	管材、薄片金属的局部区域、合金分选、涂层厚度测量	成本较低；便于自动化	只能检测改变金属电导率的缺陷；穿透力弱；对几何形状敏感
磁粉检测	裂纹、折叠、孔洞、孔隙、夹杂	铸件、锻件、挤压件	简便；成本低；可检测近表面和表面缺陷	只适用铁磁性材料；要求表面预加工，常出现不相干显示；受操作者经验影响大

可见，无损检测的可靠性与被检工件的材质、组成、形状、表面状态、所采用的物理量的性质以及被检工件中缺陷的性质、形状、大小、取向和检测装置的特性等关系很大，而且还受人为因素、标定误差、设备精度、数据处理方法和环境条件等的影响。因此，需要根据不同情况选用不同的物理量，而且有时往往需要综合考虑几种不同物理量的变化情况，才能对材料组织结构的异常情况作出可靠的判断。可见，不管采用哪一种检测方法，要完全检测出所有异常情况是十分困难的，而且往往不同的检测方法会得到不同的信息，因此综合应用几种方法可以提高无损检测的可靠性。

2. 无损检测方法的实施条件

在正确选用无损检测方法的基础上，要实施可靠的无损检测方法还需具备以下条件：

（1）空间。足够的检测操作空间是必要的，必须作为重要的工程设计参数来考虑。如果零件的检测部位难以到达，检测则无法进行。特别是对于在役检测的零件，这一点尤其重要，在发动机结构设计的时候就应该考虑到使用中的维修无损检测需求，一般要求在某些情况下零件是可分解的。

（2）能力。选择的检测方法必须具备在规定的可靠性和置信度下检测要求尺寸缺陷的能力。如果要求检出的临界缺陷尺寸在检测能力水平之下，则该检测方法是不宜选用的。

（3）可靠性。检测方法的可靠性，在一定程度上，依赖于无损检测过程和结果的可重复性。而可重复性很大程度上依赖于检测"校准"等严格的无损检测过程控制。

（4）人员因素。由于无损检测过程的再现性和重复性依赖于严格的过程控制，操作人员的技能是无损检测技术应用的一个重要因素。大多数检测方法需要对与产品特性、结构和缺陷有关的物理量进行测量，而无法直接获得缺陷的直观信息，因此在无损检测方法的实施过程中需要检测人员具备检测、图像识别的技能和经验，方可进行检测数据分析和作出产品合格与否的结论。熟练程度是检测人员知识和技能的具体体现。

（5）无损检测的时机。例如经过焊接或热处理的某些材料会出现延迟断裂现象，即在加工或热处理后，经过几小时甚至几天才产生裂纹。复合材料制件也发生过经过一段时间放置后缺陷发生变化的情况。因此，必须了解这些情况以确定检测时机。在发动机零部件制造过程中的不同工序，无损检测人员根据制造工艺特点和制件状态以及可能出现的缺陷类型，选择合适的无损检测方法和技术进行检测对于保证最终产品质量和使用安全性是至关重要的。

3. 制造阶段无损检测技术选用的一般原则

发动机在制造过程中，根据制造工艺流程，产品可分为原材料、锻/铸坯、加工件等不同类型，相应无损检测技术选用的一般原则如下：

（1）原材料、锻造和铸造毛坯。根据原材料的材料特性及规格、冶炼和成形过程中可能产生的缺陷类型及特点等因素，来选择相应的无损检测方法、设备和器材，制定检测工艺和规范。锻造和铸造毛坯的检测除考虑以上因素外，还应综合考虑被检件结构、最终用途（如动部件或静部件，重要件或一般件）、加工工艺方法等，作出合理无损检测方法选择并确定合适的检测时机。

（2）加工件。加工工艺包括冲压、焊接、机加工、热处理、表面处理等。根据加工工艺流程、加工工艺方法、可能产生的缺陷类型及特点等因素，来选择相应的无损检测方法、设备和器材，并结合经济性和生产效率，确定检测时机，制定检测工艺和规范。在发动机实际制造中，设计图纸应明确原材料、毛坯或加工件的无损检测要求。无损检测技术与规范的选择，应根据相应设计图纸要求或图纸规定的原材料、毛坯或加工件的工艺技术规范及其验收条件来确定，检测时机和检测工艺可在相关的加工工艺会签时按上述原则协商确定。无损检测工序的合理安排对于无损检测技术的有效实施和产品质量保障具有非常重要的作用，应予以重视。

4. 使用阶段无损检测技术选用的一般原则

发动机使用阶段无损检测技术选用与制造阶段存在很大不同，一般分为发动机在役日常监控检测和发动机大修检测。

1）发动机在役日常监控检测

发动机在役日常监控包括外观目视检查、磨损故障的日常监控及孔探技术对发动机的日常监控。其中，发动机外观目视检查主要应用于航前、航后的检查，目的是检查发动机是否有漏油现象，风扇叶片是否有损伤及其他外观是否有异常等；磨损故障的日常监控包括光谱检测、铁谱检测、油品分析及磁堵检测等，对航空发动机的磨损故障进行有效的状态监控，不但能有效地防止发动机磨损故障的产生，而且，有利于发动机维护方式从定期维护向"以可靠性为中心"的视情维护发展，定期对发动机润滑油进行光谱分析，检查滑油中金属粉末的主要成分，以便分析有可能出现磨损的部位，磁堵及金属屑分析，即定期检查滑油过滤器及磁堵上的金属碎屑的成分，以便判断可能的来源。

采用孔探技术对发动机实施监控及检查是在役发动机状态监控的重要手段之一，也是无损检测技术的重要内容，由于发动机是在高温、高压、高转速状态下工作，因此故障多发生在这三高状态下的高压压气机、燃烧室、高压涡轮中。所以，孔探也就围绕它们进行。①高压压气机：主要是受进气道吸进的外来物的打击、发动机的喘振使叶片受损以及疲劳损伤。如发现进气道前缘被击伤，就一定要检查高压压气机叶片；如果一片叶片断裂，就会打坏后面几级转子叶片，使发动机空中停车。②燃烧室：由于是高温部件，故燃烧室受到的主要损伤是热损伤，如燃烧室烧裂、烧穿、掉块等。③高压涡轮：受损最严重的是导向器叶片，因为这个区域温度最高，且会受到燃烧不均匀、喷油不均匀的影响，多为前缘烧熔、后缘断裂、变形及掉块。高压涡轮转子在受到以上损伤危害的同时，还会受到高速旋转带来的损伤。如燃烧室掉块打伤涡轮转子叶片等。了解了以上情况，在工作中就可有针对性地进行检查，孔探在发动机在役维护中的应用如下：

（1）定检规定的孔探工作，通常是在无故障的发动机上进行的，目的是检查发动机的易损部位是否存在故障。

（2）突发事件后的孔探，是发动机超温、喘振、发现异物、外来物打击进气道、参数异常等发生后进行的检查。

（3）故障监控的孔探工作。发动机的缺陷分为三类：可忽略的缺陷；不影响飞行安全的缺陷，但如缺陷发展下去会影响飞行安全；超标需要换发动机的缺陷。孔探主要用在第二类上，定期对发动机上发现的缺陷进行监控，直到超标换发动机为止。

2）发动机寿命件大修检测

发动机的寿命件在大修时须强制执行相关的检验程序。主要寿命件覆盖风扇、高压压气机、高压涡轮、低压涡轮转动部分的各种重要部件，包括风扇盘、高压涡轮前轴和后轴、低压压气机盘、高压涡轮前封严、风扇轴、高压涡轮盘、高压压气机前轴、高压压气机盘、低压涡轮盘、低压涡轮轴、低压涡轮锥形支撑等。

检测采用渗透、涡流、超声、射线等无损检测方法。其中渗透、涡流检测方法最为常用（图1-8）。

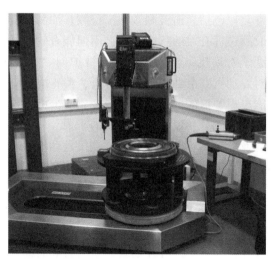

图 1-8 涡流自动检测设备示例

5. 典型关键部件的无损检测方法选用

本节列举了发动机关键部件在制造阶段和在役阶段的典型案例，说明无损检测方法的选用原则和一般方法。

1）示例1：变形高温合金高压涡轮盘、封严盘

制造流程：棒材→超声检测→圆饼→超声检测→锻件毛坯→热处理→粗加工→超声检测→腐蚀→目视检查→机械加工→荧光检测→最终检验→入库

（1）原材料棒材的检测。棒材中可能存在来自铸锭的夹杂等冶金缺陷以及在变形过程中形成的缺陷。因此棒材在锻造前应进行超声检测，必要时补充渗透检测，目的是发现棒材内部缺陷和表面缺陷，以避免把原材料中的缺陷带到成品中，以及防止表面缺陷在锻造过程中造成锻件开裂。锻造该类制件的棒材一般直径较大，缺陷随机分布于整个棒材中。通常情况下，相对于锻件，由于棒材晶粒较粗大，使缺陷的检测能力受到限制。大直径棒材超声检测分为接触法和水浸法，其中水浸分区聚焦检测技术能大幅度提高检测信噪比和检测灵敏度，有利于小缺陷的检出，是制造发动机盘、轴等转动件用大直径棒材无损检测的首选方法。棒材表面多采用着色检测技术，主要检测裂纹、折叠等缺陷。

（2）圆饼中间坯的检测。锻件或模锻件，先由棒材锻成中间坯，然后再形成锻件。由于圆饼中间坯的变形较大，原材料中的缺陷基本上变成了面积型，并沿流线分布。由于中间坯形状较简单，因此该阶段是超声检测的最佳时机，目的是发现锻制过程中的工艺缺陷及残留的冶金缺陷。饼坯是由棒材锻造而成，冶金缺陷方向多与金属流动方向一致，并有可能在锻造变形过程中破碎，沿金属流动方向分布，金属流线方向基本平行于端面，因此饼坯的超声检测常采用纵波直入

射技术，为了更好地覆盖流线，必要时可以增加水中 5°纵波斜入射技术或 45°折射横波检测技术。表面缺陷多采用着色检验技术或水洗型荧光渗透检测技术。

（3）盘锻件的检测。经过锻造后的盘锻件内部组织已经过充分变形，晶粒得到细化，是典型的锻造组织，缺陷沿流线分布。一般在热处理后、精加工前应进行超声检测，以发现锻件中的冶金缺陷和锻造过程及热处理中产生的缺陷。该类锻件超声检测时应注意使声束尽量垂直于锻造流线，在必要时可解剖工件来验证实际流线方向。超声检测采用水浸聚焦 C 扫描自动检测技术以减少人为因素的影响，提高缺陷检测能力，保证检测可靠性。

（4）盘件成品的检测。在成品阶段安排荧光渗透检测，目的是发现加工后暴露到表面的缺陷和加工过程中产生的表面开口缺陷，以避免将表面缺陷带到成品中。多采用灵敏度较高的荧光渗透检测技术，在表面条件允许的前提下应尽量选用后乳化检测技术，灵敏度 3~4 级。需要注意的是：成品盘的荧光检测应在腐蚀后进行。

2）示例 2：低压涡轮工作叶片

制造流程：型芯 X 射线检验→蜡模制造→蜡模 X 射线检验→合金的熔铸→精整→渗透检验→工业计算机层析成像（CT）壁厚测量→X 射线检验→叶片的机械加工→叶片的渗透检验→入库

叶片是现代航空发动机的核心零件，它的失效会导致机毁人亡，因此，对叶片的质量要求十分严格。叶片生产制造涉及众多工序，合理安排检测时机，不仅可减少不合格品造成的浪费，并且可保证叶片的检测质量。

叶片可能存在的铸造缺陷主要有气孔、夹杂、疏松、冷隔及裂纹等。此外，由于型芯偏移可能引起壁厚不均匀；型芯断裂可使内腔形成金属隔墙；脱芯不完全会在内腔中留存残余型芯。

在制模后对蜡模进行射线检查，可将型芯断裂的蜡模挑出，避免大量昂贵高温合金的浪费，并且避免后续无用的工作；对内腔复杂的叶片，在脱芯后进行射线检测，可及时发现内腔有型芯残余的叶片，再次进行脱芯；在叶片精整后进行渗透检测和射线检测，可保证待加工的叶片毛料符合技术条件要求；加工后进行渗透检测可保证加工后表面符合技术条件要求，提高叶片装机使用的可靠性。由于 X 射线技术对叶片中残余型芯的检测能力有限，目前已开展了工业 CT、中子射线检测等技术的研究。

由于叶片均为变截面，从排气边到进气边、到叶身中部的厚度变化较大，叶片射线照相不能简单地采用双胶片技术和适当提高电压等一般射线检测技术，最主要的措施是合理划分透照区、确定正确透照电压、选取合适的胶片等。因叶片是重要的转动件，为保证检测质量，它的灵敏度一般需达到 B 级，应选用细颗粒的 J1 类以上胶片，以获得较高对比度的影像且具有适当的宽容度。设备方面宜选用定向射线机。

值得注意的是：叶片因其截面厚度变化大，不能一次对所有厚度兼顾，通常需划为多个透照区，如进气区、排气边区、叶身及榫头检测区，有时还需划为更多的透照区，每个区域根据不同的厚度范围选取合适的透照电压。此外，在叶片的检测中，一次常需透照多个叶片，若直接将叶片置于平面工作台上，则透照区边缘的叶片与透照区中心的叶片其射线束角度有差异，会造成漏检及误判，应设计合适的工装，使每个叶片的透照区平面都处于与入射射线束相垂直的状况；在进行透照布置时，应注意使叶片的透照区主要平面或曲面的切平面与胶片面平行并贴近，射线束尽可能与胶片平面垂直；叶片因叶身为曲面，且存在榫头或锁板，射线透照时叶身不能与胶片紧贴，有时会在进、排气边与榫头或锁板的交接处产生衍射斑纹，底片评定时要注意与真实缺陷的识别。

低压涡轮工作叶片作为关键、重要的零部件，应在铸件的毛料及加工成品阶段进行荧光渗透检测，一般选择亲水性后乳化荧光渗透检验方法，灵敏度为 3~4 级。

对于叶片毛坯，还应采用工业 CT 或超声检测方法对其壁厚进行测量，以保证叶片壁厚满足设计图纸要求。

3）示例 3：高压涡轮转动部分在役大修检测

高压涡轮转动部分在役大修检测主要对象包括高压涡轮叶片、高压涡轮盘、高压涡轮前封严、高压涡轮前轴、高压涡轮后轴、高压涡轮叶片固定器及其他零部件。以其中的高压涡轮叶片和高压涡轮盘为例介绍在役大修检测的过程。

（1）高压涡轮叶片。①冷却孔检查：采用水流法。②叶片榫头荧光检测，检测前采用湿吹砂法或真空炉内腐蚀法或榫头局部腐蚀法除氧化皮，采用局部荧光法检测，不允许有裂纹状显示；其余部位进行目视检验，检验后的叶片必须彻底清洗，并在紫外灯下检查荧光残留物，如有荧光残留物，必须重新清洗干净。

（2）高压涡轮盘。检测前必须彻底除去工件表面氧化皮及积炭层。①荧光渗透检测：后乳化四级灵敏度，不允许有裂纹显示；关键区域采用非水湿显像剂。②轮缘螺栓孔涡流检测：采用专用低速旋转探头，螺栓孔试块，试块上含有一定尺寸的孔和刻槽人工缺陷。③涡轮盘内孔区域涡流自动检测：采用自动检测设备，专用探头，刻槽人工缺陷试块。

1.3 航空发动机无损检测技术的发展趋势

无损检测技术发展至今，虽然五大常规检测方法已十分成熟，但是，各种新材料、新结构和新工艺的不断出现给无损检测提出新的难题与挑战。如各种焊接接头质量的检测，涂层厚度的测量与涂层内部的质量评定，精密铸造零件的壁厚测量与内部质量检验等。牵涉到大量薄壁件、复杂形状构件、非均质材料的质量评价，以及各种焊接结构、复合材料结构等界面连接质量评定问题。常规检测方法受到分辨力、可操作性等方面的严重制约难以满足这些产品的检测要求。为了应对上述挑战，一方面需要研发无损检测新技术，另一方面需要不断提升和发展原有无损检测技术能力。

此外，伴随着计算机性能和数字数据处理能力的不断提高，为了追求无损检测过程的快速、低成本和高可靠性，以及检测结果的自动获取、可视化和智能分析等目标，以高度数字化、智能化和自动化为主要特征的新一代无损检测技术的开发和应用成为新的发展趋势。

1.3.1 航空发动机无损检测面临的需求和挑战

1. 新材料

随着航空发动机性能要求的不断提高，各种新型先进材料的使用日益增多，逐步取代了部分传统材料（图1-9）。从图中可见，镍基高温合金和钛合金仍是主要材料，钢的用量急剧降低，铝合金用量也在下降，碳纤维增强新型耐高温环氧树脂基复合材料、金属基复合材料（metal matrix composite，MMC）和陶瓷基复合材料（ceramic matrix composite，CMC）的用量在不断提升，已占有一席之地。

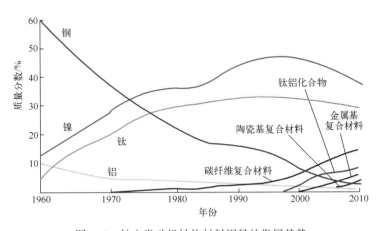

图1-9　航空发动机结构材料用量的发展趋势

1）高温合金

高温合金主要用于制造航空发动机中的热端部件，如涡轮盘、涡轮叶片等。其中先进航空发动机涡轮盘对于材料的综合性能要求不断提升，西方国家在新型高性能航空发动机中无一例外地选用了粉末高温合金材料代替传统的变形高温合金制造涡轮盘。国内已经系统研究了 FGH95 和 FGH96 两代粉末合金，使用温度最高可达 750℃。目前粉末合金材料已经替代变形高温合金应用于高性能航空发动机中涡轮盘、封严盘、导流盘、压气机盘和涡轮挡板等高温关键热端部件。微小缺陷检测、材料组织状态评价和残余应力测量是粉末盘无损检测面临的主要挑战。

此外，新一代的高强+损伤容限型 FGH99 合金正在研制中，最高使用温度可提升至 800℃，不久采用该合金研制的双性能涡轮盘也将用于新一代航空发动机。这里涉及的双性能盘特指单一合金双组织的双性能盘。一般而言，细晶组织具有较高的低温拉伸强度、塑性和疲劳强度，而粗晶组织则具有高的高温拉伸强度、裂纹扩展抗力和蠕变抗力，双性能盘适合在大的温度梯度和应力梯度下工作，更大程度地发挥材料的潜力。双性能盘是研制高推重比航空发动机必备的关键技术。如何评价双性能盘的组织状态，以及如何实现在变化的组织状态下可靠检出缺陷和对缺陷准确定量，是无损检测需要解决的难点问题。

叶片采用的高温合金主要包括等轴晶合金、定向凝固柱状晶合金和单晶合金，其中单晶合金使用温度高、高温性能优异，在新型航空发动机中广泛采用。国外已经研发成功三代单晶合金，并成功应用于现役型号发动机叶片制造，目前正在研发的第四代单晶合金可在 1100℃ 的使用温度下连续工作 100h，将用于高性能发动机复合冷却空心叶片的制造。单晶材料的各向异性使声速具有方向性，给叶片壁厚的超声测量精度带来了不利影响；单晶材料引起的渗透检测背景噪声污染增加了缺陷识别的难度，这些都是航空发动机单晶高温合金材料工程化应用中亟待解决的无损检测问题。发动机叶片所用材料如图 1-10 所示。

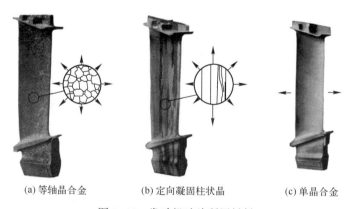

(a) 等轴晶合金　　(b) 定向凝固柱状晶　　(c) 单晶合金

图 1-10　发动机叶片所用材料

2) 钛合金

钛合金使用温度虽然不及高温合金，但因其密度低、重量轻的特点，大量用于压气机叶片、盘和机匣等零部件的制造，这些零件要求材料在高温工作条件下，具有较高的比强度、高温蠕变抗力、疲劳强度、持久强度和组织稳定性。经过几十年发展，固溶强化型钛合金的最高工作温度已经由350℃提升至600℃。长期以来存在的钛合金材料组织复杂性带来的超声检测信噪比低的问题，通过超声水浸聚焦技术的应用得到很好的改善。但某些采用β钛合金制造的大厚度零部件（如TC17盘等）在实施高灵敏度检测时，仍受到噪声问题的困扰。

单纯采用固溶强化方法的钛合金难以满足600℃以上使用温度环境对蠕变抗力和强度的要求。有序强化的Ti-Al系金属间化合物由于具有高比强度、比刚度、高蠕变抗力、优异的抗氧化和阻燃性能，成为600℃以上温度使用非常有潜力的候选材料，其中Ti_3Al基合金长期工作温度在650℃左右，TiAl基合金工作温度可达750~850℃。针对Ti-Al系金属间化合物的无损检测技术已陆续开展，目前处于对材料特性和无损检测可检性的摸索阶段，适用的无损检测方法和相应的检测能力尚待研究确定。

3) 新型高温复合材料

新型耐高温环氧树脂基复合材料是最早应用于发动机上的复合材料，目前已经在叶片、机匣等部件上获得了应用，并且还有进一步扩大应用的趋势，树脂基复合材料在国外先进发动机上的主要应用部位如图1-11所示。发动机所采用的树脂基复合材料与机体使用的树脂基复合材料有相似之处，并且前者的组织更加紧密，内部界面对检测的影响更小，可以采用与机体用树脂基复材相类似的无损检测方法。此外，风扇叶片是发动机最具代表性的重要零件（图1-12），复合材料需要与铝合金或钛合金材料连接后形成完整的风扇叶片，由于复杂的表面曲率和内部结构以及不同材料界面组织的影响，其连接质量的无损检测已成为这类材料检测的难点。

发动机用金属基复合材料（MMC）目前研究和生产较多的主要是钛基和铝基复合材料。例如钛基复合材料已经或将应用于压气机静子叶片、转子叶片、整体叶环、盘、轴、机匣、尾部结构和作动杆等零部件上。普惠公司正在研制的复合材料风扇叶片采用连续SiC纤维增强钛基复合材料，可使风扇叶片的强度提高50%，减重14%，硬度也比普通的钛合金更高。由于钛基复合材料制件内部结构复杂，界面多，界面结合质量、孔隙含量、纤维或颗粒等增强体的含量和均匀性的无损表征成为难点问题。如图1-13所示为SiC纤维增强钛基复合材料叶环的成形示意图。

陶瓷基复合材料具有耐高温、低密度、高比强、高比模、抗氧化和抗烧蚀等

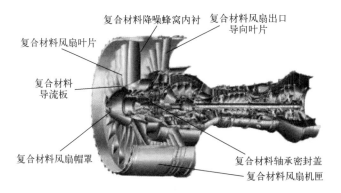

图 1-11　树脂基复合材料在国外先进发动机上的主要应用部位

图 1-12　发动机碳纤维/环氧树脂复合材料风扇叶片

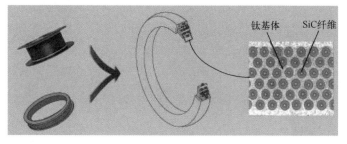

图 1-13　SiC 纤维增强钛基复合材料叶环的成形示意图

优异性能，在国际上被认为是发动机高温结构材料的技术制高点之一，是今后先进航空发动机热端部件的重要候选材料。由于陶瓷基部件不需要气体冷却，省去或简化了冷却系统零件，可使发动机进一步减重，按照"NASA N+3 先进发动机项目"的计划，2030—2035 年，燃烧室、高压涡轮导向器叶片、高压涡轮叶片、低压涡轮叶片、高压涡轮支撑罩环和整流罩等都将全部或部分采用新一代陶瓷基复合材料，整体发动机短舱则将全部由复合材料制造。目前，法国、美国掌握了其产业化技术，我国则处于研究试验阶段。材料的先进性总是与其质量的离散性并存，陶瓷基复合材料在制造过程中不可避免地产生缺陷。陶瓷基复合材料具有复杂的微结构，加之其制备成形涉及多种工艺过程，陶瓷基复合材料构件可能存在各种大小和形状的裂纹或其他类型缺陷。这样的缺陷可能单独发生，也可能同时发生，并在不同的失效模式下导致构件损毁。陶瓷基复合材料不同于其他传统材料的特殊组织特征和复杂结构，其缺陷的检测和质量评价成为无损检测的难点。

2. 新工艺和新结构的无损检测

航空发动机中的零部件日趋复杂，整体结构和近净成形结构大量采用。固相焊接、增材制造和精密铸造等工艺是制造上述复杂零部件的重要技术途径，在实现无模具成形、降低制造成本、缩短制造周期等方面具有独特优势。上述复杂结构和新工艺的采用给无损检测带来了新的挑战。

1）复杂固相焊接结构的无损检测

航空发动机中采用的固相焊接主要有扩散焊、惯性摩擦焊和线性摩擦焊等。扩散焊是在一定温度和压力下使待焊表面相互接触，通过微观塑性变形或通过待焊表面上产生的微量液相而扩大待焊表面的物理接触，然后经较长时间的原子相互扩散来实现结合的一种焊接方法。扩散焊被用于制造航空发动机整体叶盘、粉末高温合金双幅板盘等关键部件。

航空发动机中固相焊接结构的无损检测存在很大难度。以扩散焊双合金整体叶盘为例，由于整体叶盘盘芯部分合金组织为细晶组织，而叶片部分合金则为粗晶组织或单晶，一方面两种合金材料界面处由于声阻抗差异存在一定的界面本底反射信号，会干扰缺陷信号的识别，特别是在高灵敏度下这一问题更为突出；另一方面，整体叶盘结构的复杂性也使得检测的可达性变差，造成检测的困难。双合金整体叶盘如图1-14所示。

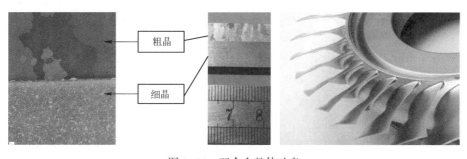

图1-14 双合金整体叶盘

惯性摩擦焊是利用焊件接触端面相对运动中相互摩擦所产生的热，使端部达到热塑性状态，然后迅速顶锻，完成焊接的一种压焊方法。

惯性摩擦焊接头中的缺陷包括宏观缺陷和微观缺陷。宏观缺陷包含未焊合、裂纹等，接头中宏观缺陷的存在，使得焊缝的承载面积减少，而且在承受载荷的开始就有一个裂纹源，缺陷容易扩散进而造成整个接头的断裂，对焊缝的力学性能产生严重的影响。微观缺陷包含弱结合等，当有弱结合等微缺陷存在时，对接头的力学性能的影响与宏观缺陷有所不同。实验表明，弱结合缺陷对焊缝的抗拉强度几乎没有影响，但是它会使焊缝的冲击韧性和疲劳强度明显降低，具有弱接合的摩擦焊接头冲击韧性比正常接头低数倍，特别是大块状分布的弱结合缺陷影响特别严重。所以微缺陷对焊接接头的影响也相当大。

可见，惯性摩擦焊缺陷与熔焊缺陷在成因、形貌上区别明显，具有紧贴、细小、面状、弥散、取向复杂等特点。特别是弱结合缺陷，声学阻抗与焊接接头金属声阻抗相差较小，在进行无损检测时不能产生明显的缺陷回波，采用常规的无损检测技术或方法不能有效检出。而这些缺陷会对产品性能产生很大的影响。目前对于上述缺陷尚未形成可靠有效的检测手段。

另一方面，发动机上惯性摩擦焊构件形状比较复杂，焊接区部位较薄，不利于超声的有效覆盖，同时被焊零件往往含有较多的台阶、拐角等部位，影响检测的可达性和有效操作空间。这些特点给惯性摩擦焊接头质量评估带来诸多问题，如何对典型焊接构件实现高效、可靠的检测与评估也成为惯性摩擦焊能否可靠应用于飞机发动机的关键技术问题。

综上所述，要保证固相焊接技术在发动机上的可靠应用，需要针对每种焊接工艺特点及缺陷特征、结合具体产品的结构特点，开展专门的无损检测技术研究，研制专用检测装置，形成无损检测规范，确保焊接质量符合产品技术要求。

2）增材制造制件的无损检测

增材制造（additive manufacturing，AM）技术是一种快速自由成形、制造三维实体零件的新技术，该技术基于离散/堆积原理，以合金粉末或丝材为原材料，采用激光、电子束等高能束进行原位冶金熔化/快速凝固逐层堆积，直接从零件数字模型一步完成全致密、高性能金属制件的近净成形制造。

根据填充材料方式和高能束种类的不同，常用的金属增材制造技术可分为激光熔粉沉积（laser melting deposition，LMD）技术、电子束熔丝沉积（electron beam freeform fabrication，EBFF）技术、激光选区熔化（selective laser melting，SLM）技术、电子束选区熔化（electron beam selective melting，EBSM）技术以及电弧熔丝增材制造（wire arc additive manufacture，WAAM）技术5种。其中，航

空发动机中采用的增材制造技术以选区熔化技术为主,因其具有成形件尺寸精度高、表面粗糙度低等特点,特别适合于复杂薄壁结构以及异型空腔结构的成形。

目前国外大型发动机公司采用增材制造技术生产的燃油喷嘴、高压压气机温度传感器外壳、管道镜套筒等制件(图1-15)已在部分民用发动机上取得应用,多联体涡轮导向叶片、低压涡轮叶片、翼型导叶组件等结构件也在研制过程中。国内开展增材制造技术研究的时间基本与世界同步,在该技术的研究与应用方面取得了较大进展。

(a) 管道镜套筒　　　　　　　(b) 多联体涡轮导向叶片

图 1-15　采用增材制造技术制作的典型航空发动机零件

由于增材制造成形工艺的特殊性,导致增材制造金属制件在结构特征、材料组织状态、缺陷类型等诸多方面具有不同于传统金属制件的特点,必须采用专门的、有针对性的无损检测技术方案,不宜照搬传统制件检测方法,以保障其服役质量。

3) 复杂精密铸造叶片的无损检测

航空发动机涡轮叶片的工作条件是涡轮中最恶劣的,它受到高的温度、气流冲击的弯曲力,以及离心力的作用,特别是现代航空发动机涡轮级数减少导致叶片所承受的负荷更高。为了提高叶片的工作温度,定向柱晶空心涡轮叶片、单晶空心涡轮叶片等叶片结构形式相继被开发和采用,特别是近年正在研制的双层壁超气冷单晶叶片,可安全可靠地在2100~2300K涡轮前进口温度下工作,极大提高了发动机的推重比。此外,为降低结晶缺陷出现的概率,提高产品质量,采用单晶空心涡轮叶片的一体化整铸技术制造的大缘板宽弦空心导向叶片和多联空心导向叶片产品也在开发中。

上述叶片往往由单晶高温合金采用先进的精密铸造技术制成,不仅材料组织状态特殊,而且具有复杂的空间曲面和大量薄壁、空腔结构,给内部缺陷的检测、壁厚的精确测量以及残余型芯的检测带来极大困难(图1-16)。

3. 发动机在役无损检测

随着国产发动机不断投入批产和装机使用,发动机在役阶段的无损检测需求

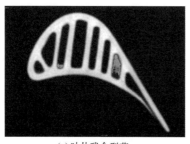

(a) 叶片残余型芯　　　　　　　(b) 双层壁超气冷单晶叶片

图 1-16　复杂精密铸造叶片

越来越迫切。需要相应的无损检测手段保证发动机的安全使用和实现长寿命的目标。目前发动机工作叶片表面涂层质量的无损评价、涂层下叶片裂纹的检测、叶片气膜孔缺陷的检测等难点问题尚未解决。此外，如何实现发动机零部件原位无损检测，是编制发动机维修手册需要研究的内容。

1.3.2　航空发动机无损检测技术发展方向

1. 利用计算机模拟技术优化检测工艺

1）超声检测计算机模拟

对于超声检测而言，在实施检测前，首先需要通过试验确定合适的检测参数，制定检测工艺规程。但是，由于探头、仪器、声束方向、入射面、受检材料、缺陷参数等影响结果的可变参数多，对于不同的检测对象结构，很难通过全面试验选择出最佳参数，尤其对于一些极端的检测条件，计算机模拟技术的应用有着特别重要的意义，可大大减少试验成本，给检测参数的选择提供参考。

此外，近年来发展的超声相控阵检测技术，使探头参数的可变因素大大增加，采用超声检测模拟软件，可模拟出探头声场的变化和缺陷显示效果，进行探头参数的优化设计。图 1-17 是利用计算机对不同参数探头超声声场进行模拟的结果。目前市场上有多种超声检测模拟软件可供使用。

2）射线检测计算机模拟

射线检测计算机模拟技术是指根据射线检测基本物理原理，利用计算机软件来模拟实际的检测系统，以得到和实际检测系统相似甚至相同的结果。利用计算机软件实现射线检测过程的模拟应用于产品研发阶段可优化系统设计、选定最佳结构配置；对于无损检测过程可提前制定检测工艺、进行虚拟检测等，有助于改进工艺、节省成本、提高效率、大大缩短研发和生产周期。射线检测计算机模拟技术已成功应用于航空航天产品的设计和质量检测中，图 1-18 是使用射线检测计算机模拟软件得到发动机叶片和机匣的透照图像。

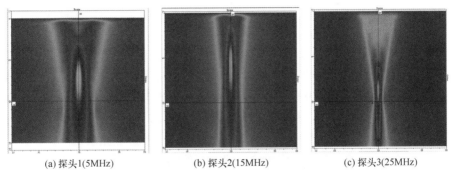

(a) 探头1(5MHz)　　　(b) 探头2(15MHz)　　　(c) 探头3(25MHz)

图 1-17　计算机模拟的聚焦探头的声场

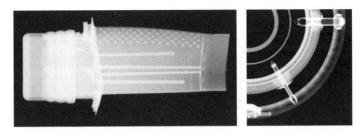

图 1-18　射线检测计算机模拟软件给出的发动机叶片和机匣的透照结果

2. 以数字射线技术实现无胶片、快速、绿色检测

随着电子技术和计算机技术的迅速发展，无胶片数字化的射线检测技术成为射线无损检测技术研究和应用的趋势。

数字化射线成像技术主要包括计算机射线照相（computed radiography，CR）技术以及数字平板成像（director digital panel radiography，DR）技术。数字化射线成像技术的使用可大大降低检测成本，有效地减少检测过程对环境的污染，目前在石油天然气、汽车制造业、安全检查等已得到较多应用，但在航空行业，由于受严格的质量要求限制，仍处于工程化应用研究阶段。

1）计算机射线照相技术

计算机射线照相技术是指将 X 射线透过工件后的信息记录在成像板上，经扫描装置读取，再由计算机生成数字化图像的技术。整个系统由成像板、激光扫描读出器、数字图像处理和储存系统组成。其中，成像板可多次使用，寿命可达数千次，每次激光扫描读出图像用时约 1min。CR 技术优势在于：所使用的成像板可重复使用（使用寿命达到 10000 次），曝光短（为 Agfa D7 胶片的 10%~30%），成像所需的剂量低（减少 10%~60%），不需要暗室进行显影、定影、烘干等工艺处理，具有较高的动态范围（比胶片大 1000 多倍）、较大的透照厚度宽容度；数字图像便于存储、可使用图像处理软件对图像进行分析评估。CR 技术的不足在于，初期投入较大，与胶片照相相比，颗粒度大、分辨率较低。

2）数字平板成像技术

数字平板成像技术是近几年发展起来的全新数字化成像技术。它与胶片法或 CR 方法处理过程不同，在两次照射期间，不必更换胶片或成像板，利用非晶硅、非晶硒或互补金属氧化物半导体（CMOS）组成的数字平板接受射线照射，仅需几秒钟即可完成数据采集，检测速度和效率大大提高。DR 方法成像均匀，没有边缘几何变形而且空间分辨率和灵敏度高，基本接近胶片照相水平。

近年来，国内航空领域多家单位已建立了数字射线检测系统并着手开展数字射线检测技术的工程化应用研究，相关的检测技术标准也已发布实施，随着研究的深入开展和技术应用成熟度的提高，数字射线技术在航空产品检测中的应用将日趋普及。

3. 采用阵列探头技术实现大型、复杂结构的快速检测

在这方面最具有代表性的是超声相控阵检测技术和涡流阵列检测技术。

1）超声相控阵检测技术

超声相控阵检测（phased array ultrasonic testing）技术是采用多阵元的阵列换能器（探头），依靠计算机技术控制各阵元发射（或接收）超声波的时间（相位），进而改变声束在声场中的偏转和聚焦特性的一种新型超声检测技术。超声相控阵探头由多个阵元按照一定规律排列而成，每个阵元可独立激发或接收超声波。超声相控阵探头阵元的常见排列方式如图 1-19 所示。

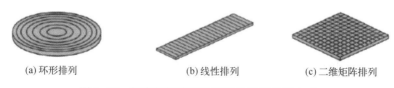

(a) 环形排列　　　　(b) 线性排列　　　　(c) 二维矩阵排列

图 1-19　超声相控阵探头阵元的常见排列方式

超声相控阵技术具有独有的电子扫描、动态聚焦和多角度扫描功能，其中电子扫描功能可以实现大面积的快速扫查；动态聚焦功能可以实现一定深度内的多点聚焦扫查；多角度扫描功能可以实现一定角度范围内扇形区域的快速扫查成像。对于厚度较大的发动机盘件，可采用超声相控阵动态聚焦技术，在一次扫查中使声能聚焦于材料中不同深度的区域，实现小缺陷高灵敏度快速检测。对于大型航空复合材料制件，可采用线阵探头配合电子扫查功能实现大面积快速扫查成像。图 1-20 为航空发动机产品的超声相控阵检测实例。

与传统的超声波检测相比，超声相控阵技术具有扫描范围大、检测速度快、显示结果直观、易于保存等优势。能够非常快速地覆盖构件，大大缩短检测时间，节约成本，提高检测可靠性。

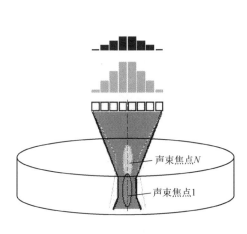 

(a) 盘件动态聚焦检测　　　　　(b) 轴的多角度聚焦检测

图 1-20　航空发动机产品的超声相控阵检测实例

近年来，基于超声相控阵技术的全矩阵采集（full matrix capture，FMC）和全聚焦成像（total focusing method，TFM）检测新技术得到广泛关注，有望进一步提高超声检测的灵敏度和信噪比，并实现复杂取向缺陷的形貌重建和精确定量评价。

2）涡流阵列检测技术

涡流阵列检测（eddy current arrays testing）技术通过探头结构的特殊设计，并借助于计算机化仪器强大的分析、计算及处理功能，实现了单次扫查覆盖区域大，以及 10~100 倍于常规涡流的检测效率。涡流阵列探头是由几个或几十个分立的检测线圈构成，由于激励与感应线圈是以两种相互垂直的方向传递和接收电磁场，因此克服了普通涡流检测探头对缺陷方向性敏感的缺点，如图 1-21 所示。线圈的这种排布方式，有利于发现取向不同的线型缺陷。

涡流阵列检测技术除了具有灵敏度高、速度快的优点外，由于其探头尺寸较大，且外形可根据实际被检测对象的型面进行设计，因此可有效克服或消除普通涡流探头由于把持不稳造成的提离效应影响。图 1-22 是利用仿形制作的涡流阵列探头对涡轮盘榫槽进行检测的情况。

4. 提高无损检测设备的自动化、可视化和智能化水平

航空发动机工作在高温、高压等极端恶劣的工作条件下，要求零部件具有高质量、高可靠性、长寿命的特点，尤其对关键部件缺陷无损检测结果的可靠性和准确性提出了很高的要求。解决人工检测带来的准确性、可靠性、重复性差问题，实现检测自动化、智能化的需求日益迫切。伴随着机电自动化和精密加工制

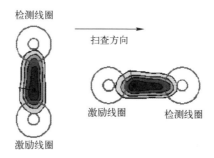

图 1-21　阵列涡流探头中线圈的排布与电磁场的分布

图 1-22　仿形涡流阵列探头检测发动机涡轮盘的榫槽

造技术的快速发展，无损检测设备的自动化水平和机械精度也在不断提高。目前发动机关键部件用管材、棒材、盘轴件和复合材料制件的超声、涡流检测都实现了自动化（图 1-23）；数字化的检测数据便于存储和后处理，也推动了检测结果的图像化、可视化，缺陷显示更加直观和准确。国外空心叶片超声测厚机器人自动系统已经商业化，国内类似产品也开始研发，取代传统的人工测量方法指日可待（图 1-24）。此外，基于机器学习、人工智能和大数据技术的检测数据后处理和统计分析研究已成为无损检测技术发展的又一热点，将推动无损检测智能化水平的进一步提高。

5. 评价缺陷检出概率和无损检测可靠性

无损检测可靠性是对用无损检测方法检出特定类型、特定尺寸缺陷的有效性的定量评价。概率风险评估的一个必要输入是缺陷检出概率（probability of detection，POD）曲线。POD 用于衡量无损检测手段的可靠性，它定量描述了无损检测检出特定类型、特定尺寸缺陷的有效性。美国军用规范（MIL-A-8344：1974）规定：计算裂纹扩展寿命的初始裂纹尺寸 a_0 应根据无损检测可靠性确定，即在 95% 的置信度下，大于 a_0 的裂纹至少有 90% 的检出概率。缺陷的检出概率对于零件的损伤容限设计和寿命预测是重要的基础数据。

(a) 盘件超声水浸检测系统　　(b) 盘件涡流成像检测系统

(c) 小直径管棒材涡流超声一体化检测系统　(d) 大直径棒材超声水浸多通道检测系统

图 1-23　典型自动化无损检测系统

 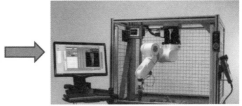

图 1-24　空心叶片壁厚从人工手动测量向数字化、自动化方向发展

目前关于无损检测可靠性的问题，最主要是研究某种特定的无损检测方法，在特定的验收标准下，对某类试件进行检测时，能检出某一尺寸缺陷的概率，也就是说，无损检测的可靠性问题可以转变成 POD 的问题。

近年来，虽然无损检测技术有了很大发展，但不同检测人员对同一缺陷进行检测时得到的结果仍存在一定的差异，这种结果的不确定性受材料、构件形状和尺寸，缺陷的性质、大小、位置和取向，检测人员的水平和心理状态等诸多因素的影响。研究 POD 测试方法，可用于对特定的无损检测技术进行检测能力和检测可靠性评价。对于不同检测技术的能力比较，也具有一定的参考意义。

2004 年 7 月，美国空军研究实验室（AFRL）和联邦航空局管理技术中心及美国航空航天局（NASA）合作成立了模型辅助检出率计算研究（MAPOD）小组，利用数值模拟方法来计算实际工件中缺陷的 POD 曲线，目的是解决实验研究中试块加工难、成本高的问题。欧洲工程项目 PICASSO 的目标是创立一个新颖独特的无损检测缺陷检出率曲线的仿真方法，该方法通过将仿真结果替换部分试验数据来得到POD曲线。然而，由于实际的检测过程远比数值模拟中的条件更为复杂，影响因素更多，因此用数值模拟代替实际的试验研究也是不现实的。在可见的未来，工程中的POD曲线测量仍然需要采用试验测量的数据为基础，而数值模拟作为试验数据的补充，可以代替一部分现场试验，或是完成从某一检测条件POD曲线到另一检测条件下的POD曲线的移植。

目前，国内开展缺陷检出概率和无损检测可靠性方面的研究较少，无论试验研究还是理论研究均缺少相应的基础数据支撑，极大制约损伤容限设计和概率寿命预测等工作的开展。近年来，随着航空发动机设计能力提高和适航认证的需求日益迫切，对发动机关键部件无损检测可靠性评估已经成为不容忽视的重要研究领域。

参考文献

[1] 北京航空材料研究院. 航空材料技术 [M]. 北京：航空工业出版社，2013.
[2] 李家伟，陈积懋. 无损检测手册 [M]. 北京：机械工业出版社，2002.
[3] 史亦韦，梁菁，何方成. 航空材料与制件无损检测技术新进展 [M]. 北京：国防工业出版社，2012.
[4] 王自明. 航空无损检测综合知识（Ⅱ级）[M]. 北京：国防工业出版社，2014.

第 2 章

发动机转动件径轴向裂纹无损检测

2.1 概　　述

发动机转动件是航空发动机的关键部件，长期工作于高速、高负荷（高应力）和高温等恶劣环境中。在其制造过程中，通常采用一系列无损检测手段以保证交付产品不含有危害性缺陷。尽管经过了严格的无损检测工序，在后续加工过程中再次发现表面裂纹的例子却时有发生。此类裂纹的取向通常垂直于转动件端面并沿径向有一定延伸，我们将其称为"径轴向裂纹"。由于取向和分布位置特殊，采用常规的无损检测手段并不能保证转动件中此类裂纹缺陷的全面检出。与此同时，此类裂纹又是危害性很大的缺陷，往往会成为疲劳断裂源，引起巨大的安全隐患。因此，针对发动机转动件中的裂纹实施行之有效的无损检测，对于发动机转动件的质量保障具有重要意义。

2.1.1 发动机转动件裂纹的无损检测方法及特点

针对发动机转动件，通常在制造过程的不同工艺阶段分别实施检测：在产品粗加工阶段采用超声检测方法检测内部缺陷；对于内部夹杂和气孔等缺陷，使用基于垂直入射缺陷回波的脉冲反射式水浸聚焦 C 扫描方法进行检测，针对延伸面与表面呈较大倾角的裂纹等缺陷，辅以倾斜入射的缺陷脉冲回波法或底波监控法。在成品阶段，主要采用荧光渗透检测方法检测表面开口缺陷；另外，涡流检测技术也是表面、近表面缺陷检测的重要手段之一，得到越来越广泛的应用。

1. 超声检测方法

1) 纵波缺陷回波法

纵波缺陷回波法是目前最主要的转动件内部缺陷超声检测方法，该方法通过监测和分析脉冲超声波在工件内部传播的过程中被缺陷反射、散射而返回的信号，可有效确定出缺陷的存在，并对其大小、位置进行评价（图 2-1）；同时，它还可以借助机电系统，对转动件不同形状部位进行自动精密扫查和缺陷检测结果的成像显示，从而保障更可靠稳定的工件扫查覆盖，并提供更客观的缺陷记录形式。进行水浸超声自动成像检测时，利用聚焦探头可以在特定范围内实现声能量的聚焦，获得对小缺陷更高的检测灵敏度（图 2-2）。因此，基于缺陷回波法的水浸超声聚焦 C 扫描是航空航天转动件内部缺陷高灵敏度检测的基本手段。

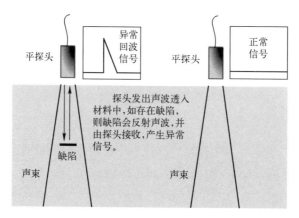

图 2-1　超声缺陷回波法检测原理

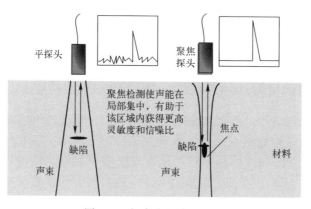

图 2-2　超声聚焦检测原理

通常发动机转动件经锻造过程，铸锭中遗留的气孔、夹杂等缺陷经变形后沿流线分布，纵波缺陷回波法使声束垂直于流线入射，可有效检测出上述缺陷。但是，由于锻造或热处理产生的裂纹缺陷，则可能有不同的取向，这时，需要考虑采取不同的入射方向，使声束与裂纹延伸面垂直。如果无法预知裂纹的取向，或无法实现声束与缺陷延伸面垂直，则可能因信号太弱而无法检出。

2) 底波监控法

与纵波缺陷回波法不同，底波监控法是通过监控工件底面回波的变化来判断工件内部缺陷情况的检测方法，如图 2-3 所示。

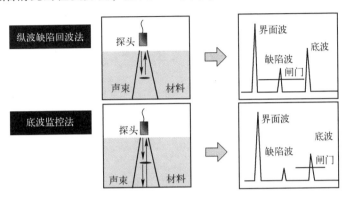

图 2-3　纵波缺陷回波法与底波监控法的对比

通常引起底波降低的因素，除了表面状态或上下面不平行等外部原因之外，来自工件内部状态的因素主要有两方面：一种情况是材料内部局部组织粗大，粗大的晶粒在材料内部引起超声波的散射，从而引起声能的严重损失，C 扫描图上底波降低的区域多呈面积状，且伴随有杂波的增大；另外一种情况是，材料内部存在与声束入射方向平行或夹角很小的缺陷，此时，缺陷反射回来的声能很小，不能形成幅度较大的单个回波信号，在缺陷回波超声 C 扫描图像中可能没有明显的缺陷显示，但是当缺陷面积足够大，对声波的反射或散射足以使通过的声能有明显的减弱，则会引起底波的明显降低，且可能伴随类似杂波的信号出现。因此，通常对发动机转动件，会要求采用底波监控法作为常规缺陷回波法的补充，以增加对有一定面积的裂纹等危害性缺陷的检出率。

3) 横波法

横波法通常使声束以较大的倾斜角度入射于工件表面，从而在工件内部产生与表面呈较大倾斜角的纯横波，再利用这一声束检测工件内部的倾斜缺陷。针对延伸面与表面垂直或接近垂直的表面开口裂纹，利用横波入射至缺陷与工件表面形成的端角处时产生的端角反射，使用单探头即可得到较高的缺陷回波[图 2-4（a）]。

针对位于上下表面之间垂直于表面的缺陷，单探头则无法检出，可使用图 2-4（b）所示的串列式双探头法进行检测，将两个入射角相同的探头放置在同一个面上并朝向同一方向。当工件中无缺陷时，接收探头收不到回波；当工件中存在图中所示的缺陷时，发射探头发射的声波经缺陷反射到达底面，再从底面反射至接收探头。可以看出，对于特定深度的缺陷，只有在两个探头之间相距特定距离时,才能接收到经底面反射的回波,扫查时通过改变探头间距,可对工件中不同深度的缺陷进行检测。

也可采用如图2-4(c)所示的双面双探头法,将两个探头以相同的方向分别放置在工件的两个相对面上,当工件中存在图中所示的缺陷时,发射探头发射的声波经缺陷反射被另一个探头所接收。使用这种方法扫查时,单个面上需要提供的探头移动距离较小,但需要双面放置探头。

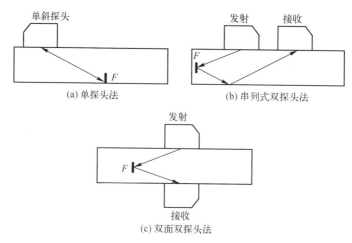

图2-4 常用的横波检测方式

4) 表面波法

表面波是沿工件表面传播的一种超声波模式,利用表面波进行检测的技术称为表面波法,主要用于表面、近表面缺陷的检测。表面下2倍波长深度范围内包括了表面波大部分能量,表面下2倍波长深度处的位移为表面的1/100（-40dB）,所以在这个深度上的缺陷比表面缺陷的反射脉冲小约1/100。可以认为,表面下2倍波长深度范围是表面波可检测的深度范围。

当表面波沿工件表面传播的过程中遇到裂纹时,表面波R的传播将会发生变化（图2-5）,一部分超声波在裂纹开口处以表面波的形式反射,并沿物体表面返回;另一部分超声波仍以表面波形式沿裂纹表面继续向前传播,传播到裂纹顶端时,部分声波被反射返回,部分声波继续以表面波形式沿裂纹表面向前传播;还有一部分声波在表面转折处或裂纹顶端转变为变型纵波L和横波T在物体内部传播。在实际表面波法检测中,主要利用表面波的上述特性来探测工件表面和近表面裂纹。

2. 渗透检测方法

渗透检测是一种以毛细作用为原理,适用于检测非松孔性的金属和非金属材

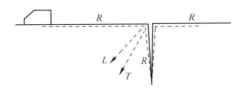

图 2-5　表面波检测示意图

料或零件表面开口缺陷的检测方法，包括荧光渗透检测法和着色渗透检测法，航空产品通常使用荧光渗透检测法。

荧光渗透检测法对于金属制件表面开口裂纹类缺陷有极高的灵敏度，不受缺陷取向等因素影响，操作一次可做到大面积检测，缺陷形态显示清晰直观，在发动机制件检测中得到广泛应用。但对由于诸多原因造成的表面开口被完全封堵，或内部封堵且残留开口过于浅而宽的裂纹，渗透液难以进入缺陷内部并被截留，进而无法实现析出并显像。例如，对于图 2-6（a）中目视可见的表面微裂纹，荧光渗透检测几乎不可见［图 2-6（b）］，经分析是由于裂纹开口被封堵导致；并且，荧光渗透检测方法对于近表面裂纹也无能为力。

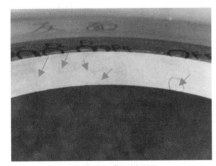
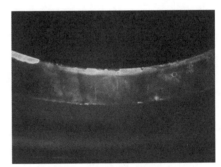

(a) 涡轮盘表面微裂纹　　　　　　(b) 荧光渗透检测几乎不可见

图 2-6　表面微裂纹的荧光渗透检测

3. 涡流检测方法

涡流检测基于电磁原理（图 2-7），不仅可发现制件表面的密闭性裂纹，对近表面微小缺陷也十分敏感，因此，涡流检测作为表面、近表面缺陷检测的常规手段，已在大量发动机转动件的质量检查中发挥重要作用。

有关涡流检测方法在航空发动机转动件上应用特点的研究，国外研究工作已较为充分，得出了大量证明涡流检测在发动机转动件制造过程中具有不可替代作用的数据。例如 20 世纪 90 年代，北约各成员国就曾以某型航空发动机为例，联合开展了退役转动件螺栓孔部位渗透、涡流等无损检测方法的对比试验。大量关于检出率、漏检率、误判率的统计分析数据表明，涡流检测方法在几种检测方法中具有最佳的裂纹检测能力。又如美国联邦航空局（FAA）已组织 Allied Signal/联信、美国通用电气公司、普惠公司成立了发动机钛协会，致力于发动机钛合金转动件的质量改进，其研究成果表明，利用涡流自动检测不仅能可靠发现钛合金转动件上的裂纹缺陷，而且对于转动件表面、近表面的硬质 α 相夹杂物也十分敏感。

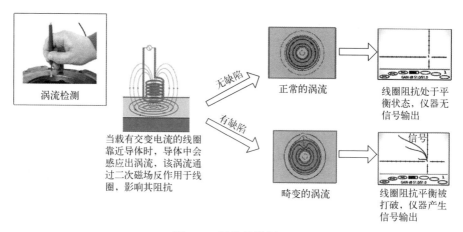

图 2-7　涡流检测原理

2.1.2　发动机转动件径轴向裂纹无损检测的技术难点

发动机转动件在制造过程中均经过了严格的无损检测工序，尽管如此，在转动件后续加工过程中仍多次发现表面裂纹。例如国内某发动机厂生产的 GH4169 合金 5~8 级盘，在经过完整的超声检测和渗透检测后，在下一工序加工过程中仍在转动件上发现表面径轴向裂纹；类似事件在另一发动机厂也多次发生。

究其原因，主要是由于裂纹类缺陷的特殊性，给超声检测带来了难题。如图 2-8 所示，在超声检测过程中，为了获得缺陷面较大的反射回波，声束入射方向要尽可能垂直于缺陷的取向，但发动机转动件中的裂纹往往垂直于端面并沿径向延伸，因此，无论是从转动件的上下端面还是内孔、外圆方向进行检测，声束均平行于缺陷的取向，导致缺陷反射回波幅度低，无法有效地检出径轴向裂纹。

荧光渗透检测是在发动机转动件的成品阶段检测表面缺陷的常规手段，对于表面开口缺陷的检测具有很高的灵敏度，目前的生产流程中每一件转动件成品均需经过荧光检测。但实际生产中，已多次发现某些转动件中产生的裂纹未能被荧光渗透方法检出，其原因可能是裂纹表面闭合、开口封堵导致渗透液难以进入。涡流检测方法虽可实现闭合裂纹的检测，但仅适用于表面、近表面裂纹的检

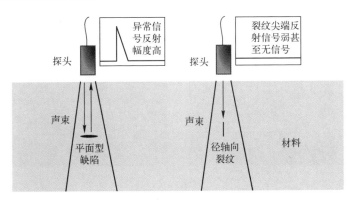

图 2-8 径轴向裂纹超声检测的难点

测,对于内部缺陷无效。可见,采用常规、单一的无损检测方法无法保证径轴向裂纹的全面检出。下面给出的是裂纹开口封堵导致荧光渗透方法不可检的一个实例。

某 GH4169 合金涡轮盘在毛坯阶段超声检测未发现异常,在后续加工过程中发现疑似表面裂纹。分别采用水洗型和后乳化型荧光渗透方法进行检测,均未发现异常,然而,转动件表面的缺陷在白光下及体视镜下均清晰可见,如图 2-9 所示。

(a) 白光下缺陷目视可见　　(b) 体视镜下显示清晰(15倍)　　(c) 荧光渗透检测不可见

图 2-9 某涡轮盘表面缺陷显示

为了进一步明确荧光渗透不可检的原因,采用扫描电镜、金相显微镜、电子探针等手段,对缺陷的形貌及成分进行了分析。

图 2-10 为扫描电镜下的缺陷形貌显示,可清晰观察到缺陷的纹路走向。为了确定缺陷性质,沿缺陷横向即图 2-11 中直线方向做成分含量线扫描分析,各条成分含量变化曲线自上而下分别为 Ni、Cr、Fe、Nb、Mo、Ti。由图 2-11 可看出,成分含量变化最大的为 Cr、Ni 元素,在图中大的晶界处及异常颗粒处,Cr 含量急剧升高,Ni、Fe 含量降低,Nb 含量也有所升高;而在两端与基体接壤的部位,Nb、Mo、Ti 含量上升而其他元素含量降低。

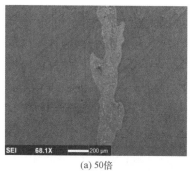 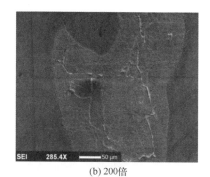

(a) 50倍　　　　　　　　　　　　(b) 200倍

图 2-10　扫描电镜下不同放大倍数的形貌显示

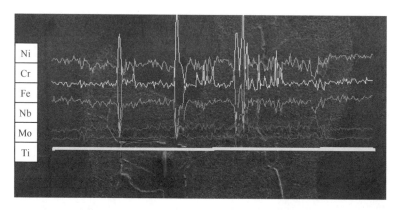

图 2-11　沿缺陷横向成分含量线扫描分析图谱

图 2-12 为金相显微镜下观察缺陷处的组织形貌，其中黑色条带为宏观缺陷区域，腐蚀后可看出黑色区域与基体之间界限圆滑，且黑色颗粒组织的含量呈明显梯度变化。图 2-12（c）、（d）都为 500 倍，与图 2-12（d）所示的基体相比，图 2-12（c）黑色条带区域内组织异常，且在重度腐蚀后黑色条带边界处呈现由于元素贫化形成的亮带。

沿图 2-12（c）中箭头所示方向进行电子探针成分面扫描分析，得到沿缺陷横向电子探针成分面扫描分析图谱如图 2-13 所示。分析可知，视场内呈 Y 形显示的缺陷下半部分成分变化明显，与基体相比，Cr 元素含量在此富集而 Ni、Fe 等主要基体元素贫乏，Nb 含量也相对降低；Al 和 O 两种元素在缺陷中可能以氧化物的形式同时出现，因此两种元素的分布情况较为类似。局部区域的元素含量具体数据见表 2-1。

表 2-1 的数据与电子探针的结果呈现类似的变化趋势，在缺陷区域 Cr、Al 等元素含量急剧增加，Fe、Ni 等主要基体元素含量降低，其余微量元素略有变化。

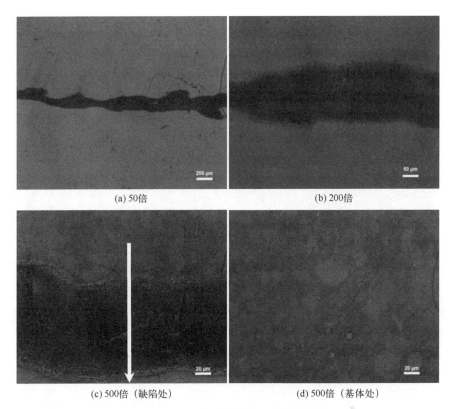

图 2-12 不同放大倍数下的缺陷形貌

表 2-1 局部区域的元素含量具体数据

位置	含量/%（质量分数）									
	C	N	O	Al	Ti	Cr	Fe	Ni	Nb	Mo
缺陷区域	4.45	16.57	5.68	3.40	0.02	53.39	2.99	7.43	6.32	0.49
过渡区域	—	—	—	0.46	0.01	18.74	17.96	53.79	6.12	2.75
标准基体参考	0.02~0.06			0.4~0.7	0.75~1.15	16~19	16~19	5055	4.75~5.5	2.8~3.3

GH4169 合金是以 Ni-Fe-Cr 为基的高温合金，加入 Al、Nb 等元素后，合金中形成以面心立方 γ 相为基体，溶入 Cr、Fe、Mo 等固溶强化元素的组织，有利于提高基体的高温强度和稳定性。由于合金中有较多的 Fe 元素，降低了 Ni-Cr 合金的抗氧化性。Cr、Al 的加入有利于提高抗氧化性。国内外研究合金的氧化动力学规律表明，GH4169 氧化机制是由元素的扩散决定的。合金在高温下发生氧化形成外层氧化物，随氧离子进一步向内部扩散。晶界缺陷较多，氧的浓度高，同时晶界又是碳化物集中处，Al 含量低又不能形成 Al_2O_3 有效地阻止氧化，使氧

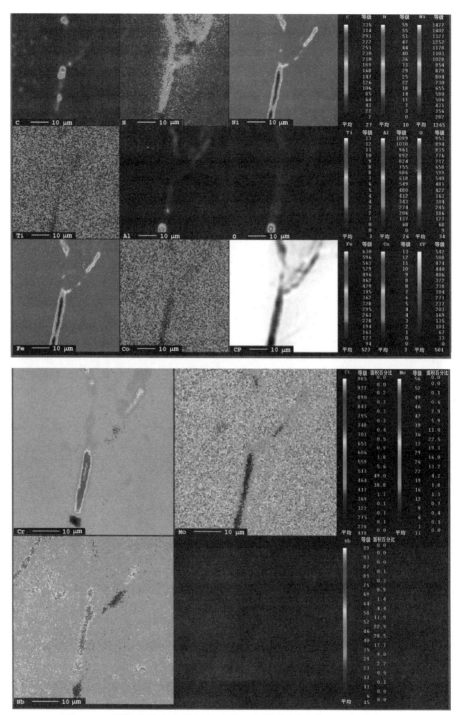

图 2-13 沿缺陷横向电子探针成分面扫描分析图谱（见书末彩图）

化沿晶界或相界向合金内部发展,形成岛状的内氧化层。晶界氧化物的形成和发展使周围基体中的 Cr 向氧化物扩散导致基体中的 Cr 浓度下降,造成成分的不均匀,内氧化层富集较高的 Cr,内氧化层中岛状的合金基体部分为贫 Cr。

综合分析荧光渗透检测、目视检查、扫描电镜、金相分析、电子探针等结果可知,该 GH4169 涡轮盘内缘裂纹处 Cr 元素富集,组织成分与基体存在较大差异,分析认为,可能由于高温氧化特别是 Cr 与 O 元素反应等一些原因使裂纹开口被封堵,从而导致荧光渗透检测无法检出该裂纹。

2.2　发动机转动件径轴向裂纹的超声检测

本节将重点论述纵波缺陷回波法、底波监控法、横波法以及表面波法对径轴向裂纹的检测能力,并对影响检测效果的因素进行分析。

2.2.1　纵波缺陷回波法

纵波缺陷回波法是目前最主要的转动件内部缺陷超声检测方法。但对于垂直于转动件端面并沿着径向扩展的径轴向裂纹,无论是从哪个方向进行检测,声束均平行于缺陷的取向,导致缺陷反射回波幅度低,无法有效地检出径轴向裂纹。如前节所述,超声水浸聚焦 C 扫描可提高材料中小缺陷检测的灵敏度和信噪比,下面将通过试验对尽可能提高检测灵敏度的条件下纵波缺陷回波检测径轴向裂纹的可行性进行分析。

为了更真实地模拟转动件中的自然裂纹,可采用疲劳裂纹扩展的方式制作不同尺寸的裂纹模拟试样。在疲劳裂纹扩展试样上,通过力学加载形成疲劳裂纹,随后机械加工去除夹持部位,并保留疲劳裂纹。图 2-14 为疲劳裂纹扩展试样及最终得到的裂纹模拟试样实物图,裂纹设计尺寸以及采用扫描电镜测量得到的裂纹实际尺寸见表 2-2。

(a) 疲劳裂纹扩展试样

(b) 裂纹模拟试样

图 2-14　裂纹模拟试样实物图

表 2-2 裂纹设计及实际尺寸

试样编号	裂纹长度设计尺寸 /mm	裂纹长度实测尺寸 /mm	裂纹开口宽度实测尺寸 /μm	试样外形尺寸 /(mm×mm×mm)
1号	1.5	1.94	0.376	70×15×48
2号	10	9.58	7.577	
3号	3	2.56	1.207	
4号	3	2.98	0.326	
5号	5	4.25	1.473	
6号	5	4.40	2.545	

采用 10MHz 聚焦探头（焦距 89mm）对上述裂纹模拟试样进行纵波缺陷回波法水浸聚焦 C 扫描检测。图 2-15 为检测方向示意图。由图 2-16 的 C 扫描结果可见，在 ϕ0.4mm 检测灵敏度、甚至更高灵敏度（ϕ0.4mm+12dB）下，声束平行于裂纹平面均无法检出试样上的任一裂纹。由图 2-16（b）可见，ϕ0.4mm+12dB 的灵敏度下，已显示出较高的本底噪声，继续提高仪器增益也无任何意义了。

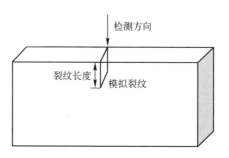

图 2-15 检测方向示意图

上面是在裂纹模拟试样上检测的情况，然而，实际自然裂纹的尺寸更小（宽度约几十微米甚至闭合），且取向更为复杂，超声检测的难度也更大。以下是某镍基高温合金 GH4169 合金转动件［图 2-17（a）］径轴向裂纹超声检测的情况。在该转动件（厚度 19mm）内缘目视发现了 5 条径轴向裂纹。经体视显微镜观察，裂纹①~⑤的高度分别为 5.7mm、5.1mm、4.6mm、4.2mm 和 3.7mm，宽度约为 0.06mm，图 2-17（b）给出了裂纹分布及取向的局部放大图。

使用水浸超声自动 C 扫描系统，分别采用 5MHz、10MHz、25MHz 聚焦探头和平探头，将焦点（或 N 点）落于转动件表面及内部不同深度，在不同的扫查灵敏度（ϕ0.4mm、ϕ0.4mm+12dB、ϕ0.4mm+18dB）下进行了径轴向裂纹的 C 扫描检测。结果表明，在不同的检测参数组合下，均未发现任何裂纹，即使是在

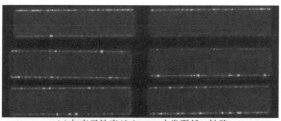

(a) 扫查灵敏度φ0.4mm，未发现任一缺陷

(b) 扫查灵敏度φ0.4mm+12dB，未发现任一缺陷

图 2-16 裂纹模拟试样的纵波缺陷回波法 C 扫描检测结果

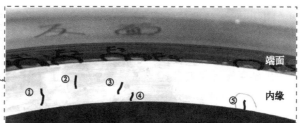

(a) 转动件实物照片　　(b) 转动件内缘径轴向裂纹分布及取向局部放大图

图 2-17 GH4169 合金转动件及裂纹位置

φ0.4mm+18dB 的超高检测灵敏度下也未发现异常（图 2-18）。也就是说，采用纵波缺陷回波法，无论是通过改变检测频率、提高扫查灵敏度还是改变焦点位置以及声束入射面，都无法发现该转动件上的任一裂纹。

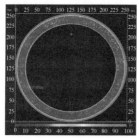
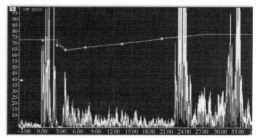

(a) C扫描图像　　(b) φ0.4mm+18dB灵敏度下噪声水平

图 2-18 转动件典型 C 扫描图像及噪声水平

分析认为，导致纵波缺陷回波法无法检出裂纹的原因，主要是由于径轴向裂纹取向不利。另外，裂纹的宽度尺寸小且位置靠近内缘也给检测带来了困难。然而，裂纹类缺陷属于非常严重的缺陷，将给发动机的安全性带来很大威胁，为了保障发动机转动件的内部质量，必须寻求可检出径轴向裂纹更加可靠的无损检测方法。

2.2.2 超声底波监控法

与缺陷回波法的基本原理不同，底波监控法是通过监控工件底面回波的变化来判断工件内部缺陷情况的检测方法，常用于局部组织异常的判断或特殊取向缺陷的检测。由于观察底波虽能发现缺陷的存在，但无法确定缺陷的深度，也无法对缺陷定量，且对缺陷检测的灵敏度较低，在实际中底波监控法很少作为一种独立的检测方法使用，但可以作为常规缺陷回波法的补充，检测由于缺陷取向特殊导致常规方法无法检出的大尺寸缺陷。

目前，通常采用声束垂直入射的方法进行发动机转动件的底波监控检测，但这种常规的底波监控方法对于径轴向裂纹的检测能力有限，仍存在无法检出径轴向裂纹的情况。有研究表明，采用小角度纵波斜入射底波监控方法具有更好的检测效果，下面分别对这两种方法的检测能力及影响因素进行分析。

1. 纵波直入射底波监控方法

1）探头参数对底波监控的影响

在超声检测过程中，探头参数的选择至关重要，对于检测结果影响很大。仍以图 2-17 所示的高温合金转动件为例，分析探头参数对底波监控的影响。分别采用 5MHz、10MHz、25MHz 聚焦探头和平探头，将焦点（或 N 点）落于转动件表面，进行径轴向裂纹的直入射底波监控检测，所使用的探头及其参数见表 2-3。焦点落于表面时的底波监控 C 扫描结果见图 2-19。

表 2-3 所用探头及其参数

探头类型	频率/MHz	晶片直径/mm	标称焦距（或 N 点）/mm	焦点直径/mm
平探头	5	12.7	136	—
	25	6.4	173	—
聚焦探头	5	19	150	2.4
	10	11	89	1.2
	25	6.4	50	0.48

由底波监控 C 扫描图像可见，采用 5MHz 平探头及聚焦探头（焦点直径 2.4mm）进行直入射底波监控时，均难以发现径轴向裂纹。使用 10MHz 聚焦探

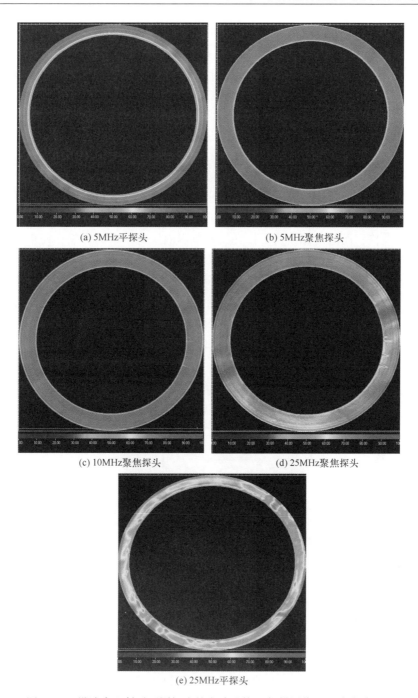

图 2-19　纵波直入射时不同探头的底波监控 C 扫描图像（见书末彩图）

头、25MHz聚焦以及平探头时，裂纹处底波可见不同程度的降低。其中，25MHz聚焦探头（焦点直径0.48mm）的效果最为明显，5条裂纹在C扫描图上均清晰可见；使用10MHz聚焦探头（焦点直径1.2mm）也可发现裂纹处底波有轻微降低，但清晰度不够。25MHz平探头的C扫描成像中，裂纹所在位置底波降低，可见该探头对裂纹类缺陷是有响应的，但是在未发现裂纹的其他位置也出现类似的底波降低现象，因此不能依据该探头的底波监控结果可靠地判断盘件中是否存在裂纹类缺陷。

总体而言，采用聚焦探头进行底波监控的检测效果明显好于平探头，这是由于普通平探头声束较宽，径轴向裂纹在声束横截面上的面积占整个声束截面积的比例较小，导致缺陷对声能的散射引起的底波能量的降低不明显，可能引起裂纹类缺陷的漏检；而聚焦探头则可以在特定范围内实现声束的聚焦，使得小缺陷对声束能量的影响变大，从而有更高的检测灵敏度（图2-20），因此采用聚焦探头进行底波监控检测将有效提高对径轴向裂纹的检测能力。上述试验中聚焦探头焦点是位于表面的，声束进入工件内部后会逐渐发散，缺陷所在位置可能并不是声束最窄的区域，如果缺陷位于声束聚焦区域内，则检测效果会更好。

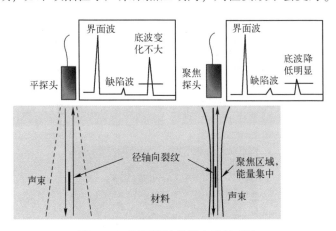

图2-20 不同底波监控方法的对比

另外，采用高频探头的检测效果优于低频探头。这主要是由于不同频率超声波的波长不同，导致超声波对缺陷的绕射能力有差异，低频超声波的绕射能力更强，可绕过缺陷到达底面，从而导致缺陷对底波幅度的影响不及高频探头大；另一方面，试验采用的10MHz探头声束直径明显比25MHz聚焦探头要大，这也常常是低频超声探头由缺陷引起的底波降低不明显的原因。

2）裂纹尺寸对底波监控的影响

由于转动件上自然裂纹的尺寸较为随机，无法人为控制，本部分将以表2-2

所列的由疲劳扩展得到的模拟裂纹进行试验，说明裂纹尺寸对底波监控的影响规律。

针对相同厚度试样上长度不同（1.5~10mm）的裂纹，采用10MHz聚焦探头，使声束从试样正面以0°角入射进行底波监控，对比裂纹长度不同时的底波监控检测效果，图2-21为底波监控C扫描结果。

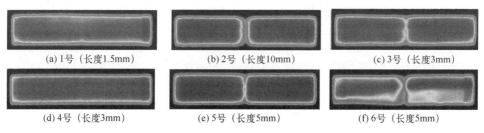

图2-21　不同长度模拟裂纹的底波监控C扫描结果

由图2-21可见，0°入射时，对于长度1.5mm裂纹无法检出，长度同为3mm的2个裂纹可检出3号，而4号则无法检出；结合表2-2中的裂纹实测尺寸可知，虽然3号、4号裂纹长度相差不大，但4号裂纹的开口宽度仅为3号的1/4，因此这两个试样在相同的检测条件下检测效果差异较大。

可见，在检测条件确定后，底波监控对裂纹的检出效果不仅仅与裂纹本身长度相关，还与裂纹开口宽度存在密切相关性。基本规律是裂纹长度越长、开口宽度越大，检出效果越好。

2. 小角度纵波斜入射底波监控方法

1）**声束入射角度的影响**

转动件中的径轴向裂纹垂直于端面延伸，当超声波声束垂直于端面入射进行检测时，裂纹取向不利于检测；即使采用底波监控方法，仍不能达到理想的检测效果。为了增强裂纹对底波高度的影响，可将纵波声束倾斜一个较小的角度，既能使底面回波被探头顺利接收，又能使缺陷对声能的影响增强。通常所说的小角度纵波一般指在第二介质中折射角小于15°的纵波，由于其独特的传播特点，常被用于缺陷回波法检测奥氏体不锈钢小裂纹、铝合金胶接界面的紧粘型脱粘，以及支柱瓷绝缘子裂纹等缺陷。小角度纵波底波监控时，为了使底波能够被探头接收，通常折射角控制在更小的范围以内，与检测厚度相关。

图2-22为采用小角度纵波斜入射底波监控法进行径轴向裂纹检测的示意图。探头在调定的入射角度下，与转动件端面保持一定的水距并沿弦向进行圆周扫查，将闸门置于第一次底面反射回波位置，通过比较不同部位底波反射信号幅度的变化来判断缺陷情况。

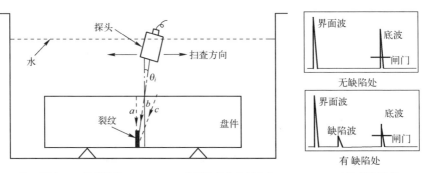

注：图中 θ_i 一般不超过 3°，a、b、c 分别为声束入射角为 0°、2°、>2°时的声线示意

图 2-22　小角度纵波斜入射底波监控检测示意图

分别使用表 2-3 所列的探头，首先使声束垂直于图 2-17 所示的转动件表面入射，调节水距，使探头焦点位于转动件表面位置，然后调整探头角度，使声束分别以 0°、1°、2°、3°入射至转动件内部，对比不同声束入射角度下的裂纹检测效果。图 2-23 为 10MHz 聚焦探头在不同声束入射角度下的底波监控 C 扫描图。

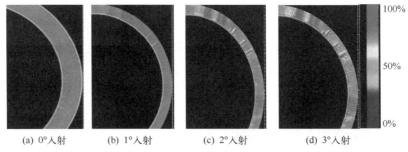

(a) 0°入射　　(b) 1°入射　　(c) 2°入射　　(d) 3°入射

图 2-23　不同声束入射角度下的底波监控 C 扫描图像（10MHz 聚焦探头）（见书末彩图）

由图 2-23 可见，声束垂直入射时，在 C 扫描图像上裂纹信号微弱，不足以与完好部位有效区分，无法作为缺陷判定的依据；随着入射角度的增大，裂纹显示逐渐清晰，当声束入射角为 2°（在转动件中的折射角约为 8°）时，5 条裂纹均清晰可见；当继续增大入射角至 3°时，相邻裂纹边缘有重叠。分析认为，垂直入射时，主声束如图 2-22 中的声线 a 所示，由于裂纹取向不利，导致超声波信号对裂纹的反应不敏感。当入射角为 2°时，主声束如图 2-22 中的声线 b 所示，正好到达裂纹中部，由于声束具有一定宽度，使得折射声束同时到达裂尖和裂根处，裂尖和裂根对超声波同时产生影响，从而导致底波变化明显；继续增大入射角时，声束折射角也随之增大（图 2-22 中声线 c），大角度的折射声束经裂纹反射后，在传播路径上可能受到附近其他裂纹的影响，从而导致裂纹图像重叠。

在其他 4 个探头的试验中也得到了类似的结果，结果发现：焦点落于被检件表面时，小角度纵波入射，聚焦探头检测效果优于平探头，5MHz 和 10MHz 聚焦探头最佳入射角度为 2°~3°，25MHz 聚焦探头最佳入射角度为 1°~2°。

使用与上述试验过程完全一致的参数，采用超声波模拟软件 CIVA 模拟了裂纹对超声波的响应情况。分别在盘件近上表面、中间以及近下表面位置放置三个高度为 5mm、延伸方向垂直于盘件端面的裂纹，对不同位置底面反射回波幅度的变化情况进行模拟，如图 2-24 所示。

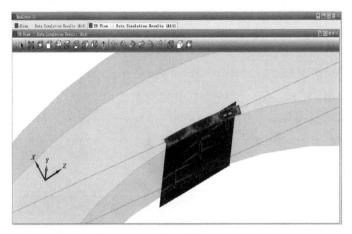

图 2-24 CIVA 模拟不同位置裂纹的超声波响应

模拟得到的 10MHz 聚焦探头底波监控 C 扫描图像如图 2-25 所示。由声束垂直入射时的底波监控 C 扫描模拟结果［图 2-25（a）］可见，不同位置的裂纹并未引起底波的明显变化；当声束 2°入射［图 2-25（b）］时，上、中、下三个位置的裂纹均对底波幅度产生了影响，近下表面裂纹处变化最为明显，而近上表面裂纹的检测效果相对较差。由数值模拟结果可见，小角度纵波斜入射底波监控方法较垂直入射具有更好的检测效果，聚焦探头底波监控方法对于靠近声束入射面的裂纹检测效果相对差一些。

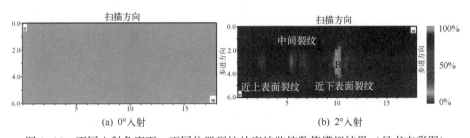

图 2-25 不同入射角度下、不同位置裂纹的底波监控数值模拟结果（见书末彩图）

值得注意的一个特殊现象是，无论试验还是数值模拟结果中，在声束以 2°入射角进行纵波斜入射检测时，沿垂直于裂纹方向移动探头，底波幅度呈先增大后减小的变化趋势,如图2-25(b)所示,其中A为无缺陷位置,B和C分别对应底波幅度增大和减小的位置。为了解释这一现象,分别对图2-25(b)中A、B、C三个位置的声束传播路径进行了数值模拟。由图2-26的模拟结果可见,在无裂纹处,声束以8°折射角到达盘件底面后被直接反射回盘件表面,将有部分声波无法被探头接收[图2-26(a)];探头向靠近裂纹的方向移动到一定位置后,声束经底面反射后遇到裂纹形成端角反射,最终以平行于折射声束的方向返回探头被接收[图2-26(b)],使得B位置的底波幅度反而高于无裂纹处;探头继续前移至C位置,折射声束首先到达裂尖,由于裂尖对声波的吸收和散射强、反射弱,本身就很弱的裂尖反射信号又经底面反射后才返回探头,从而使C位置的底波幅度降低[图2-26(c)]。中部裂纹和底面裂纹均可观察到类似现象,但由于中部裂纹下端面与底面有一定距离,因此端角反射信号较底面裂纹弱,导致底波幅度升高的程度也弱于底面裂纹。表面裂纹与底面距离过远,端角反射消失,因此不会引起底波升高,仅观察到底波幅度降低的现象。

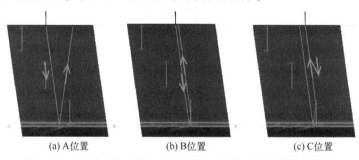

图2-26 纵波小角度斜入射不同位置声束路径数值模拟结果

2) 焦点位置的影响

使用聚焦探头进行检测时,焦点位置的放置对检测结果影响很大。在采用缺陷回波法进行内部缺陷检测时,通常根据检测需求将焦点放置于不同位置。例如,在检测一定厚度的锻件时,有时需将焦点放在材料内部的不同深度以提高不同深度缺陷的检测信噪比;有时为了使反射声压在材料内部单调下降以及提高入射面分辨力,将焦点放在试件的入射表面;在检测结合面质量时,则将焦点放在结合面上。

采用底波监控法进行径轴向裂纹检测时,虽然检测的基本原理与缺陷回波法不同,但焦点位置仍会对检测结果产生一定影响。图2-27所示为采用10MHz聚焦探头以2°倾斜角入射,分别将焦点置于图2-17中的转动件上端面、6mm深、中间位置(10mm)以及下表面(19mm)时,不同位置径轴向裂纹的底波监控C扫描成像结果。可见,焦点位于上表面时各个缺陷均能清晰成像,聚焦位置越靠近下表面,则位于中部的两个裂纹信号越弱,成像越不清晰。

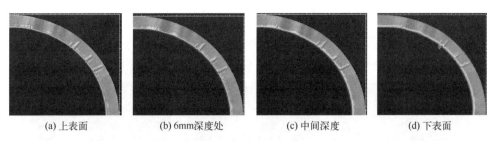

(a) 上表面　　　　　(b) 6mm深度处　　　　(c) 中间深度　　　　(d) 下表面

图 2-27　焦点落于不同位置径轴向裂纹的底波监控 C 扫描成像结果（见书末彩图）

采用与试验相同的参数，数值模拟了焦点位置不同时的超声波底波监控检测过程，与试验结果具有良好一致性。图 2-28 为 2°声束入射角下，10MHz 聚焦探头的焦点分别落于转动件表面、中间位置以及底面时，不同位置裂纹的底波监控 C 扫描数值模拟结果。可见，焦点位于上表面时，采用底波监控超声检测方法可检出转动件内部上、中、下不同位置的裂纹，随着焦点位置的下移，对于近上表面及中间位置的裂纹检出率不足。

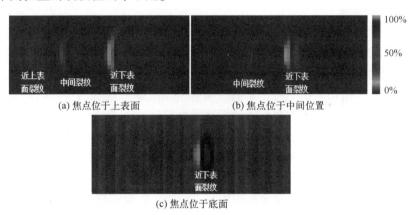

(a) 焦点位于上表面　　　　　　　　(b) 焦点位于中间位置

(c) 焦点位于底面

图 2-28　不同位置裂纹的底波监控 C 扫描数值模拟结果（见书末彩图）

综合分析试验和模拟结果，为了保证裂纹的全面检出，建议将焦点落于转动件上表面进行底波监控检测。

3）扫查间距的影响

扫查间距是指相邻扫查线之间的距离，通常根据探头的最小声束宽度确定，保证两次扫查之间有一定比例的覆盖。要求较高的试件，扫查间距常要求不大于探头有效声束宽度的 1/2 或 1/3。在进行底波监控检测时，扫查间距对检测结果也会产生一定程度的影响。因此，应在综合考虑检测要求、所使用的探头参数以及检测效率等因素的基础上进行扫查间距的合理选择。图 2-29 所示为不同扫查间距对径轴向裂纹底波监控检测影响的试验结果。所使用的探头为焦距 3.5 英寸

（1英寸=25.4mm）、晶片直径0.43英寸的10MHz水浸聚焦探头，声束入射角度为2°，探头焦点落于转动件上表面。结果表明，在上述试验参数条件下，扫查间距不应大于0.5mm，约为有效声束宽度的1/2。

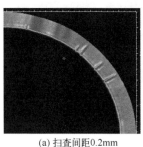

(a) 扫查间距0.2mm　　　(b) 扫查间距0.5mm　　　(c) 扫查间距1.0mm

图2-29　不同扫查间距对径轴向裂纹底波监控检测影响的试验结果（见书末彩图）

2.2.3　横波、表面波等检测技术

1. 横波检测法

对于径轴向裂纹而言，采用纵波直射法进行检测时，无论超声波从端面还是周面入射，均无法使缺陷的最大反射面与声束垂直，裂纹取向不利于检测，因此，纵波直射法对于径轴向裂纹的检测灵敏度往往不高。横波斜入射检测法对于与检测面有较大倾角缺陷的检出具有一定优势。考虑到径轴向裂纹的取向特点，可采用沿转动件弦向入射的声束进行检测试验。

考虑到采用水浸耦合方式，可通过调节探头角度方便地改变超声波束的方向，从而实现不同角度的横波检测，因此本试验采用水浸方式进行检测。同时，由于转动件外形有一定特殊性，若采用串列式双探头法、或双面双探头法，均会受到入射面形状的影响导致探头排布困难；同时，若要实现水浸式自动扫查，双探头斜入射的方式对于检测设备的要求也更高，商品化的转动件水浸检测设备一般难以满足，可见双探头检测方式的可操作性不高，因此本试验选择单探头法进行转动件的横波检测。

采用10MHz水浸聚焦探头，使探头沿弦向倾斜20°入射至图2-30所示的高温合金涡轮盘表面进行45°横波水浸法检测。在该涡轮盘内缘目视可见4条裂纹，位置均靠近端面；经放大镜观察，裂纹①~④沿盘件轴向的延伸高度分别为2mm、5.1mm、1.5mm和3.4mm，其中①、③延伸至端面，沿径向延伸长度分别为15.5mm、2.5mm。

图2-31、图2-32分别为涡轮盘横波水浸法的C扫描图像及部分异常显示的A扫描信号，在C扫描图中可观察到4个异常显示，经确认与图2-30中的4个裂纹所在位置对应性较好。可见，采用横波水浸法可检出该涡轮盘上的4条目视

可见裂纹。

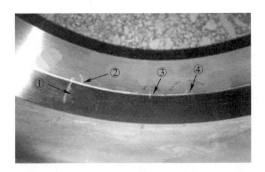

图 2-30　某高温合金涡轮盘表面的径轴向裂纹照片

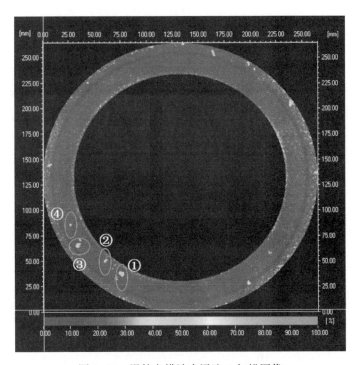

图 2-31　涡轮盘横波水浸法 C 扫描图像

需要注意的是，在转动件的实际检测过程中，若使用单斜探头进行检测，则仅对于靠近端面的裂纹有效，对于上下端面之间的裂纹容易漏检，而双斜探头检测的可操作性又不高。同时，如果裂纹取向不是垂直于端面，而是与端面成一定倾角，则在进行横波检测时，除声束入射角度外还需考虑入射方向；在同一入射面上，声束应分别从相对的两个方向入射进行扫查，通过增加扫查方向和扫查次

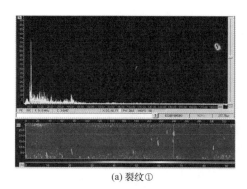
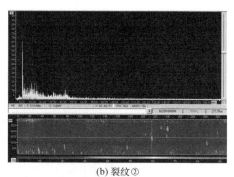

(a) 裂纹①　　　　　　　　　　　　(b) 裂纹②

图 2-32　涡轮盘部分异常显示的 A 扫描信号

数来保证不同取向裂纹的检出，影响了检测效率。因此，横波检测对于转动件径轴向裂纹的检测并非优选的方法。

2. 表面波检测法

实践表明，表面波检测法对于表面、近表面缺陷具有一定的检出率，是一种可用的检测手段。但其对于检测出来的缺陷无法进行相应的当量、深度估算；同时，在表面波沿表面传播过程中，工件表面的油污、粗糙度等因素都会引起能量的衰减和散射，从而影响缺陷的判别，这是表面波检测法的主要缺点。

影响表面波传播及缺陷检测的主要因素如表 2-4 所列。

表 2-4　影响表面波传播及缺陷检出的因素

因　　素	影　　响
油层（油滴）	传播表面附着油层，表面波的垂直分量会向油层辐射，使衰减增大。单个油滴有时可能造成部分反射形成一反射波，将油层擦去后留下的极薄油膜影响不大
表面粗糙度	粗糙的表面不但影响声耦合，还将使超声波在传播过程中容易发生散射，造成较大衰减
表面附着物	表面的油污、锈蚀层及与表面接触的其他物体对超声波均可产生强烈的衰减作用
材料晶粒度	粗大晶粒对表面波有衰减作用，晶粒尺寸与波长之比越大，衰减作用越大
材料厚度	厚度大于波长的两倍时，衰减显著增加
材料表面曲率	凸圆柱面上的传播速度大于平面上的传播速度；在凹面上的传播速度低于平面上的传播速度且衰减增大
缺陷埋深	暴露在表面上的缺陷比表面下缺陷易于发现，与表面相距为两倍波长时已很难发现
缺陷形状	有尖锐棱角的缺陷有较大的反射能力，当棱边的曲率半径较大时（约大于 5 个波长），表面波可全部通过而继续前进，不形成反射

一般而言，为使近表面缺陷的检出具有较高的灵敏度，检测频率多采用 5MHz；为使耦合剂不到处流淌而影响表面波的传播，一般多采用甘油或黏度较大的润滑油；为减少表面波的衰减和消除一些干扰杂波，表面粗糙度的要求比其

他方法应高一些，一定要去除锈蚀露出金属光泽。如果用沾油的手指贴在表面波的反射点或按在其传播路径上，表面波也会被立即衰减，用此法可很容易找到反射点，有助于断定反射来自缺陷还是其他棱角。

对于表面波检测中缺陷当量深度的确定，目前还没有统一的方法，有研究者在这方面做了一些工作。首先通过理论计算不同距离处具有一定长度、不同深度的人工模拟裂纹缺陷反射回波与工件棱边（可视为无限长、无限深裂纹）反射回波之间的波幅差 Δ 值，随后在人工模拟裂纹试样上进行实际检测，最后将理论和实测得出的数据分别进行拟合，结果见图 2-33。由图中拟合线比较可见，理论计算值与实际检测值吻合情况良好，因此可以通过理论计算作出相应的 DGS 曲线来对表面及近表面缺陷进行当量深度估算。

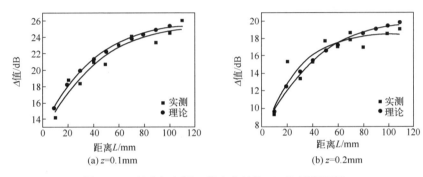

图 2-33　理论与实测 Δ 值变化趋势（z 为刻槽深度）

计算棱边反射回波与人工模拟裂纹的波高比时，可以把工件或试块棱边看作无限长和无限深的裂纹，用下式进行计算：

$$\frac{H_\mathrm{B}}{H_\mathrm{f}} = \sqrt{\frac{\pi x}{2Ln}} \cdot \frac{\int_0^2 \left(\mathrm{e}^{-a\frac{z}{\lambda}} - b \times \mathrm{e}^{-c\frac{z}{\lambda}}\right) \mathrm{d}\left(\frac{z}{\lambda}\right)}{\sqrt{\int_0^n \left(\mathrm{e}^{-a\frac{z}{\lambda}} - b \times \mathrm{e}^{-c\frac{z}{\lambda}}\right) \mathrm{d}\left(\frac{z}{\lambda}\right)}} \quad \frac{H_\mathrm{B}}{H_\mathrm{f}} = \sqrt{\frac{\pi x}{2Ln}} \cdot \frac{\int_0^2 \left(\mathrm{e}^{-a\frac{z}{\lambda}} - b \times \mathrm{e}^{-c\frac{z}{\lambda}}\right) \mathrm{d}\left(\frac{z}{\lambda}\right)}{\sqrt{\int_0^n \left(\mathrm{e}^{-a\frac{z}{\lambda}} - b \times \mathrm{e}^{-c\frac{z}{\lambda}}\right) \mathrm{d}\left(\frac{z}{\lambda}\right)}}$$

式中：H_B 为工件端部反射回波幅度；H_f 为人工模拟裂纹反射回波幅度；L 为人工模拟裂纹的长度；n 为人工模拟裂纹深度与表面波波长之比；x 为人工模拟裂纹至探头前沿距离；λ 为表面波波长；z 为人工模拟裂纹的深度；a、b、c 与材料弹性性质有关，取决于泊松比 σ 的常数。

表面波检测法对位于转动件表面下两倍波长深度范围以内的径轴向裂纹具有一定检测效果。笔者采用 5MHz 表面波探头，针对表 2-2 所列的不同尺寸模拟裂纹进行表面波检测试验，记录了裂纹的表面波反射信号幅度达到 80% 全屏幕波高时的仪器增益值，列于表 2-5。

由表 2-5 中结果可见，表面波可检出长度为 1.5~10mm 的所有模拟裂纹，信噪比也较好。裂纹长度与反射波幅度之间未发现明显相关性，而裂纹开口宽度与反射波幅度之间则具有一定联系，裂纹开口宽度相对较小的1号、4号试样，其缺陷反射波幅度也相对较低，即开口宽度越小越难检出。

表2-5 不同尺寸模拟裂纹的表面波检测结果

试样编号	裂纹长度设计尺寸/mm	裂纹长度实测尺寸/mm	裂纹开口宽度实测尺寸/μm	反射波幅度/(dB/80%)
1号	1.5	1.94	0.376	56
2号	10	9.58	7.577	46
3号	3	2.56	1.207	45
4号	3	2.98	0.326	60
5号	5	4.25	1.473	49
6号	5	4.40	2.545	45

参考上述分析和试验结果可知，采用表面波法对转动件进行表面、近表面裂纹检测时，对于平面部位（端面）的裂纹检测效果尚可，但针对曲面部位，尤其是曲率较大的转动件内缘部位，则可能由于耦合效果不佳以及凹曲面表面波衰减大等因素的影响导致检测效果不佳。如采用水浸式表面波检测方法，有可能减小耦合因素带来的影响，但水浸式表面波法操作不便，在实际生产中应用较为困难。因此，采用表面波检测法进行转动件径轴向裂纹检测存在一些局限性。

2.3 发动机转动件径轴向裂纹的涡流检测特点与相关影响因素

目前国内对航空发动机转动件表面缺陷最常用的无损检测方法是渗透检测。但是，对于转动件表面开口被封堵的径轴向裂纹，渗透检测方法则无法发现，某发动机厂生产的GH4169合金5~8级盘就发生过此类事件。为解决该问题，可将涡流检测作为一种补充检测手段。

实现转动件径轴向裂纹高灵敏度涡流检测的一个关键是保证涡流探头与转动件表面耦合的稳定性，为实现该目的，采用涡流C扫描检测系统是一种理想的选择。涡流C扫描检测系统的主要特点是利用机械装置代替人手，保证探头、工件间耦合的一致性，从而可较大程度避免提离干扰，有利于保证检测信噪比。同时，涡流C扫描检测的结果采用类似超声C扫描图像的表达方式，在探头扫查移动路径上各预定采样点位置处进行涡流信号 X、Y 或 A 分量的采集，并据此绘制反映工件被检部位涡流信号分布的二维平面图像显示,如图 2-34 所示,直观且便于存储、复现,此外,通过精细扫查,更容易获得缺陷的最大响应,且同一缺陷可重复被探测到多次,其信号也在 C 扫描图像上重复显现多次而得到放大并变得更容易识别。

本节将对转动件涡流 C 扫描设备、转动件径轴向裂纹检测对比试样、检测参数设置及影响因素加以介绍,并给出转动件径轴向裂纹涡流检测实例。

2.3.1 涡流 C 扫描检测系统

转动件的涡流 C 扫描检测系统一般由涡流探伤仪、控制计算机(软件)、机械和电气部分组成。

如图 2-34 所示为一套国内自主研发的转动件涡流 C 扫描检测系统,该系统具备最大直径 700mm,最大高度 500mm,最大质量 200kg 转动件上多种形状部位的检测能力,包括平板面、圆环面、圆柱面、圆锥面、R 弧面等,该检测系统工作机制如图 2-35 所示,该检测系统的运动控制、采集设置、成像等所有功能均可通过扫描控制软件的一体化操作界面实现。

图 2-34 转动件涡流 C 扫描检测系统

扫描控制软件负责在检测开始前完成转动件各部位扫查参数的设定并发出控制指令,输送给电气系统用于指挥机械扫描器带动探头对转动件表面进行跟踪扫查。转动件主要为中心对称回转曲面,其表面扫查可通过将转动件绕自身轴线的旋转和探头沿转动件径向截面轮廓的步进两种运动相组合来实现,为此,需依据转动件径向截面轮廓,明确扫查中探头步进轨迹、转台转速等相关参数,并结合探头相对转动件的提离间隙,确定扫查计划。

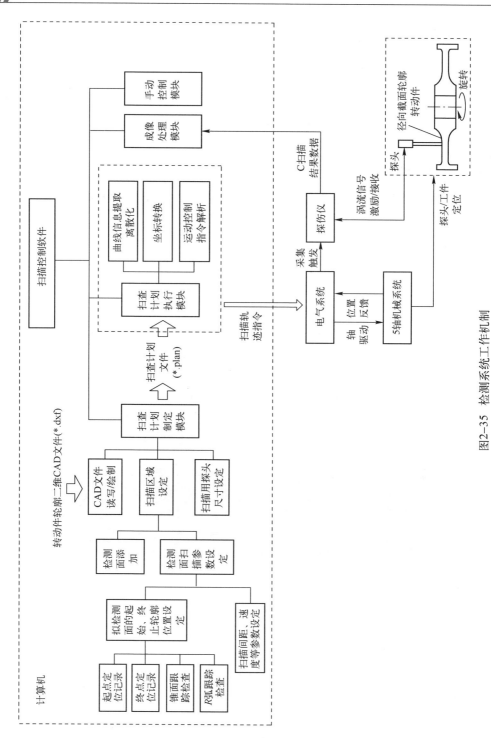

图2-35 检测系统工作机制

扫查过程中，涡流信号的激励/接收、涡流信号的实时阻抗平面显示以及涡流信号的采集与C扫描成像功能主要通过涡流探伤仪实现。而电气系统负责为涡流探伤仪提供采集触发信号，使涡流探伤仪按照探头扫查移动路径上各预定采样点位置进行涡流信号的采集，并据此绘制反映工件被检部位涡流信号分布的二维平面图像显示，如图2-36所示。

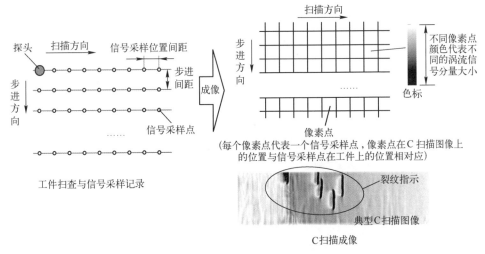

图2-36　涡流C扫描成像方式示意

2.3.2　对比试样

对比试样用于检测时仪器的设置和缺陷的评定以及系统检测能力的验证，要求试样材料和外形尽可能与被检对象相近，并含有特定尺寸的模拟人工缺陷。图2-37~图2-39是针对高温合金转动件径轴向裂纹的涡流检测而设计制作的典

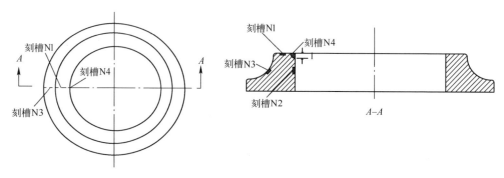

图 2-37 环面对比试样

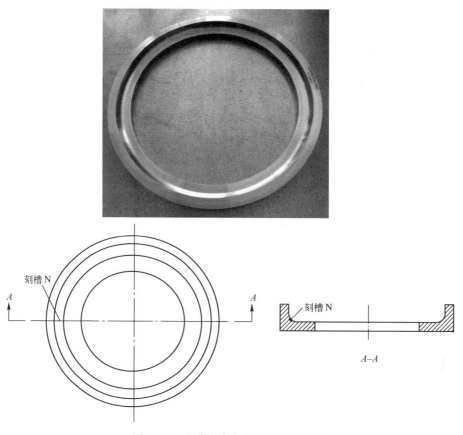

图 2-38 小曲率直角内 R 弧对比试样

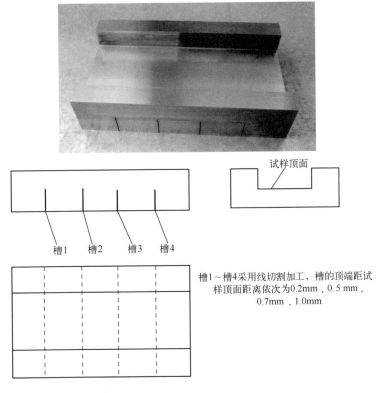

图 2-39　近表面裂纹试样

型对比试样。以上对比试样在设计时考虑了对于典型发动机转动件尺寸、形状、材质的代表性。已知典型转动件具有环形面、柱面、普通 R 弧面、小曲率直角内 R 弧面等曲面部位，结合上述特点，对比试样包括环面对比试样、小曲率内 R 弧对比试样，另外，结合近表面裂纹的检测需求，设计了如图 2-39 所示的近表面裂纹平板试样。

1. 环面对比试样

该试样为环形件，共有 N1、N2、N3、N4 四个表面电火花刻槽，其中刻槽 N3 位于 R 弧面的中部，刻槽 N4 位于试样拐角边缘部位。刻槽 N1、N2、N3 尺寸均为如下值：长 1.0mm±0.1mm，宽 0.2mm±0.02mm，深 0.05mm±0.01mm，用于模拟转动件不同曲率部位表面裂纹。刻槽 N4 宽度为 0.2mm±0.02mm，剖面为 1/4 圆（半径 R = 1.0mm±0.1mm），用于模拟转动件拐角边缘部位裂纹。

2. 小曲率直角内 R 弧对比试样

该试样为环形件，在试样小曲率直角内 R 弧面的中央用电火花制作表面刻槽

N。刻槽 N 尺寸为如下值：长 1.0mm±0.1mm，宽 0.2mm±0.02mm，深 0.05mm±0.01mm。

3. 近表面裂纹试样

该试样为厚 20mm 的平板件。试样背面加工四条线切割槽，槽 1~槽 4 的顶端距试样顶面的距离依次为 0.2mm、0.5mm、0.7mm、1.0mm。

2.3.3 涡流信号分量选择

涡流信号的量值大小一般可通过幅值 A 或 X、Y 分量来表征，如图 2-40 所示，幅值对应于仪器阻抗平面显示屏上涡流信号变化轨迹中相距最远两个数据点间的相对位置变化量；X、Y 分量分别对应于仪器阻抗平面显示屏上涡流信号变化轨迹中各数据点相对平衡点的水平、垂直坐标值。

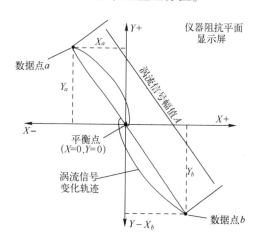

图 2-40　涡流信号幅值及分量示意图

为优选用于高温合金转动件径轴向裂纹检测的信号分量，采用 30~2000kHz 之间的多个频率对环面对比试样上 1mm×0.2mm×0.05mm（长×宽×深）表面刻槽和近表面裂纹试样上埋深 1mm 线切割槽进行了检测，检测时将提离信号调至水平 X 分量方向，记录涡流信号幅值 A 及垂直 Y 分量。试验得到的典型信号如图 2-41 所示，涡流信号幅值 A 以及 Y 分量的详细记录结果如图 2-42 所示，从信号显示及其量值的统计结果可看出，人工缺陷信号的 Y 分量由于方向与提离干扰信号的主方向（水平 X 分量方向）相垂直，其信噪比普遍高于幅值 A，从而对人工缺陷普遍具有更强的敏感性和发现能力，因此，在评判缺陷有无时可将 Y 分量作为主要参考。

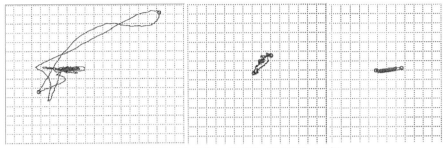

(a) f=1666kHz（从左至右：表面槽、近表面槽、噪声）

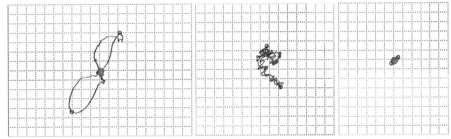

(b) f=416kHz（从左至右：表面槽、近表面槽、噪声）

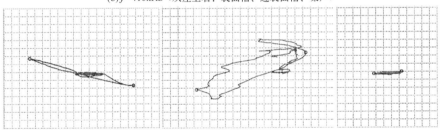

(c) f=30kHz（从左至右：表面槽、近表面槽、噪声）

图 2-41　表面、近表面人工缺陷涡流检测的典型信号

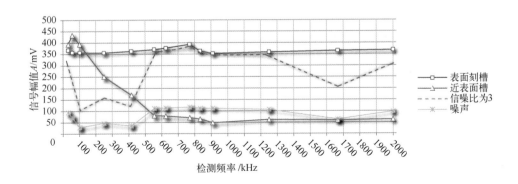

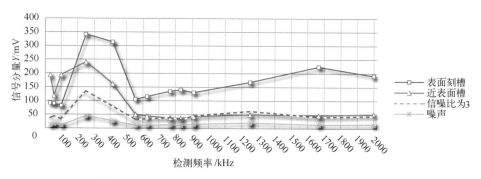

图 2-42 表面、近表面人工缺陷涡流信号分量记录结果

2.3.4 检测频率的影响

根据已有分析结论，检测频率越低涡流渗透深度越大，越有利于兼顾近表面缺陷的检测，但频率降低的同时，理论上也会导致表面涡流密度下降，削弱试件表面涡流响应，进而可能影响表面缺陷的检测。因此，不能盲目和无限制地降低频率，而应视具体的检测灵敏度情况，确定既能检出规定尺寸表面缺陷，又能兼顾近表面缺陷检测的最佳频率范围。

相关试验结果如图 2-41、图 2-42 所示，从中可看出，1mm×0.2mm×0.05mm（长×宽×深）表面刻槽的信号响应在 30~2000kHz 的整个试验频率范围内均较为显著，无论是检测信号的幅值 A 还是 Y 分量的信噪比都明显大于 3，能够有效检出。埋深 1mm 近表面线切割槽的信号响应仅在 30~500kHz 的低频范围内较为明显，该频率范围内，检测信号的幅值 A 和 Y 分量的信噪比都能明显大于3，且当检测频率低于 100kHz 时，该近表面槽信号的幅值 A 和 Y 分量还反超了 1mm×0.2mm×0.05mm（长×宽×深）表面刻槽。因此，若要实现表面、近表面缺陷检测能力的兼顾，宜采用较低的检测频率。实际当中，由于表面刻槽对比试样的设计制作较为方便，一般仅采用表面刻槽进行检测系统灵敏度的校准和验收水平的设定，此时，若要同时发现一定埋深和尺寸范围内的近表面缺陷，应特别注意在保证表面刻槽检测信噪比的基础上，采用尽可能低的检测频率。

2.3.5 曲率对检测灵敏度的影响

当转动件被检部位曲率发生变化时，探头与转动件被检部位电磁耦合状态（除涡流场分布外，还可能包括探头与被检部位提离间隙的变化）也将改变，从而影响检测灵敏度。图 2-43 给出在相同仪器参数设置下，不同曲率部位上相同尺寸人工缺陷（长 1mm，宽 0.2mm，深 0.05mm 表面刻槽）的信号响应，可以看出随着被检表面曲率的增加，人工缺陷响应信号幅度显著下降，为了达到相同的检测灵敏度，一方面应尽可能采用提离间隙受被检件曲率变化影响小的探头端部形状（如圆形凸起形状），另一方面，在必要时针对不同曲率被检部位分别进行仪器增益的调节。

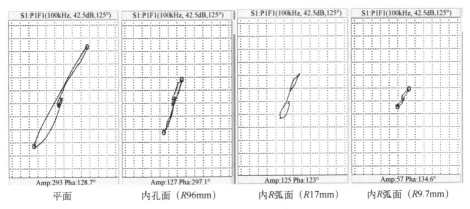

图 2-43　曲率对检测灵敏度的影响试验

一般情况下，可针对转动件不同曲率被检部位分别采用曲率相同的对比试样进行仪器参数设定，以达到使盘件不同曲率部位检测灵敏度一致的目的，但如果转动件曲率规格众多，则上述方案会涉及频繁切换对比试样和需要多次校准仪器参数的问题，影响检测效率。为此，可考虑检测前利用其中一种曲率规格对比试样进行仪器校准，然后在此基础上根据转动件不同曲率部位相同尺寸人工缺陷涡流响应信号幅值变化规律，对其余曲率部位进行仪器增益值的适当补偿，使各曲率部位检测灵敏度达到一致，或者，在固定采用一种曲率规格对比试样的基础上，对转动件不同曲率部位采用不同验收水平设置。

2.3.6　扫查间距的选择

C 扫描检测中，扫查间距泛指扫描与步进间距，为保证 C 扫描图像在扫描与步进方向等比例显示，通常取扫描与步进间距相同。为保证缺陷信号在 C 扫描图像上可靠记录以及便于肉眼识别，扫查间距应根据探头相对于缺陷的作用宽度，保证在相邻的扫描与步进位置上有一定比例的覆盖。超声 C 扫描当中，一般要求扫查间距不大于探头有效声束宽度的 1/3 或 1/2，其中探头有效声束宽度取探头移过人工缺陷上方时，相对最高反射信号幅度下降 6dB 的两点之间的距离。鉴于两种检测技术在结果记录方式上的相通性，涡流 C 扫描中扫查间距可以借鉴超声 C 扫描的方式确定。比如，美国航空航天局标准 PRC 6509《涡流检测工艺规范》中就有相关规定：令涡流探头沿步进方向逐渐靠近人工缺陷，并在每个步进位置沿扫描方向扫过人工缺陷，记录每次扫过人工缺陷的信号幅值，取最高幅值处两侧幅度下降6dB的两点之间的距离作为探头线圈的有效直径，扫查间距不应大于线圈有效直径的1/2。

在此，依据PRC 6509，利用环面对比试样端面上1mm×0.2mm×0.05mm（长×宽×深）表面刻槽，对标称频率为50~500kHz探头进行了频率为100kHz时线圈有效直径的测定，结果如图2-44所示，线圈有效直径为1.6mm，以此线圈有效直径的1/2（0.8mm）作为扫查间距，对环面对比试样端面上1mm×0.2mm×0.05mm（长×宽×深）表面刻槽进行自动成像检测试验，C扫描结果如图2-45所示，缺陷可有效辨别，验证了根据PRC 6509的规定，采用不大于线圈有效直径的1/2作为扫查间距的方法是合理和有效的。

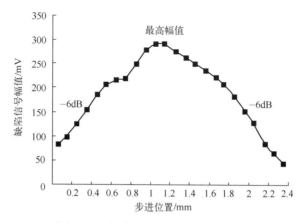

图2-44 探头有效线圈直径测试结果

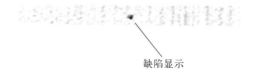

图2-45 人工缺陷C扫描结果（扫查间距0.8mm，图像显示比例100%）

2.3.7 扫查速度与滤波参数的配合方式

涡流检测中，应当控制扫查速度，使之与检测频率的选择、滤波参数的设置互相匹配。一方面，缺陷通过检测线圈时，检测线圈上高频振荡信号由缺陷信号调制所得到的波形如图2-46所示，当缺陷通过检测线圈的速度提高时，缺陷信号对高频振荡信号的调制频率也会

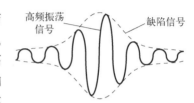

图2-46 信号波形（检波前）

随之提高，相应地，缺陷信号在高频振荡信号上所对应的波数也将减少，若波数减到数个以下，缺陷信号的幅值及可识别性就会显著降低，此时，必须降低扫查速度或提高检测频率。另一方面，由于缺陷信号对高频振荡信号调制频率的高低与扫查速度息息相关，而探伤仪高、低通滤波器通频带的设置又对应于缺陷信号对高频振荡信号的调制频率，因此，必须使扫查速度、滤波参数相合理匹配，保证缺陷被可靠检出。转动件涡流检测频率一般在数万赫兹以上，远高于缺陷信号数百赫兹以下的调制频率，因此，检测频率的影响可以忽略，为保证缺陷可靠检出，需重点考虑的是高、低通滤波器设置与扫查速度的配合问题。

针对高、低通滤波器设置与扫查速度的配合问题，开展了相关试验，结果如图 2-47、图 2-48 所示，可以看到，开启高通滤波功能时，扫查速度过低可导致缺陷信号幅度下降（严重时可能漏检），过高可导致缺陷信号幅度升高；开启低通滤波功能时，扫查速度过高可导致缺陷信号幅度下降（严重时可能漏检），过低可导致缺陷信号幅度升高。

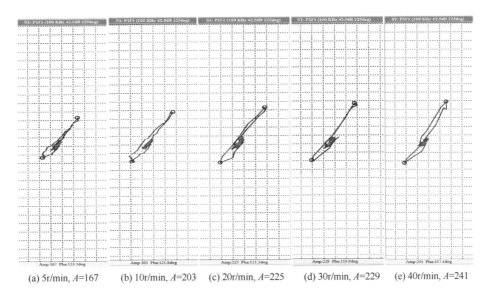

(a) 5r/min, A=167　　(b) 10r/min, A=203　　(c) 20r/min, A=225　　(d) 30r/min, A=229　　(e) 40r/min, A=241

图 2-47　采用高通滤波时缺陷信号幅值随扫查速度的变化

(f=100kHz，高通 17Hz，低通关)

鉴于以上情况，为避免缺陷漏检，检测时应遵循以下规则：当开启高通滤波功能时，转动件扫查线速度不应低于对比试样上人工缺陷的扫查线速度；开启低通滤波功能时，转动件扫查线速度不应高于对比试样上人工缺陷的扫查线速度；同时开启高、低通滤波功能时，转动件扫查线速度宜恒定，且等于对比试样上人

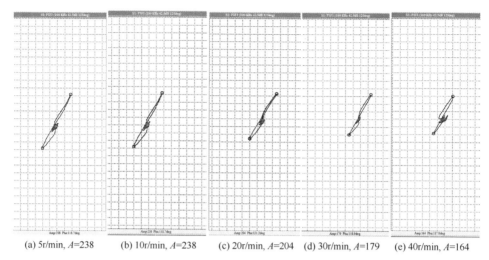

| (a) 5r/min, A=238 | (b) 10r/min, A=238 | (c) 20r/min, A=204 | (d) 30r/min, A=179 | (e) 40r/min, A=164 |

图 2-48　采用低通滤波时缺陷信号幅值随扫查速度的变化
(f=100kHz，高通关，低通 300Hz)

工缺陷的扫查线速度。此外，开启低通滤波功能时，扫查速度将受到限制，影响检测效率，因此检测中应尽量避免开启低通滤波。转动件探伤中，由于干扰信号主要为探头提离晃动、工件材质与形状变化信号所引起的低频信号，因此关闭低通滤波一般不会对检测产生影响。

探伤结果评判阶段，由于转动件合格与否的判定主要借助于对比试样人工缺陷与自然缺陷显示信号幅值的对比，为保证评判结果的准确性，也应考虑高、低通滤波的影响，在相同扫查线速度下进行自然缺陷与人工缺陷信号幅值的对比。

2.3.8　探头与转动件接触方式

如表 2-6 试验结果所示，探头对工件表面提离间隙的微量变化可引起检测灵敏度的显著变化，为避免检测中探伤灵敏度出现波动，应保证提离间隙的一致性。对转动件进行涡流 C 扫描时，为补偿机械轴精度偏差、转动件装卡定位偏差以及转动件实际尺寸相对 CAD 模型偏差可能对探头、转动件提离间隙一致性的影响，一般采取探头与转动件表面弹性接触的工作方式，即利用弹性机构使探头相对转动件被检部位的表面起伏保持随动性，使提离间隙始终为零。但是，当转动件涡流 C 扫描持续时间较长时，以上弹性接触方式会导致探头磨损并可能损伤转动件表面，为此，一般还需要在探头端部与转动件相接触的部位粘贴具有耐磨和润滑特性的特氟龙薄膜，以保护探头和转动件表面。所粘贴防磨胶带在保证耐用性情况下，应尽可能薄，比如可取 0.08mm。

表 2-6 提离间隙引起检测灵敏度下降的情况

提离间隙	人工缺陷信号幅值下降百分比（相对于提离间隙为 0 时）	
	• 探伤仪：EEC35++型； • 检测频率：770kHz； • 人工缺陷：高温合金上 1mm×0.2mm×0.05mm（长×宽×深）表面刻槽	• 探伤仪：MIZ-20A 型； • 检测频率：400kHz； • 人工缺陷：高温合金上 1mm×0.2mm×0.05mm（长×宽×深）表面刻槽
0.08mm	约 44%	约 23%
0.16mm	约 64%	约 45%
0.24mm	约 81%	约 58%

2.3.9 转动件表面状态的影响

采用自动 C 扫描检测时，转动件表面应平滑无毛刺，满足一定的粗糙度要求，这是因为除了粗糙或带有毛刺的表面本身会引起涡流响应信号干扰小缺陷识别外，探头端部及其防护胶带与转动件表面接触还会快速磨损，产生黏性颗粒物，黏性颗粒物一旦附着于转动件表面，会引起提离干扰信号，产生虚假缺陷显示。对多种加工表面检测时发现，表面粗糙度 $Ra3.2\mu m$ 以上的表面较容易出现上述现象，$Ra1.6\mu m$ 的车削表面偶尔出现以上现象，$Ra0.8\mu m$ 及更优的车削及磨削表面未见上述现象。为此，转动件一般应为车削或磨制表面，粗糙度达到 $Ra1.6\mu m$ 以上。不同状态表面上出现干扰信号的情况如图 2-49 所示。

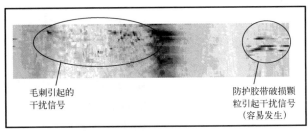

(a) 某带毛刺表面

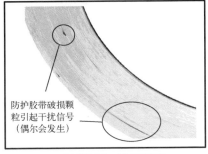

(b) 某 $Ra1.6\mu m$ 车加工表面

图 2-49 不同状态表面上出现干扰信号的情况

2.3.10 转动件径轴向裂纹涡流检测实例

图 2-50（a）、图 2-50（b）为某盘件径轴向裂纹涡流 C 扫描检测结果，该盘件中心孔柱面经荧光检测没有显示，而经涡流检测有 5 条清晰的裂纹状缺陷显示（1 号~5 号），其中有 1 条缺陷显示（1 号）位于中心孔柱面的边缘，并同时延伸到了中心孔环面上，对于此类靠近零件边缘的缺陷，用手动方式检测时，提离干扰往往比较明显，难以保证信噪比，在自动方式下，由于探头与盘件边缘的相对位置能保持恒定，可有效抑制上述干扰，使缺陷信号清晰显示如图 2-50（a）、图 2-50（b）所示。图 2-50（c）是盘件经涡流检测有缺陷显示部位的金相图，从中可看到实际裂纹显示（图中黑色条带），验证了涡流检测结果。

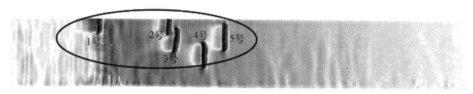

(a) 中心孔柱面涡流检测缺陷显示

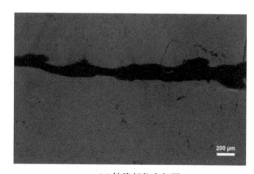

(b) 中心孔环面涡流检测缺陷显示　　　　　　　　　(c) 缺陷部位金相图

图 2-50　某盘件径轴向裂纹检测结果

2.4　不同无损检测方法的检测能力比较

针对发动机转动件上的径轴向裂纹，不同无损检测方法的检测能力有所不同。由超声检测方法的试验结果可见，受裂纹取向以及位置的影响，采用高灵敏度扫查内部缺陷的方式进行径轴向裂纹检测基本不可行；底波监控法、横波检测法以及表面波检测法可不同程度地检出转动件上的径轴向裂纹；相比较而言，纵波小角度斜入射底波监控法检测能力和操作性较好。

涡流检测方法对于表面刻槽、孔内壁刻槽、边缘刻槽等人工缺陷，以及盘件上的自然裂纹均可有效检出，信噪比满足要求，可作为控制表面、近表面裂纹的有效手段，配合使用自动扫查成像方式，可避免手动扫查提离干扰大、扫查不稳定、无法实现大面积精细扫查等缺点，在航空发动机关键转动件质量控制方面具有较大的应用前景。荧光渗透检测对于表面开口裂纹可检出，但针对因某些特殊原因导致开口封堵的裂纹，即使目视可见仍不可检。不同无损检测方法对径轴向裂纹的检测能力比较列于表 2-7。

表 2-7 不同无损检测方法对径轴向裂纹的检测能力比较

方 法 大 类	具体检测方式	检 测 能 力
超声检测	高灵敏度纵波缺陷回波法	不可行
	纵波直入射底波监控法	检出率较低
	纵波小角度斜入射底波监控法	可检出表面和内部裂纹，可操作性强
	表面波法	可检出端面表面裂纹，内孔裂纹较难检测
	横波法	可检出部分靠近底面的裂纹，可操作性较差
涡流检测	自动扫查成像检测	可检出表面、近表面裂纹，对转动件尺寸、形状适应性好
渗透检测	水洗型、后乳化型荧光渗透检测	可有效检出表面开口裂纹，但无法检测开口封堵的裂纹

综上所述，针对发动机转动件的径轴向裂纹，纵波小角度斜入射底波监控法用于检测内部裂纹和表面裂纹，涡流 C 扫描用于检测表面、近表面裂纹，荧光渗透检测用于表面开口裂纹的检测，是几种便于实施且较为有效的检测方法。

参考文献

[1] 史亦韦，梁菁，何方成. 航空材料与制件无损检测技术新进展 [M]. 北京：国防工业出版社，2012.
[2] 《国防科技工业无损检测人员鉴定与认证培训教材》编审委员会. 超声检测 [M]. 北京：机械工业出版社，2005.
[3] 李家伟，陈积懋. 无损检测手册 [M]. 北京：机械工业出版社，2002.
[4] AHMED S R, SAKA M. A new ultrasonic angle-beam technique for sensitive evaluation of closed cracks [J]. NDT&E International, 2000, 33 (4)：261-271.
[5] SAKA M, UCHIKAWA T. Simplified NDE of a closed vertical crack using ultrasonics [J]. NDT&E International, 1995, 28 (5)：289-296.

[6] 董瑞琴,李泽,何喜,等. 发动机盘、环件超声波C-扫描检测中底波监控方法的研究[C]. 陕西省第十三届无损检测年会,安康,2012.

[7] 范兴义,罗顺明,李泽,等. GH761盘件超声检测中条状底损显示分析[J]. 现代机械,2008(增刊):40-42.

[8] 莫润阳,张谊评. 闭合裂纹的小角度纵波检测技术[J]. 无损检测,2003,25(8):415-417.

[9] 李晓红,王敏,吴敏,等. 支柱瓷绝缘子的超声检测有效性[J]. 中国电机工程学报,2006,26(9):159-163.

[10] 莫润阳. 超声小角度纵波灵敏检测疲劳小裂纹[J]. 西北大学学报(自然科学版),2004,34(1):39-43.

[11] 张复懿,林洪玉,张晶,等. 表面波检测中缺陷的当量深度确定[J]. 无损检测,2012,34(8):39-43.

[12] AHMED S R, SAKA M. Ultrasonic small incidence method as a tool for sensitive evaluation of tightly closed smaller front/rear-wall cracks[C]. 12th Asia-Pacific Conference on NDT, Auckland, 2006.

[13] VINE K, CAWLEY P, KINLOCH A J. Comparison of normal and oblique incidence ultrasonic measurements for the detection of environmental degradation of adhesive joints[J]. NDT&E International, 2002, 35(4): 241-253.

[14] RAULERSON D, SMITH K D, STEPHAN R R. Economical approach to automated eddy current inspection [J]. Proceedings of SPIE-The International Society for Optical Engineering, 1996, 2945: 32-34.

[15] EUA-ANANT N, CAI X, UDPA L, et al. Crack detection in eddy current images of jet engine disks[C]//Review of Progress in Quantitative Nondestructive Evaluation v. 19A. Montreal, 1999.

[16] EUA-ANANT N, CAI X, UDPA L, et al. Detection of anomalous machining damages in inconel 718 and ti6-4 by eddy current techinques[C]//Review of Progress in Quantitative Nondestructive Evaluation v. 29B, Kingston, 2009.

[17] EUA-ANANT N, UDPA L, CHAO J. Morphological processing for crack detection in eddy current images of jet engine disks[C]//Review of Progress in Quantitative Nondestructive Evaluation, Snowbird, 1998.

第 3 章

双合金整体叶盘连接界面质量评价

3.1 概　述

3.1.1 双合金整体叶盘的扩散连接

为提高推重比，满足现代航空工业对发动机性能的要求，风扇、压气机、涡轮等零件正越来越多地采用新型整体叶盘（包括整体叶轮、整体叶环等）结构。整体叶盘结构及在发动机中的位置见图 3-1。美国通用电气公司早在 20 世纪 70 年代就将整体叶盘结构应用于 T700 发动机的压气机，之后又陆续将这一技术应用到 CT7、CFE738、GE23A、YF120、F414 和 F110 等发动机上。F-119、F-135 航空发动机的风扇和压气机共 6 级，都是整体叶盘结构。英国、德国、意大利和西班牙合作研制的 EJ200 发动机，在整台压气机上都采用了钛合金制造的整体叶盘结构。据报道，整体叶盘结构更加可靠，使用整体叶盘简化了发动机一半以上的零件，使发动机总质量降低 20%～30%，同时改善了工作时的动力性能和导热性能，使得发动机工作效率提高了 5%～10%。

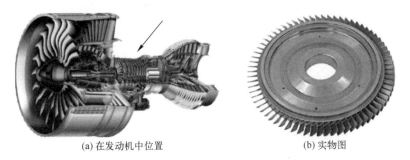

(a) 在发动机中位置　　　　　　　　(b) 实物图

图 3-1　整体叶盘结构及在发动机中的位置

整体叶盘从结构设计上分为整体式和焊接式两类。整体式整体叶盘制造依赖于精密制坯技术、特种加工技术和数控机床的发展；焊接式整体叶盘则把复杂、困难的叶型加工改变成单个叶片的叶型加工，大大降低了加工难度，但由于增加了焊接工序，焊接的精度和焊缝质量与整体叶盘的性能和工作可靠性密切相关。因此，焊接工序只能采用先进、精密的焊接工艺，如电子束焊、线性摩擦焊、真空固态扩散连接等，同时需要必要的检测手段进一步保证焊接质量。

目前，我国现役型号发动机中主要采用了整体式结构，例如 WS-500 发动机就采用了数控加工的整体叶盘。采用数控加工制造的整体式整体叶盘虽已在型号研制中得到成功，但从毛坯到整体叶盘零件的制造过程中，材料切除率超过 90%，材料利用率较低，机加工量大，周期长，而且切断了金属流线，影响了整体叶盘的使用性能。

与整体式结构相比，焊接式整体叶盘的材料利用率更高，同时由于可以实现异种材料的连接，使得双合金整体叶盘的制造成为可能。

为了满足某型号辅助动力装置（auxiliary power unit，APU）对涡轮关键部件长寿命和高可靠性的设计要求，二级涡轮盘采用双合金整体叶盘（图 3-2）设计。其涡轮盘芯部位使用粉末冶金的镍基高温合金以保证足够的拉伸强度和低周疲劳性能，叶片环部位使用定向凝固的铸造高温合金以保证高温环境下具有较高的持久、蠕变性能和抗疲劳裂纹扩展的性能。目前，北京航空材料研究院和钢铁研究总院均开展了双合金整体叶盘的研制及工程化应用研究，并已经取得突破性进展。未来推重比 12~15 涡扇发动机关键部件的涡轮盘也将采用双合金整体叶盘结构，相关的研制工作在"十二五"期间已经启动。

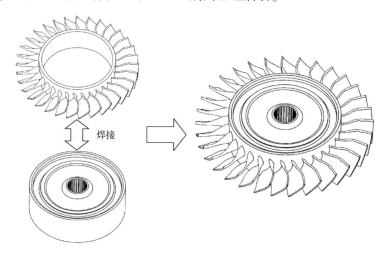

图 3-2 双合金整体叶盘

3.1.2　双合金整体叶盘连接界面的无损检测

采用扩散焊工艺制备的双合金整体叶盘在具备一定先进性的同时，也存在很大的制备难度。在制造过程中，如果双合金界面洁净度、过盈度、粗糙度、装配方式以及热等静压工艺参数控制不当，均有可能在界面处形成夹杂物或不良连接区等界面缺陷，这些缺陷会促进疲劳裂纹的萌生并加速疲劳裂纹的扩展，成为双合金整体叶盘应用的重要隐患。为了保证双合金整体叶盘的使用寿命和安全可靠性，在不断优化工艺避免缺陷产生的同时，也需建立相应的无损检测方法对双合金连接界面质量进行有效检测和准确评价。

整体叶盘连接界面的主要缺陷为沿界面分布的面积型缺陷，由于被焊接材料厚度大且结合面垂直于表面，射线检测难以实施。相比较而言，超声检测，特别是高频聚焦超声检测技术，因具有能量集中、分辨力强的特点，对于扩散焊中的界面缺陷检测十分有利，是目前的最佳检测方案。虽然如此，在双合金盘界面缺陷的超声检测中仍然存在材料和结构两个方面的问题需要解决。材料方面，涡轮盘芯部位一般为粉末冶金的细晶组织，而叶环部位则为铸造的粗晶组织。两者声阻抗存在很大差异，当超声波束入射到两种合金界面时可能产生较强的反射信号，影响缺陷信号的识别。此外，界面处粗大的铸造合金晶粒也可能成为声波散射或反射源，产生类似缺陷的信号，干扰缺陷的检出。结构方面，整体叶盘往往具有复杂空间构型，有利于检测的声入射面或是被叶片遮挡，或是处于有限空间（内孔）中，使超声探头没有合适的摆放空间，造成有利方向的超声束很难入射到界面部位。因此双合金盘界面缺陷的检测具有很大的技术难度。

3.2　双合金连接界面缺陷信号的识别

3.2.1　双合金连接界面的本底反射

声波垂直传播到两种介质界面处时，会产生不同程度的反射，其反射的能量大小由材料的声阻抗决定。当两种材料声阻抗相同或接近时，反射系数接近于零，声波几乎没有被反射而是直接透射而过；当两种材料声阻抗差异很大时，反射系数接近于1，声波几乎完全被反射；一般情况下，反射系数的绝对值在0~1范围内变化，声波的反射和透射同时发生。超声检测时利用的正是声波的上述性质，通过分析反射波能够获得材料内部信息。

对于同种合金的扩散焊，当界面焊接质量完好时，超声波几乎没有反射，探头接收不到反射信号；当界面存在缺陷时，超声波一部分能量被反射，被探头接收到，如图3-3（a）所示。这里讨论的双合金整体叶盘采用扩散焊连接，界面两侧为异种合金，本身即存在声阻抗的差异。声波传播到界面时会有部分能量被反射，产生本底反射信号，如图3-3（b）所示。

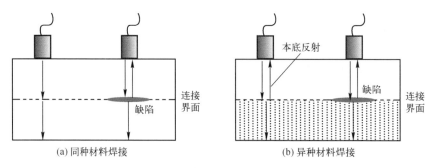

图3-3 超声波检测扩散焊界面质量的原理

扩散焊连接界面极其狭窄，本底反射信号的深度和缺陷（如果存在）的深度相同，很难通过位置将两者有效区分。由于本底反射以及界面附近大尺寸晶粒反射信号的存在，缺陷信号会受到干扰，当采用低灵敏度检测时，这些干扰不足以影响缺陷的识别和判断，当为了检出小缺陷而提高灵敏度时，本底反射信号幅度会随之提高，当它的幅度与缺陷信号幅度相当时，则会使检测图像上的缺陷信号被本底反射信号所掩盖，造成检测能力的不足。因此本底反射信号是影响检测能力、灵敏度和信噪比的主要因素。

如图3-4所示为一双合金平面扩散焊试样的超声C扫描检测结果示例，试样上加工了不同直径的平底孔，孔底位于双合金连接界面处，模拟不同尺寸的焊接缺陷。从图中可以直观看到本底反射信号对超声检测的影响：不同尺寸的平底孔人工缺陷具有不同的颜色，除平底孔外其他位置的信号也具有一定的幅度。从波形可以看出，界面的本底反射信号幅度约40%，此时$\phi 1.2mm$平底孔的回波幅度为85%，C扫描图像上孔和周围界面可以较好地分辨出来；而$\phi 0.8mm$平底孔的回波幅度则只有55%，C扫描图中孔和周围界面连在一起不易分辨。

为了定量评价超声C扫描图像中缺陷信号的可辨识程度，以平底孔回波幅度与本底反射幅度的比值计算信噪比。对于$\phi 0.8mm$平底孔，信噪比为2.5dB；对于$\phi 1.2mm$平底孔，信噪比为6dB，一般认为有效分辨出缺陷的信噪比至少需要3dB。因此有理由认为，在图3-4示例所用的检测条件下，可检出的双合金连接界面处的最小缺陷当量尺寸为$\phi 0.8 \sim \phi 1.2mm$，远远低于同样条件下对于盘芯材料中缺陷可达到的检测能力。由此可见，双合金界面本底反射信号对界面缺陷的识别能力产生了非常大的不利影响。

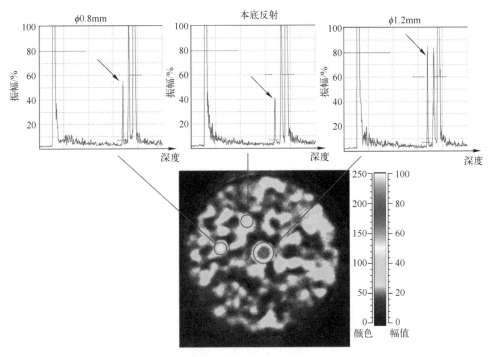

图 3-4 双合金平面扩散焊试样的超声 C 扫描检测结果

3.2.2 提高界面缺陷检测能力

从上例可以看出,本底反射信号对超声检测的信噪比和检测能力具有不利影响,降低本底反射信号幅度同时提高缺陷信号幅度,是提高界面缺陷超声检测能力、实现双合金连接界面缺陷信号识别的技术关键。

尽管有研究表明小波分析、人工神经网络、机器学习等技术具有降低噪声提高信噪比的效果,但上述信号处理技术大部分仍停留在实验室研究阶段,可靠性有待进一步验证。众所周知,聚焦超声可以显著提高检测的信噪比和横向分辨力,改善超声 C 扫描图像的质量,有利于实现更高的检测灵敏度,是目前发动机盘件检测的主要方法。下面主要从目前发动机盘件生产检测实用角度出发,讨论几种常用聚焦探头对于双合金界面缺陷的检测能力,并分析对缺陷检测产生较大影响的探头参数,为双合金盘检测探头的选择提供理论和试验依据。

1. 试样制作

为了测试超声检测能力,加工了具有孔型人工缺陷的双合金平面焊接试样,制作方法如下:焊接前在待焊母材上加工出具有不同尺寸的孔型人工缺陷,焊接后焊缝处将出现孔型的未焊合区域,模拟焊缝中的孔型缺陷,如图 3-5 所示。

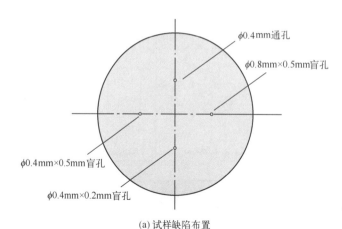

(a) 试样缺陷布置　　　　　　　　　　(b) 实物图

图 3-5　具有孔型人工缺陷的双合金平面扩散焊试样

2. 超声 C 扫描试验

根据经验，扩散焊接头焊缝区域非常窄，约在 0.1mm 以下，为了获得较好的检测效果，应尽量使用波长较短的超声波。本研究首先选择了 3 组不同参数的超声探头（表 3-1）进行超声 C 扫描检测试验，结果见图 3-6。

表 3-1　超声 C 扫描试验中采用的探头参数

编号	频率/MHz	水中焦距/mm	晶片直径/mm	材料中波长/mm	理论焦点直径/mm	归一化焦距 (F/N)
1	5	76	12.7	1.2	1.8	0.57
2	15	76	6.3	0.4	1.2	0.77
3	25	50	6.3	0.24	0.5	0.3

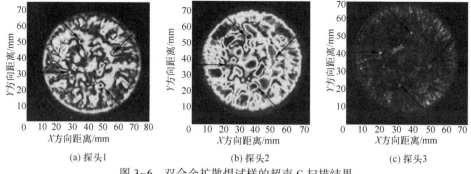

(a) 探头1　　　　　　(b) 探头2　　　　　　(c) 探头3

图 3-6　双合金扩散焊试样的超声 C 扫描结果

从图 3-6 中可以看出，采用探头 3 获得的超声 C 扫描图像质量显著优于其他两个探头，可以清楚地分辨试样中 4 个人工缺陷，其中 3 个为 ϕ0.4mm，一个为 ϕ0.8mm；而探头 1 仅能分辨出 2 个 ϕ0.4mm 和 ϕ0.8mm 孔；探头 2 只能分辨

$\phi 0.8$mm 的孔，其他孔处在较高本底反射信号之间而难以有效区分。

后续的分析主要围绕着探头参数与图像质量之间的关系展开。

3. 结果分析

根据声学理论和实际经验，可能影响超声 C 扫描检测质量的主要探头参数包括波长、焦点尺寸。波长越短、焦点尺寸越小，则 C 扫描图像的横向分辨力越好，信噪比越高，有利于实现更高的检测灵敏度。

采用 CIVA 软件对不同探头的辐射声场进行了模拟，结果如图 3-7 和图 3-8 所示。

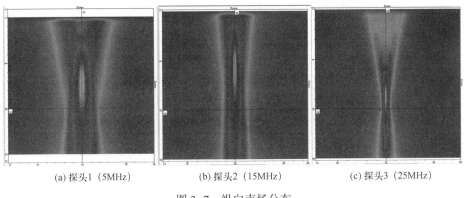

(a) 探头1（5MHz）　　(b) 探头2（15MHz）　　(c) 探头3（25MHz）

图 3-7　纵向声场分布

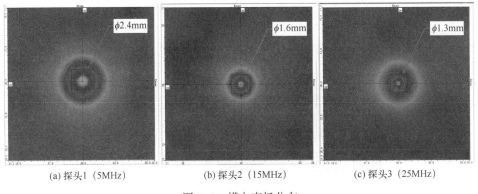

(a) 探头1（5MHz）　　(b) 探头2（15MHz）　　(c) 探头3（25MHz）

图 3-8　横向声场分布

从纵向声场分布上看，3 个探头的变化规律类似，声束宽度从入射面到焦点附近逐渐收窄，在焦点以下逐渐变宽，声束宽度在焦点附近存在极小值。不同探头的声场分布具有一定差异，1~3 号探头的焦点尺寸呈现递减的规律，3 号探头在焦点附近声束与其他两个探头相比更加明显。采用模拟软件可以更加精确地计算探头焦点尺寸，如图 3-8 所示。可以看到 3 个探头的-6dB 声束宽度依次为 2.4mm、

1.6mm 和 1.3mm，与表 3-1 中计算的理论结果有差异，但具有相同的趋势。

可以看出，探头 3 频率最高、波长最短、焦点尺寸最小，因此具有最佳的信噪比和横向分辨力。

波长和焦点尺寸虽然能够合理解释探头 3 检测效果最佳的现象，但在解释探头 2 检测效果不及探头 1 时出现了问题。从理论上分析，探头 2 的频率高于探头 1、焦点尺寸小于探头 1，其检测分辨力和信噪比理应优于探头 1，表现在 C 扫描图中应具有更佳的图像质量。但实际结果与理论分析相反，可见焦点尺寸或波长并非影响超声检测图像质量的决定性因素。

聚焦探头的另一主要指标是聚焦强度。我们采用归一化焦距来表征聚焦强度，定义为焦距和近场长度的比值：

$$S_F = \frac{F}{N} = 4\lambda \frac{F}{D^2} \tag{3-1}$$

对于聚焦探头，焦距小于近场长度，因此 S_F 的取值在 0~1 之间，值越小聚焦效果越强。对于常规的聚焦探头，可以按归一化焦距将其分为弱聚焦（$0.66 < S_F \leq 1$）、中等聚焦（$0.33 < S_F \leq 0.66$）和强聚焦（$0 < S_F \leq 0.33$）。

从表 3-1 可以看到，虽然探头 1 的焦点尺寸和波长大于探头 2，但其具有更强的聚焦强度。三个探头的归一化焦距排序为探头 3<探头 1<探头 2，正好对应于实际观察到的超声 C 扫描试验结果。

为了验证归一化焦距对于扩散焊试样的超声 C 扫描检测质量是否起决定作用，本研究采用与探头 3 的归一化焦距接近的另一 15MHz 聚焦探头（6.3mm 晶片直径、30mm 焦距）进行了检测试验。图 3-9 为归一化焦距约 0.3 的 15MHz 聚焦探头超声 C 扫描图。

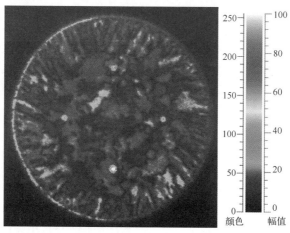

图 3-9 归一化焦距约 0.3 的 15MHz 聚焦探头超声 C 扫描图（见书末彩图）

经过计算可知,该探头的归一化焦距约 0.3,而焦点直径约 0.5mm,与探头 1~探头 3 相比,其频率并不是最高,但归一化焦距和焦点直径达到最佳水平(与探头 3 相同),获得的图像分辨率和缺陷检出情况与探头 3 的超声 C 扫描结果接近。从这一对比可以看出,双合金连接界面超声 C 扫描图像是探头的频率、焦点直径、归一化焦距综合作用的结果,其中归一化焦距(即探头发射声束的聚焦程度)起主要作用,其他因素影响程度较低。

3.3 几种常见的超声检测方法及存在的问题

根据超声检测本身的特点,垂直于界面的超声束入射方向是最有利于界面上缺陷检出的入射方向,在双合金盘检测方法选择时,优先选择的方案是采用声束垂直于界面检测,即声束从外壁或内壁垂直入射,其中声束沿外壁垂直入射为最佳方案,但由于整体叶盘的外壁连接叶片,没有合适的探头摆放空间,因此只能退而求其次,从内壁垂直入射检测。此外,横波检测和相控阵技术也是可以采用的检测方式。

为了验证不同超声方法实际检测能力,制作了两种类型的缺陷模拟试验盘。一种是参照双合金盘件的形状和尺寸特点,采用铝合金材料加工的模拟盘件结构形式的缺陷试样,主要用于模拟结构的影响。铝合金模拟试样如图 3-10 所示。在模拟盘件上加工了不同位置、不同尺寸的平底孔和横孔人工缺陷。其中从圆周面所钻平底孔,孔径分别为 0.8mm、1.2mm、2.0mm 和 3.2mm。另一种是双合金盘模拟试样,该试样是为了满足实际检测过程中灵敏度调整和缺陷评定的需求,针对双合金整体叶盘的结构特点设计和制作的,制作过程如下:

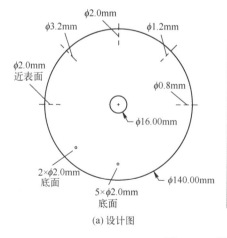

(a) 设计图 　　　　　　　　　　(b) 实物图

图 3-10　铝合金模拟试样

（1）采用与实际零件同材料分别制作整体叶盘的盘芯和模拟叶环；

（2）采用与实际零件相同的焊接工艺将盘芯和叶环扩散连接，制成双合金整体叶盘；

（3）将叶环外侧多余结构加工掉，保留包含盘芯+焊缝+叶环的毛坯；

（4）在试样毛坯上，从外圆周方向加工平底孔，使孔底位于结合面处，孔径分别为0.8mm、1.2mm、2.0mm和3.2mm。双合金盘模拟试样如图3-11所示。

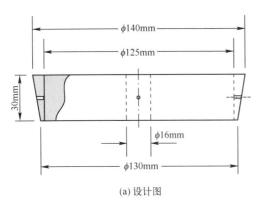

(a) 设计图　　　　　　　　　　(b) 实物图

图3-11　双合金盘模拟试样

3.3.1　纵波+反射镜检测方法

纵波是超声检测中最常利用的波形，一方面纵波具有声速大、波长短的特点，可以发现较小尺寸的缺陷，另一方面纵波发射和接收原理简单易于实现，技术成熟度高，可以比较可靠地实现缺陷的定位和定量。此外，采用纵波检测可以有效避免波形转换产生的干扰。对于双合金盘件超声检测，采用的主要方案是纵波检测方案。

对于双合金盘界面连接质量的检测，从界面形式和缺陷特征等因素分析，最有利的检测方式是纵波直入射方式。然而，由于盘件结构的限制，声束从外部无法直接入射到界面，而其中心孔径又比较小，用直探头在中心孔位置从内部直接检测难以实现。为此设计了如图3-12所示的基于反射镜的水浸纵波探头中心孔检测方法，通过声反射镜解决了检测水距设置问题。

检测时将小直径的水浸平探头或聚焦探头前端附加90°声反射镜，置于盘件内孔中，利用探头的上下移动和盘件的转动实现C扫描成像。

采用15MHz点聚焦探头在铝合金模拟试样和双合金盘模拟试样上分别进行了纵波中心孔检测试验。铝合金模拟试样C扫描检测图如图3-13所示，双合金盘模拟试样C扫描检测图和平底孔波形如图3-14所示。

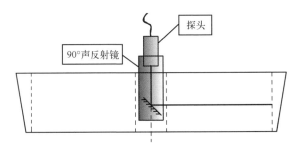

图 3-12 纵波中心孔检测方案示意图

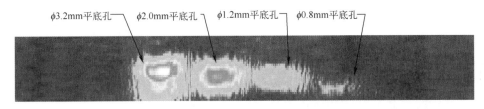

图 3-13 铝合金模拟试样 C 扫描检测图

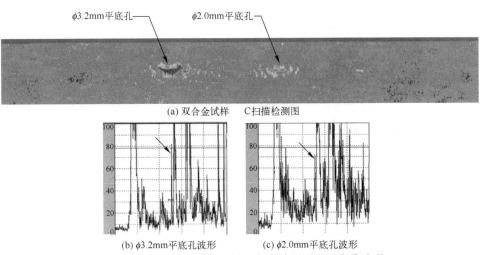

图 3-14 双合金盘模拟试样 C 扫描检测图和平底孔波形

可以看出：采用 15MHz 点聚焦探头的检测条件下，可发现铝合金模拟试样上 ϕ3.2mm、ϕ2.0mm、ϕ1.2mm 和 ϕ0.8mm 的平底孔人工缺陷。双合金模拟试样上的 ϕ3.2mm 和 ϕ2.0mm 平底孔都能够有效发现，并达到 6dB 以上的信噪比；而 ϕ1.2mm 平底孔则较模糊，其信噪比不足 3dB；ϕ0.8mm 平底孔未发现。可见其检测灵敏度和图像清晰度均低于铝合金模拟试样。此外，由于盘件内孔对声束的畸变，各个平底孔在 C 扫描图上均发生了不同程度的拉伸，特别是沿周向，其横向分辨力较差。

综上，超声纵波点聚焦探头+反射镜检测方法可检出双合金盘界面 $\phi2.0$mm 平底孔人工缺陷，但横向分辨力不理想。需要特别说明的是，本节所用的探头为常规的点聚焦探头，在后续篇幅中将进一步说明通过改变探头的聚焦类型并优选检测参数，可以大幅度提高检测的灵敏度和分辨力。

3.3.2 横波检测方法

使用水浸探头偏转一定角度，使声束倾斜于表面入射，在盘件中获得纯横波。通过探头的径向移动和盘件的转动实现扫描成像（图 3-15）。

采用横波检测在铝合金模拟试样和双合金盘模拟试样上的试验结果如图 3-16 所示。该方法在铝合金模拟试样上效果较好，应用于双合金盘试样时，由于 C 扫描图中平底孔信号与界面信号相连，幅度差异很小，除 3.2mm 平底孔外，其他人工缺陷无法分辨。因此缺陷的判别和评定受界面信号影响严重，信号难以识别。

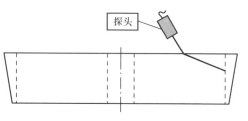

图 3-15 横波检测方法示意图

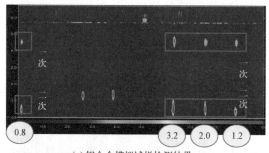

(a) 铝合金模拟试样检测结果

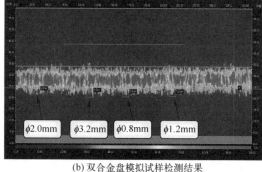

(b) 双合金盘模拟试样检测结果

图 3-16 横波检测的试验结果

3.3.3 超声相控阵检测方法

超声相控阵检测技术作为一种比传统超声检测更为先进的技术，在经过二十多年的发展后，已经具有很高的成熟度并在多项领域获得了大规模的应用。相控阵的原理和特点在各类教材和工具书中都有详细的介绍，感兴趣的读者可以自行查阅。

在开展双合金盘相控阵检测试验时发现，由于超声相控阵检测时晶片数多、声束变化范围大，因此对于耦合稳定性的要求较高，特别是一发一收检测，需使用两个相控阵探头放置在整体叶盘两端面，检测过程中保证探头与零件表面的相对位置和角度固定，可见如果没有相应的检测装置或工装，靠人工操作很难满足这一条件，使检测效果大打折扣。另一方面，为了实现连接界面的成像检测，需要记录整体叶盘在转动方向的角位置，与扇形扫查配合形成二维的超声C扫描数据。

为此，设计制作了立式双合金盘超声检测试验装置，如图3-17所示。其主要组成部分为：工件芯轴组件、探头和工件支架组件，玻璃框水槽，电机驱动组件。除了可用于单探头脉冲反射式检测试验外，还可用于双探头一发一收式检测试验。该装置采用了离合式电机驱动结构，可用于手动/自动两种方式的转动成像检测试验；设计了电机驱动功能，使被检整体叶盘自动旋转并记录编码器位置，利用超声相控阵探头的电子扫查或扇形扫查功能可以获得超声C扫描图像，进而直观地对缺陷进行定量和定位。

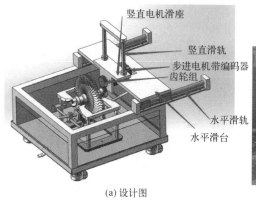
(a) 设计图

(b) 实物图

图 3-17 双合金盘检测试验装置

1. 相控阵扇形扫查检测

在双合金盘界面检测时，可以采用扇形扫查的方式。超声相控阵扇形扫查检测示意图如图 3-18 所示。

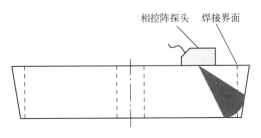

图 3-18　超声相控阵扇形扫查检测示意图

检测时采用线阵相控阵探头置于盘件表面，利用相控阵可以动态偏转聚焦的特点，通过合理设置聚焦法则，实现声束的偏转聚焦，覆盖整个结合区域。最终的检测结果利用横波扇形扫查成像方式实时显示。

在与图 3-11 类似结构的双合金盘试样上进行了该方法的试验，试样上含有 $\phi3.2mm$、$\phi2.0mm$、$\phi1.2mm$、$\phi0.8mm$ 平底孔，以及 $\phi0.4mm$ 和 $\phi0.3mm$ 横孔。设置焦点为投影距离，探头偏转角度范围为 30°~70°。结果如图 3-19 所示，可

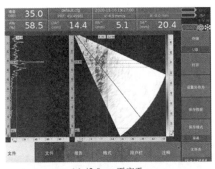

(a) $\phi2.0mm$平底孔

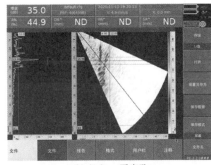

(b) $\phi1.2mm$平底孔

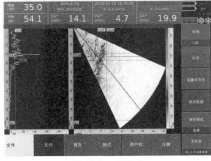

(c) $\phi0.8mm$平底孔

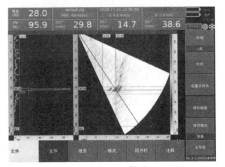

(d) $\phi0.4mm$横孔

图 3-19　超声相控阵扇形扫查在双合金盘上的检测结果

分辨 ϕ3.2mm、ϕ2.0mm、ϕ1.2mm、ϕ0.8mm 平底孔和 ϕ0.4mm 横孔。ϕ0.4mm 横孔清晰可见，其反射信号幅度达到 80% 时，噪声水平在 15% 以下，信噪比约为 14.5dB。

2. 相控阵一收一发检测

利用两个相控阵探头还可以实现一发一收（pitch-catch，P-C）模式的检测。检测时，两个相控阵探头分别紧贴盘件两侧表面放置，通过设置聚焦法则，使声束聚焦于连接界面处。利用盘件自身的旋转使探头和盘件发生相对运动，从而实现整个连接界面的扫查。该方案类似于传统单晶片探头的一发一收检测。超声相控阵 P-C 模式检测示意图如图 3-20 所示。

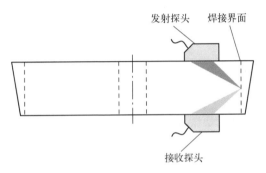

图 3-20　超声相控阵 P-C 模式检测示意图

相控阵 P-C 模式对不同人工缺陷的检测结果如图 3-21 所示。可分辨 ϕ3.2mm、ϕ2.0mm、ϕ1.2mm、ϕ0.8mm 平底孔和 ϕ0.4mm、ϕ0.3mm 横孔。可以看出，试样中 ϕ0.4mm 横孔清晰可见，信噪比约 13.7dB。需要说明的是，一发一收式检测的信噪比采用缺陷反射信号幅度与本底反射信号幅度之比计算。

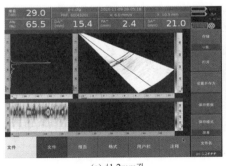
(a) ϕ1.2mm孔

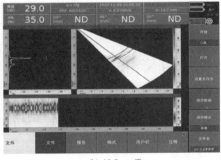
(b) ϕ0.8mm孔

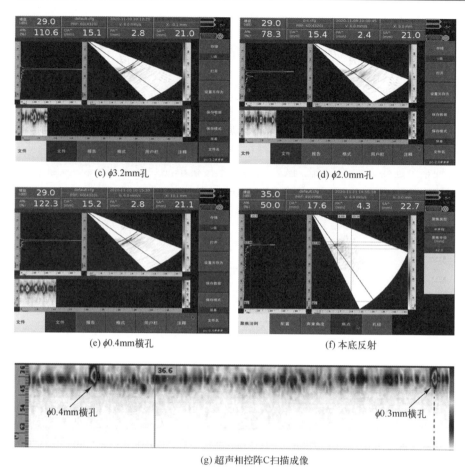

图 3-21 相控阵 P-C 模式对不同人工缺陷的检测结果

需要说明的是，上述试验结果是在横孔和位于双合金盘中间深度的平底孔上获得的，证明了超声相控阵检测双合金界面缺陷的基本能力，对于其他深度上平底孔缺陷的检测能力，还需要制作更多的人工缺陷进一步验证。此外，一收一发式检测对于设备和软件的要求较高，如要实现在整个深度上一收一发模式检测，还需要研制相应的控制和成像软件并设计专用的聚焦法则方可实现。

3.3.4 不同检测方法比较

4 种检测方法在检测能力、成熟度、可操作性和结构适应性方面的比较，如表 3-2 所列。

表 3-2　不同检测方法的比较

检测方法	检测能力	成熟度	可操作性	结构适应性	整体评价
纵波	★★	★★★	★★★	★★☆	★★☆
横波	★	★★★	★★	★★	★☆
相控阵扇扫描	★★☆	★★	★★	★★	★★
相控阵 P-C 模式	★★☆	★	★	★	★☆

（1）纵波检测成熟度高、可操作性强、结构的适应性较强，因此具有较好的综合能力。该方法在本节所述试验条件下，缺陷检出能力略低于相控阵技术，但可通过设计专门的聚焦探头使检测能力得到有效提升（见 3.4 节）。

（2）横波的检测能力差，且其需要较大的平面作为入射面，对于结构的适应性较差。

（3）相控阵扇形扫查具有较强的检测能力，由于相控阵探头往往尺寸较大，在进行扫查时需要较大的空间，因此可操作性较差且不利于复杂结构的检测。

（4）相控阵 P-C 模式的检测能力与扇扫描相当，但对设备和软件要求高，常规的盘件检测设备和软件难以满足该方法的工程化应用。为了使两个探头对正必须设计加工专门的工装，而且采用两个探头的方式，需要较大的空间，使其可操作性和结构适应性比扇形扫查方式更差。

总体而言，超声纵波聚焦检测方法具有较好的综合性能；超声相控阵方法在缺陷检出能力上有优势，但结构适应性和可操作性方面受到一定限制，目前来看对本例中的双合金盘件检测并非最佳方案，但在未来双合金盘件检测中有一定的应用潜力。

3.4　基于小孔声透镜理论的超声检测技术

从前文可以看出，双合金整体叶盘界面两侧声阻抗差异和复杂的几何结构给超声检测带来极大困难，常规的超声检测手段显示出很大的局限性，被认为综合性能较好的纵波+反射镜检测方法可检出的最小缺陷当量尺寸在 $\phi 2.0$mm 和 $\phi 3.2$mm 之间。为此，对纵波+反射镜检测方法进行了改进和技术提升，提出了基于小孔声透镜理论的超声检测技术，主要利用整体叶盘中心的小直径内孔对声束的折射作用，使探头的声场尽可能聚焦于整体叶盘的焊接面，减小声束尺寸，提高信噪比和横向分辨力。

3.4.1　曲面作用下的声场分布模拟和探头参数设计

利用 CIVA 超声检测模拟软件进行了探头声场的模拟仿真，研究适合于双合金整体叶盘结合面超声检测的专用探头参数。在进行声场模拟计算前首先在软件中对检测场景进行了描述,在这一过程中实际的检测过程被简化成如图 3-22 所示的检测过程。

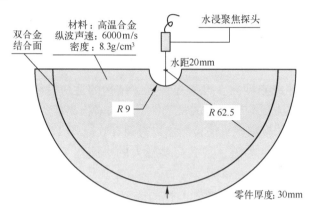

图 3-22　简化的检测过程描述

考虑到入射面为内孔,且曲率很大,对超声声束的畸变作用非常明显,材料中实际分布的声场是超声探头本身的声场与入射表面形状的综合作用结果。影响探头声场分布的主要参数包括频率、晶片尺寸、焦距、聚焦类型等。设计思路如下:

(1) 晶片尺寸:探头的封装尺寸受到盘件内孔尺寸的限制,另外由于需要加装反射镜,进一步限制了探头尺寸不应大于 10mm。晶片封装在探头内部,尺寸也不能过大,仅取 6.3mm。

(2) 频率:为了兼顾小缺陷检测能力和在材料中的穿透性,探头频率选取 5~15MHz 范围。

(3) 聚焦类型:包括平探头、线聚焦、点聚焦和双焦点聚焦。通过试验结果确定。

(4) 焦距:根据探头的近场长度确定。以 5MHz 探头为例,近场长度约为 33mm,则焦距不大于近场长度一半时具有较好的聚焦效果,因此焦距取不大于 16mm。其他频率的探头焦距选取原则与此类似。

1. 平探头

首先模拟了不同频率平探头在计算平面内的声场分布情况,如图 3-23 所示。可以看出,在内孔大曲率的作用下,探头的声场发生了很大程度的畸变。整体呈现周向长、轴向短的椭圆形。其中周向声束宽度达到 58mm 左右,而轴向声束宽度在 4~11mm。不同频率的探头声场形状也略有不同,其中周向尺寸相差不大,但轴向声束宽度上,15MHz、10MHz 和 5MHz 探头分别为 4.2mm、6mm 和

11.5mm，随探头频率降低逐渐递增。主要原因在于，探头轴向并未受到曲率影响，更多呈现探头本身的声场特性。频率越低，近场长度越短，而声场在近场点外主要表现为声束的扩散。在同样深度上，低频探头扩散范围越大，因此声束宽度越大。用声场沿两个方向的声束宽度比值来度量声场的不均匀程度，则15MHz、10MHz 和 5MHz 探头的计算结果分别为 14.0、9.6 和 5.1。

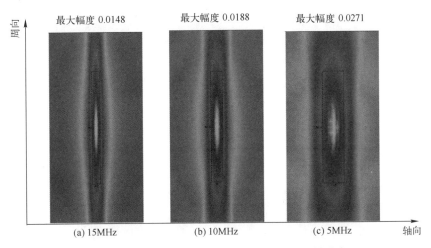

图 3-23　不同频率平探头在计算平面内的声场分布

利用 CIVA 软件能够模拟测量声场中的幅度，3 个探头的最大幅度标记于图 3-23 中每个图的上方。其数值为软件本身的计量单位，不具有对应的物理量纲。可以通过各探头横向比较确定幅度的相对大小。本研究为了进行后续的聚焦效果比较，将不同频率平探头的声场最大幅度作为基准值。

探头声场最大幅度随频率降低单调增加的原因：一方面是低频探头发射能量较高；另一方面是低频超声在材料中的衰减更低。

2. 线聚焦探头

模拟了不同频率线聚焦探头的声场分布。线聚焦探头表面为柱面，沿有曲率方向有聚焦效果，另一个方向无聚焦效果，相当于平探头。模拟时，使探头的非聚焦方向平行于入射面的轴向，可以使探头线聚焦效果一定程度上抵消入射面曲率对声场的散焦作用，最大程度发挥探头的聚焦特性。

为了确定焦距对声场的影响，模拟了探头不同焦距时声场的变化。图 3-24 给出了 15MHz 线聚焦探头在不同焦距下的声场分布情况。可以看出当焦距为 10mm 时，出现了接近圆形的声场分布，轴向和周向声束宽度分别为 4.2mm 和 7.2mm。当焦距取其他值时，无论小于还是大于 10mm，声场均有比较明显的畸变，其分布与平探头时类似，均为周向长度远大于轴向长度的椭圆形声场。

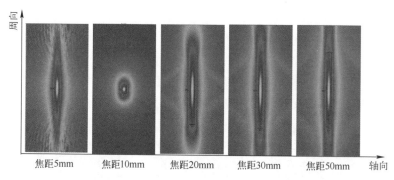

图 3-24　15MHz 线聚焦探头声场分布

10MHz 和 5MHz 频率探头的声场模拟结果与 15MHz 探头类似，均在 10mm 附近表现出了最优焦距点。10MHz 线聚焦探头声场分布如图 3-25 所示，5MHz 线聚焦探头声场分布如图 3-26 所示。

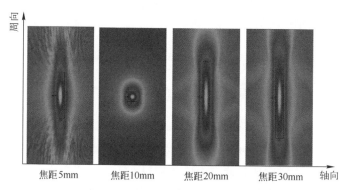

图 3-25　10MHz 线聚焦探头声场分布

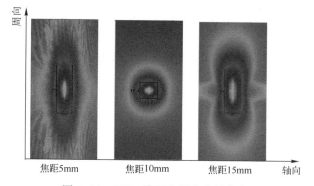

图 3-26　5MHz 线聚焦探头声场分布

为了分析内孔界面对于声束的作用，我们将其简化为二维，由于内孔只沿一个方向有曲率，因此这种简化是合理的，如图3-33所示。此时可以看到内孔的界面对于声束的作用相当于一个曲面透镜，其作用原理与光学透镜类似。当左侧介质声速小于右侧介质声速时，界面对于声束有加速聚焦的效果。

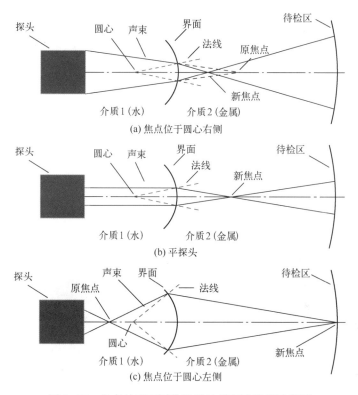

图3-27 焦点处于不同位置时的超声波路径示意图

当声束为非聚焦声束或焦距较长（焦点在圆心右侧）时，声束在曲面透镜的作用下，在右侧介质中产生强烈的会聚，形成新的焦点，在焦点以外声束呈现扩散状态。对于本研究中的对象，内孔曲率大（曲率半径约8mm），声速差异大（约4倍），内孔对声束的会聚作用非常明显，如使用常规的平探头或长焦距点聚焦探头将会使声场在材料中聚焦于很浅的区域，而在待检测区域（界面）形成发散的声场，不利于实现较高的灵敏度和横向分辨力。这也解释了为何平探头检测时会形成如图3-23所示的畸变声场。

当采用小焦距（焦点位于圆心左侧）的探头，则声束在到达内孔时为发散状态，经过透镜的会聚作用可能会形成较长焦距的声场，使得焦点位于材料中较深的区域，进而提高被检测的界面区域灵敏度和横向分辨力。

经过以上的理论分析，就不难理解为何使用短焦距的线聚焦探头会具有较好的均匀声场。由于线聚焦探头一个方向具有会聚作用，另一个方向为非聚焦声场，存在自然的近场点，与平探头类似。当探头聚焦方向的焦点与曲面的中心处于特定的相对位置时，会在材料中形成新的焦点，该焦点与探头非聚焦方向的近场点重合时可以获得均匀一致的声场分布，如图3-27（c）所示。

需要特别说明的是，对于图3-27（c）中的探头布置，重要的是探头焦点与入射面之间的相对位置，而非探头本身的焦距长度。例如，本研究中模拟的声场结果表明焦点与入射面距离为10mm时具有最佳的声场分布，若选择焦距为15mm的线聚焦探头，则应将水距调整为25mm。如果采用其他焦距的线聚焦探头，只需要调整水距使焦点与入射面距离仍为10mm，即可保证类似的声场效果。

3. 点聚焦探头

点聚焦探头表面为球面，在均匀介质中能够聚焦于一点，对于平面类材料检测具有较好的横向分辨力和信噪比。模拟了15MHz点聚焦探头声场分布情况，如图3-28所示。

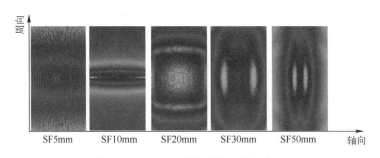

图3-28　15MHz点聚焦探头声场分布

可以看出，在较大曲率的入射面作用下，点聚焦探头的声束也发生了明显的畸变。表现出较大的发散性，其最大振幅远远小于同频率的线聚焦探头，声束尺寸则远大于线聚焦探头。特别是沿轴向的声束尺寸，甚至大于平探头。唯一有些特殊的是焦距为10mm时，探头声场沿周向显著减小，而轴向尺寸则仍然很大，表现为扁圆形。

这一点也不难解释，受到晶片尺寸的限制，探头的焦距只能取较小的值，轴向方向上声场聚焦于较浅的深度，而后进入发散的声场区域，深度越深则发散程度越大，因此声束沿轴向尺寸很大。而周向方向上，由于前面所述的"透镜"作用，存在最佳焦距点（约10mm），焦距处于最佳点时，声束尺寸显著减小，最大振幅也出现极大值。

4. 不同探头比较和参数选择

从前述几种聚焦类型的探头声场分布情况可以看出：几种聚焦类型相比，线聚焦探头通过合理控制焦点位置可以将检测目标区域的声场控制在较小的尺寸上，在内孔检测时对于提高检测的信噪比和横向分辨力具有显著优势。

除了聚焦类型外，对不同频率的探头进行了横向比较。在前述研究基础上，从模拟结果中提取了焦点位置的声场幅度，并绘制了如图 3-29 所示的最大幅度-焦距曲线。其中幅度以同频率平探头的声场最大幅度为基准进行了归一化处理。

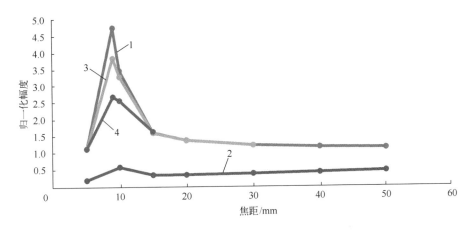

1—15MHz 线聚焦；2—15MHz 点聚焦；3—10MHz 线聚焦；4—5MHz 线聚焦。

图 3-29　不同频率探头的归一化最大幅度-焦距曲线

从结果可以看出，不同频率的线聚焦探头通过控制焦点位置均能显著提高探头在目标区域的声场最大幅度，与平探头相比，幅度最多可以提高近 4 倍。不同频率相比，15MHz 和 10MHz 探头效果接近，而 5MHz 探头效果略差。

3.4.2　双合金整体叶盘界面超声检测能力验证

1. 试样加工

在双合金盘模拟试样（图 3-11）基础上，又从端面加工 $\phi 0.4\text{mm}$ 通孔，如图 3-30 所示，用于验证超声检测方法的能力。

2. 灵敏度和信噪比

前面的研究结果已经证实，采用特定焦距的线聚焦探头配合 90° 声反射镜，可以达到最佳的检测效果。为了验证检测效果，分别采用线聚焦探头、平探头和点聚焦探头对同一对比试块进行检测，结果如图 3-31 所示。

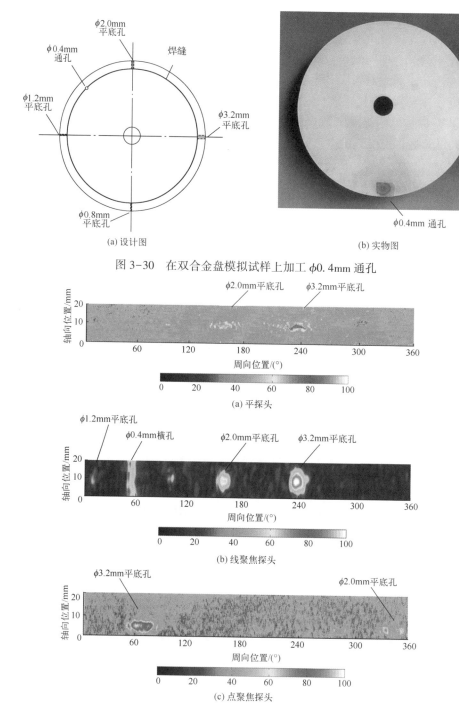

图 3-30 在双合金盘模拟试样上加工 ϕ0.4mm 通孔

图 3-31 不同类型探头的检测效果比较

通过在人工缺陷试块上的检测结果比较，可以看出，结果与预期一致，线聚焦探头具有最佳的检测效果，试块中 $\phi3.2$mm、$\phi2.0$mm、$\phi1.2$mm 平底孔和 $\phi0.4$mm 横孔人工缺陷均能有效检出，且具有较高的信噪比。其中标称 $\phi0.4$mm 横孔的反射信号幅度约为 80%，噪声信号幅度约为 30%，信噪比为 8.5dB。

点聚焦探头检测效果不及线聚焦探头，背景噪声高，而缺陷反射信号微弱，受此影响，$\phi0.4$mm 人工缺陷无法分辨。$\phi3.2$mm 人工缺陷能够有效识别，但由于声束发散严重，横向分辨力差，缺陷的 C 扫描图沿周向有明显变形。$\phi2.0$mm 人工缺陷勉强可分辨，但信噪比低于 3dB，在实际检测中难以保证可靠检出。

平探头的结果与点聚焦探头类似，可以检测出 $\phi2.0$mm 和更大的人工缺陷，但对尺寸更小的缺陷检测能力不足。

结果表明，线聚焦探头可充分利用小孔声透镜效应，将纵波+声透镜检测方法的能力由 $\phi2.0$mm 平底孔提升至 $\phi1.2$mm 平底孔和 $\phi0.4$mm 横孔。

3. 横向分辨力

利用模拟仿真工具可确定本方法的横向分辨力情况。横向分辨力取决于探头声束在被检材料中的宽度，因此，根据声场的模拟仿真结果计算了不同探头的轴向和周向声束宽度，结果如表 3-3 所列。

表 3-3 模拟计算的不同探头轴向和周向声束宽度

探头频率/MHz	聚 焦 类 型	声束宽度/mm		
		周向	周向（表面）	轴向
15	线聚焦	7.2	1.0	4.2
10	线聚焦	7.1	1.0	6.4
5	线聚焦	11.4	1.6	12.7

表 3-3 中的声束宽度为焊缝所在位置的模拟结果，由于检测时声束入射点与焊缝距离较远，周向的声束宽度还应按比例换算成入射表面的声束宽度。根据零件图可知，焊缝位置的直径为 125mm，内孔直径为 18mm，则可相应计算入射表面的周向声束宽度，对于 15MHz、10MHz 和 5MHz 的线聚焦探头，分别为 1.0mm、1.0mm 和 1.6mm。

4. 检测实例

图 3-32 显示了双合金盘的超声检测和荧光检测结果，图 3-33 为该零件的解剖分析结果。结果表明：检测发现的缺陷均为结合不良，对于表面开口型缺陷，超声检测结果和荧光检测结果一致，解剖分析结果也与上述结果吻合；对于内部缺陷，荧光无法检测，超声检测结果与解剖分析结果一致。

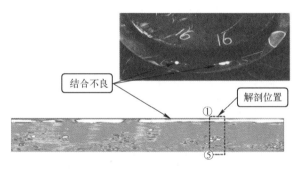

图 3-32 双合金盘的超声检测和荧光检测结果

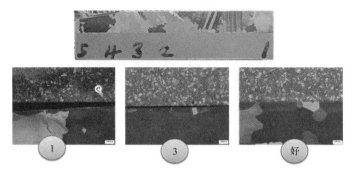

图 3-33 双合金盘件的解剖分析结果（见书末彩图）

综上，采用超声纵波中心孔检测工艺在实际双合金盘件上可检测出结合不良缺陷，结果与荧光检测结果和解剖分析结果表现出较好的一致性。

3.5 小　　结

本章针对采用扩散连接技术制造的整体叶盘，介绍了连接界面质量无损评价的方法。

采用超声检测异种连接界面时由于声阻抗差异会产生本底反射信号，这一信号是影响检测能力、灵敏度和信噪比的主要因素。探头的频率、焦点直径、归一化焦距会影响本底反射信号和缺陷信号幅度，其中归一化焦距（即探头发射声束的聚焦程度）起主要作用，其他因素影响程度较低。选择归一化焦距小的探头有利于提高缺陷信号和本底反射信号的对比度，改善超声 C 扫描图像质量。

在检测连接界面质量时，可采用纵波检测、横波检测、相控阵检测等方法，各方法比较结果显示超声纵波具有较好的综合性能。超声相控阵在缺陷检出能力上有优势，但结构适应性和可操作性方面受到一定限制，未来在双合金盘件检测中有一定应用潜力。

基于小孔声透镜理论的超声检测技术是对常规的纵波+反射镜检测技术的改进和提升，主要利用整体叶盘中心的小直径内孔对声束的折射作用，使探头的声场尽可能聚焦于整体叶盘的焊接面，减小声束尺寸，提高信噪比和横向分辨力。试验表明，本方法可有效发现不小于 $\phi1.2mm$ 平底孔和 $\phi0.4mm$ 横孔的人工缺陷。采用该方法在实际双合金盘件上检测出结合不良缺陷，结果与荧光检测结果和解剖分析结果表现出较好的一致性。

参考文献

[1] LOH N, WU Y, KHOR K. Shear bond strength of nickel/alumina interfaces diffusion bonded by HIP [J]. J. Mater. Process. Technol., 1993, 37: 711-721.

[2] ASHWORTH M, JACOBS M, DAVIES S. Basic mechanisms and interface reactions in HIP diffusion bonding [J]. Mater. Des., 2000, 21 (4): 351-358.

[3] LUAN Y, SUN T, FENG J, et al. Ultrasonic evaluation of TiAl and 40Cr diffusion bonding quality based on time-scale characteristics extraction [J]. NDT E Int., Dec., 2011, 44 (8): 789-796.

[4] LEE B C, PALACZ M, KRAWCZUK M M, et al. Wave propagation in a sensor/actuator diffusion bond model [J]. J. Sound Vib., 2004, 276 (3~5): 671-687.

[5] CHENG A, DEUTSCH W. Characterization of diffusion bonds of titanium plates using transmitted ultrasonic signals [J]. NDT E Int., 1998 (3): 175-182.

[6] BAIK J M, THOMPSON R B. Ultrasonic scattering from imperfect interfaces: A quasi-static model [J]. J. Nondestruct. Eval., 1984, 4 (3-4): 177-196.

[7] MARGETAN F, THOMPSON F R, GRAY T. Interfacial spring model for ultrasonic interactions with imperfect interfaces: theory of oblique incidence and application to diffusion-bonded butt joints [J]. J. Nondestruct. Eval., 1988, 7 (3-4): 131-152.

[8] KE W, CASTAINGS M, BACON C. 3D finite element simulations of an air-coupled ultrasonic NDT system [J]. NDT E Int., 2009, 42 (6): 524-533.

[9] XIE Y, YIN W, LIU Z, et al. Simulation of ultrasonic and EMAT arrays using FEM and FDTD [J]. Ultrasonics, 2016, 66: 154-165.

第4章

叶片热障涂层的无损检测

4.1 热障涂层的无损检测问题

为了满足航空发动机涡轮叶片等热端部件材料更加苛刻的服役环境要求，热障涂层（TBC）技术得到了广泛重视。热障涂层在航空发动机上的应用，将使得高温合金材料能够承受更高的使用环境温度，提高涡轮前进口温度，同时，也可使发动机寿命和可靠性大幅度提高，耗油量降低，动力性能和经济性能得到显著改善。我国在研的多种发动机涡轮叶片已明确要求采用热障涂层，新一代大型发动机、商用发动机以及高功重比涡轴发动机对热障涂层的需求也日益迫切。

热障涂层在使用过程中，会产生裂纹，甚至与基体分离，从而威胁叶片的使用安全，因此对热障涂层的裂纹和脱粘缺陷进行检测非常重要，对涂层的寿命评估也成为需要突破的关键技术。

热障涂层厚度的均匀性对热障涂层的使用性能和寿命有重要的影响。涂层过薄将影响防护效果，缩短使用寿命；过厚则会造成浪费，产生额外负荷，并使热障涂层在固化过程中产生开裂的危险。此外，涂层厚薄不匀或未达到规定要求，将会对其多项性能产生不良影响，因此，在涂装施工和质量检验过程中，热障涂层厚度是一项重要的控制指标。

目前，国内对热障涂层在生产及服役过程中的厚度尚缺乏有效的无损测量手段，多采用抽样破坏性的检测，难以对每个零件进行全面有效检测，不可避免地埋下安全使用隐患。特别是用于发动机叶片的热障涂层，由于其厚度非常薄，给厚度测量带来了更大的挑战。

总之，在热障涂层方面面临的无损检测问题有：涂层的裂纹、脱粘等缺陷的检测，涂层的厚度测量和涂层的寿命评估。

北京航空材料研究院与多所高校开展了热障涂层无损检测方面的合作研究，采用的方法有超声频谱测厚法、激光脉冲激励红外热像检测法、双高频涡流检测方法和基于系统谐振的高频涡流检测方法,取得了一定的研究成果。

下面介绍红外检测技术在热障涂层缺陷检测中的应用,以及超声频谱法和红外热像法在热障涂层厚度测量方面的应用。

4.2 热障涂层缺陷的红外检测

热障涂层缺陷检测方面研究的相关方法有红外热像法、激光错位散斑技术和微波技术,其中红外热像法是最常采用的缺陷检测技术。P. G. Bison 对热障涂层进行了红外热像检测研究,内容包括脱粘缺陷的识别和不同涂层厚度的区分。Hua-nan Liu、Michiru Sakamoto 等对涂层的裂纹缺陷检测和厚度不均的识别进行了红外热像检测研究,首先通过建模仿真分析了横向裂纹缺陷的可检性,接着分析了加热的热流密度对检测结果的影响,最后利用人工缺陷样件进行了对比试验。北京航空航天大学的郭兴旺对 TBC 脱粘缺陷的红外热像检测进行了建模分析,分析了可检信息参数(如最大温差和最大对比度)与脱粘缺陷半径、深度、涂层厚度的关系。

本节首先研究了热障涂层在经历了典型热循环后的缺陷演化情况和对应的红外检测结果,然后通过在人工缺陷试样上的检测试验分析了红外热像技术的缺陷检测能力。

4.2.1 典型热循环实验中缺陷的跟踪检测

为了跟踪、记录热障涂层在工作过程中,即不断经历热循环的过程中,缺陷产生、发展直至脱落的变化过程,设计了长×宽×厚为 30mm×30mm×1.5mm 的一组试块(12 个),以罗马数字编号为 I ~ XII。试块基底材料为镍基高温合金,试块上下两面采用物理气相沉积工艺分别制备了 YSZ 热障涂层,厚度约为 100μm,分别记为 A 面和 B 面。对这组试块分别在热循环实验前和不同次数热循环后进行了红外热像检测,成功地记录了缺陷的演化过程,其中 X 次循环后试块涂层的红外热像检测结果中开始出现明显的异常信号。试块 I、试 IV、试块 V 经历不同次数热循环后的检测结果分别如表 4-1~表 4-4 所列。

表 4-1 试块 I 经历不同次数热循环后的检测结果

	状态	热循环之前	X 次热循环之后	X+36 次热循环之后	X+88 次热循环之后
试块 I A 面	实物照				

续表

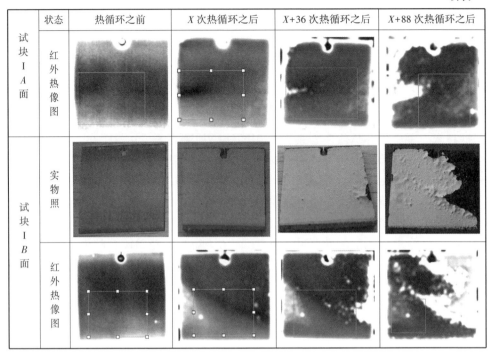

表4-2　试块Ⅳ经历不同次数热循环后的检测结果

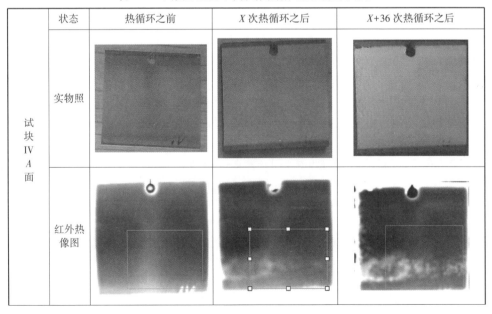

第 4 章　叶片热障涂层的无损检测

续表

状态		热循环之前	X 次热循环之后	$X+36$ 次热循环之后
试块 IV B 面	实物照		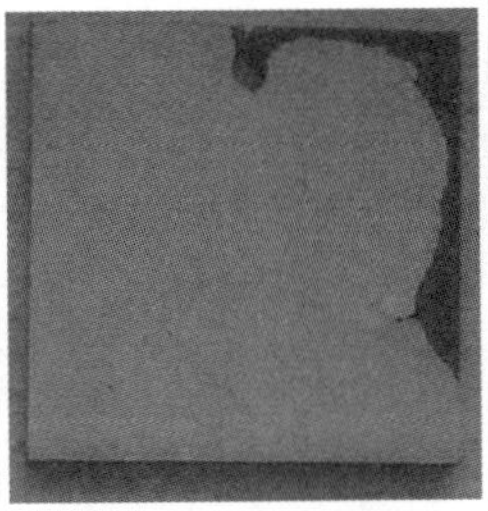	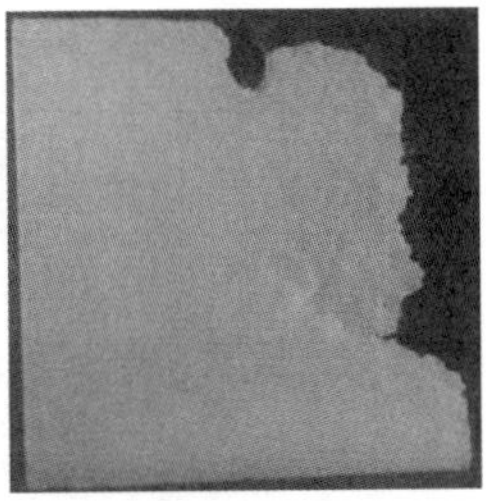
	红外热像图		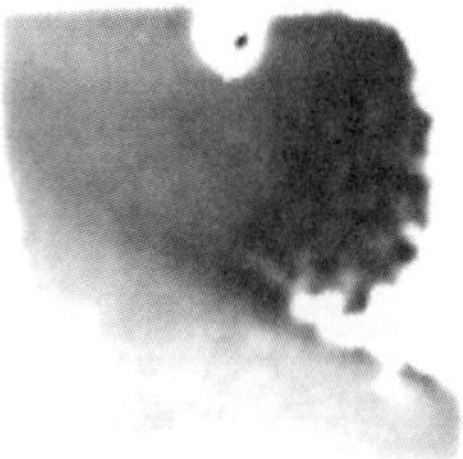	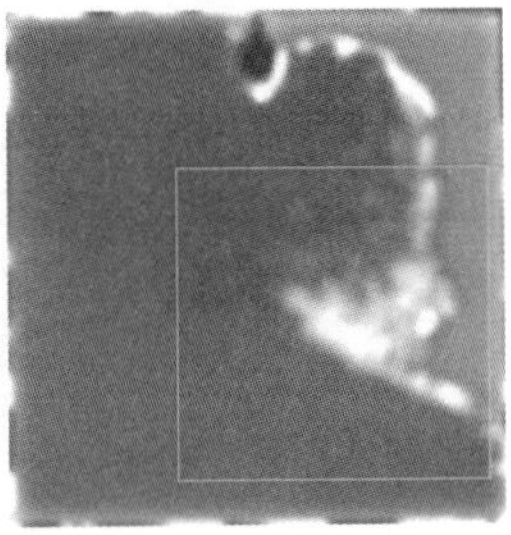

表 4-3　试块 V 经历不同次数热循环后的检测结果

状态		热循环之前	X 次热循环之后	$X+36$ 次热循环之后
试块 V A 面	实物照			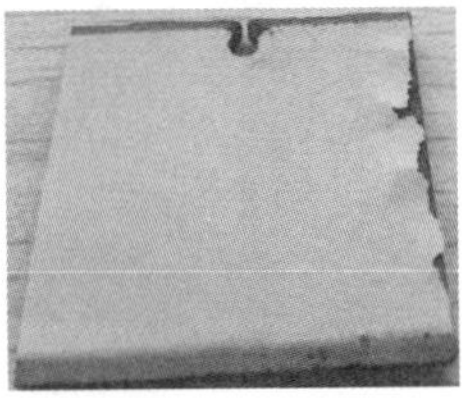
	红外热像图	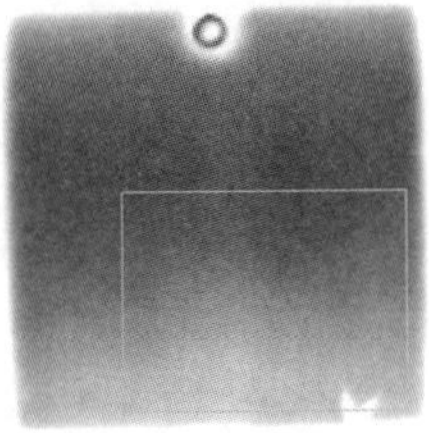	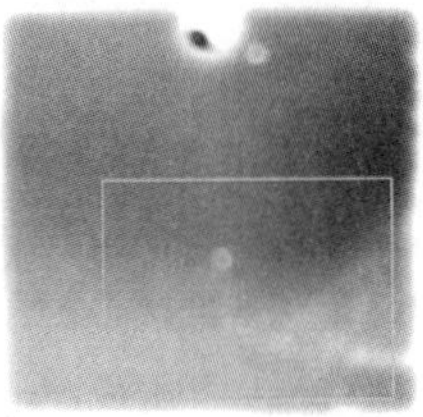	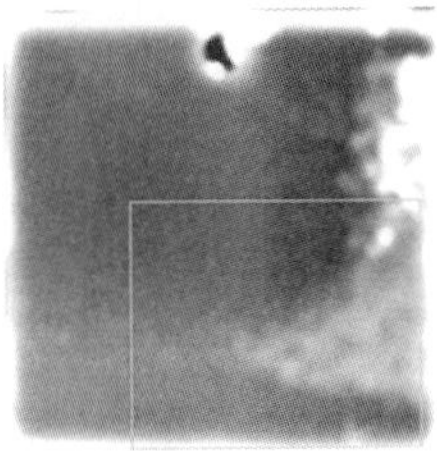

续表

状态		热循环之前	X 次热循环之后	$X+36$ 次热循环之后
试块 V B 面	实物照			
	红外热像图	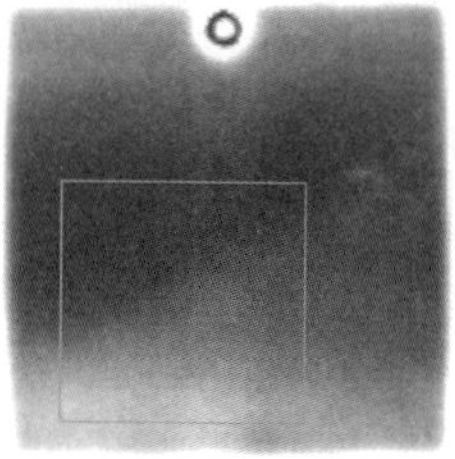	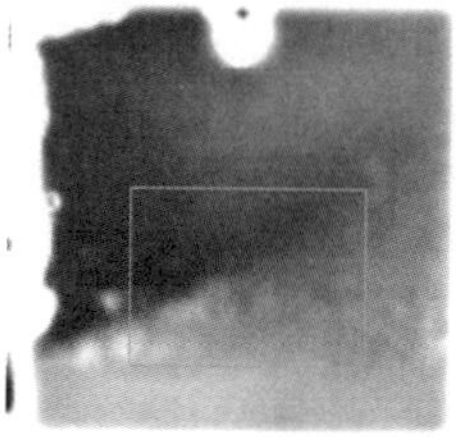	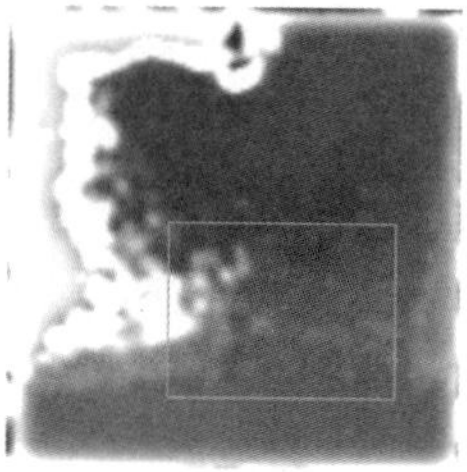

表 4-4 试块 X 经历不同次数热循环后的检测结果

状态		热循环之前	X 次热循环之后	$X+36$ 次热循环之后
试块 X A 面	实物照			
	红外热像图	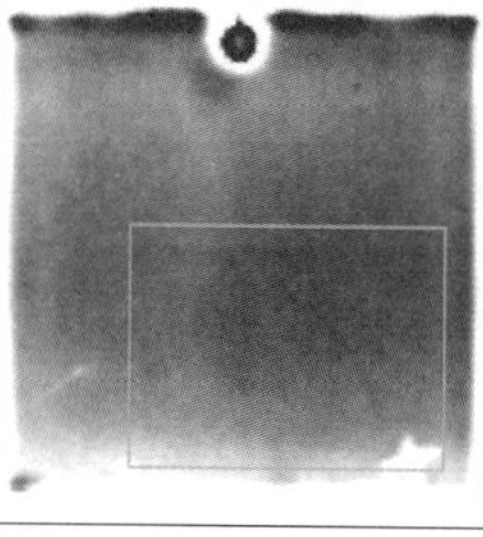	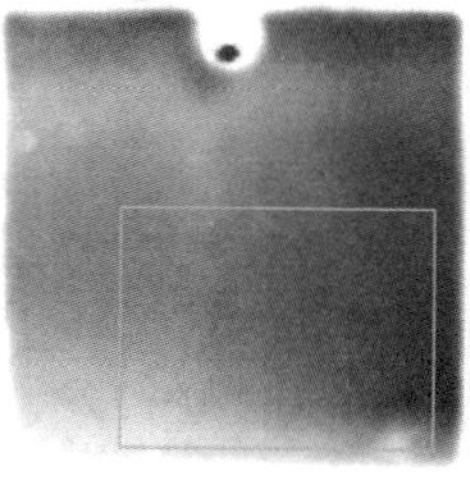	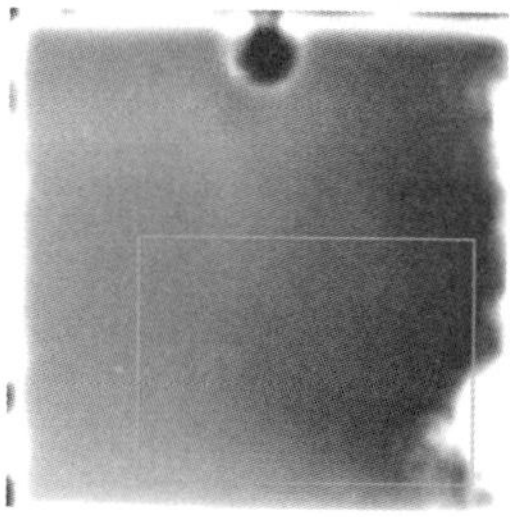

续表

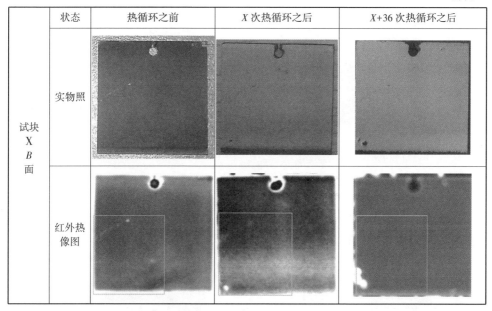

由以上结果可以发现在热障涂层出现脱粘和脱落前，试块上出现了大量的异常区。例如试块 I A 面在经历 X 次热循环后左半部分出现黑色异常区，X+36 次热循环后该区域出现"亮斑区"和脱粘区，同时试块右半部分也出现"亮斑区"，X+88 次热循环后，原黑色异常区出现大面积脱粘，右半部分"亮斑区"域进一步扩展且出现小面积脱粘。这里提到的"亮斑区"，在试块表面上看不出异常征兆，后面将通过对试块进行解剖分析来证实这些"亮斑"为微裂纹区。再如试块 IV A 面在经历 X 次热循环后下半部分出现微裂纹区，该区域在试块经历了 X+36 次热循环后进一步扩大，而且微裂纹间连通形成较大的裂纹，甚至出现了脱粘。

接下来为了分析异常区，对 X+36 次热循环后的试块 IV、V 和 X 进行了镶嵌、切割、磨样和扫描电镜（SEM）观测。首先对试块 IV 的"亮斑"异常区（图 4-1）在如图 4-2 所示距上边 6mm 处进行了解剖。试块 IV B 面的可见光照片和红外热像检测结果及对应的解剖位置如图 4-3 和图 4-4 所示。解剖后得到的 SEM 图如图 4-5 所示。

按图 4-2 所示的观察方向看，图 4-5 中上面涂层为 A 面，下面涂层为 B 面，图 4-5 中的左右对应关系与图 4-2 中的左右对应关系一致，与图 4-4 中的左右对应关系相反。A 面的解剖断面上有大量的微小裂纹，右端有小尺寸的脱粘区，B 面微裂纹则较少，且多出现在图 4-5 的右端，对应图 4-4 热像图的左端，上述这些结果与红外热像检测的结果相一致。

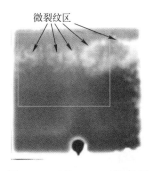

图 4-1 试块 IV A 面热像图

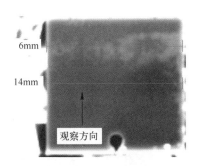

图 4-2 试块 IV A 面解剖位置

图 4-3 试块 IV B 面实物照

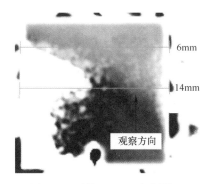

图 4-4 试块 IV B 面解剖位置

图 4-5 试块 IV 6mm 位置处 SEM 图

14mm 解剖位置见图 4-2 和图 4-4，解剖的 SEM 图如图 4-6 所示。

图 4-6 试块 IV 14mm 位置处 SEM 图

按图 4-2 所示的观察方向得到解剖结果图 4-6，A 面（上端）右侧有微裂纹，其余良好，与红外检测结果一致。B 面（下端）左半部（对应图 4-4 的右半部分）存在微裂纹，右半部分（对应图 4-4 的左半部分）剥离，与红外检测结果一致。

从与图 4-2 观察方向相反的方向看 14mm 处的解剖截面，如图 4-7 所示。

图 4-7　试块 IV 14mm 位置与图 4-2 所示观察方向相反方向的 SEM 图

从图 4-7 看出，A 面左边（对应图 4-1 和图 4-2 的右半部分）有微裂纹，其余涂层良好，与红外检测结果一致。B 面左半部分剥离，右半部存在微裂纹，与图 4-4 所示的红外检测结果一致。

接着对试块 V 的异常区进行了解剖观测。试块 V 在距离试块底部 9.5mm 处解剖，解剖位置标记和 SEM 结果如图 4-8 和图 4-9 所示。

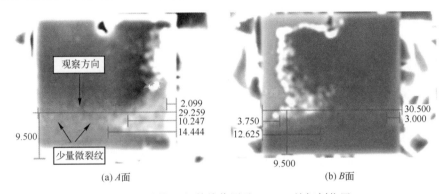

图 4-8　试块 V 红外热像图及 9.5mm 处解剖位置

图 4-9　试块 V 9.5mm 处图 4-8 观察方向的 SEM 图

从图 4-9 可以看到，A 面从左向右（与图 4-8（a）所示的观察方向一致），依次出现脱落区、脱粘区、裂纹区和存在少量微裂纹的区域，与图 4-8（a）所示的红外检测结果一致；B 面从左向右，依次出现脱落区、脱粘区、微裂纹区，与图 4-8（b）所示的红外检测结果一致。

从与图 4-8 中所示的观察方向相反方向观测得到另一张解剖图如图 4-10 所示。

图 4-10　试块 V 9.5mm 处图 4-8 观察方向相反方向的 SEM 图

图 4-10 中上层涂层为 A 面，左右对应关系与图 4-8 (a) 一致，下层涂层为 B 面，左右对应关系与图 4-8 (b) 相反。A 面从左向右，依次出现良好区、微小裂纹、裂纹区、脱粘区和脱落区；B 面从左向右，依次出现微裂纹区、脱粘区和脱落区，与红外检测结果一致。

试块 V 距离试块底部 20mm 处解剖位置标记和 SEM 结果如图 4-11 和图 4-12 所示。A 面（图 4-12 上端）从左向右，依次出现正常区、裂纹区、脱粘区和脱落区，与图 4-11 (a) 所示红外检测结果一致。B 面（图 4-12 下端）从左向右依次出现正常区、裂纹区、脱粘区和脱落区，与红外检测结果 [图 4-11 (b)，左右关系相反] 一致。

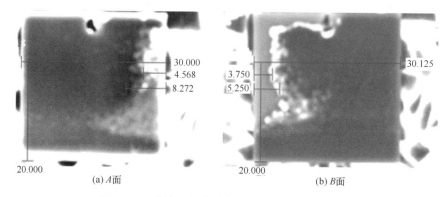

图 4-11 试块 V 红外热像图及 20mm 处解剖位置

图 4-12 试块 V 20mm 位置处 SEM 图

最后对试块 X 进行了解剖。试块 X 距离试块底部 19.5mm 处解剖位置标记和 SEM 结果如图 4-13 和图 4-14 所示。A 面从左到右，依次出现正常区和裂纹区，与红外检测结果 [图 4-13 (a)] 基本一致。B 面左侧基本为正常区，右半部分含少量微裂纹，与红外检测结果 [图 4-13 (b)，左右关系相反] 一致。

通过对上述 IV、V 和 X 试块上红外热像检测发现的异常区进行解剖分析，证实了"亮斑"异常区为微裂纹区。这些区域在涂层表面看不到异常征兆。对微裂纹的识别将热障涂层的粘接状态由良好、脱粘和脱落进一步细化为良好、微裂纹态、脱粘和脱落四个状态，如图 4-15～图 4-17 所示。

本部分的研究通过对热障涂层试块的热循环过程采用中波红外热像仪进行闪光灯激励红外热像检测跟踪，不仅成功记录了缺陷产生、发展直至脱落的演变过程，而且通过红外热像检测结果识别出了微裂纹态。对微裂纹态的识别将有助于对热障涂层进行寿命的评估、预测，具有很重要的工程应用价值。

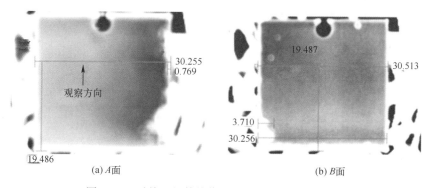

图 4-13　试块 X 红外热像图及 19.5mm 处解剖位置

图 4-14　试块 X 19.5mm 位置处 SEM 图

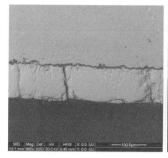 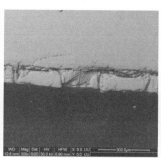 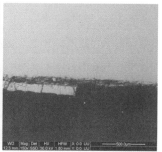

图 4-15　良好区　　　　图 4-16　微裂纹区　　　　图 4-17　脱粘区和脱落区

4.2.2　热障涂层脱粘缺陷的红外热像检测能力评价

为了考察闪光灯激励红外热像检测对热障涂层内部缺陷的检测能力，分别利用含自然缺陷的试块和人工缺陷试块进行实验，含自然缺陷的试块来自热循环实验，人工缺陷试块利用在基体背面打孔的方式制作。以 VII 号试块为例，自然缺陷的红外检测结果见表 4-5。表中分别列有 VII 试块 X+85 次热循环后的 A 面和 B 面可见光照片，并配以长度标尺和彩色标识，然后给出了对应的红外热像检测结果，对应的缺陷也使用同样的颜色进行标识。

表 4-5 自然缺陷的红外检测结果

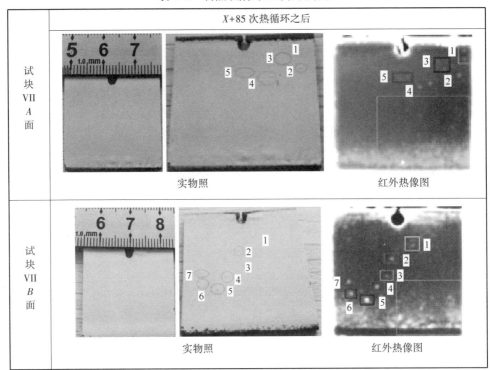

可见，表中标识出的微小脱粘缺陷尺寸很小，均小于 1mm，有的直径小于 0.5mm，个别的甚至肉眼难以观测到。

人工缺陷试块长×宽×厚为 30mm×30mm×1.5mm，检测面制备了热障涂层，另一面无涂层，并打有盲孔，用以模拟缺陷，其尺寸及分布见表 4-6 左侧，表中给出的是盲孔直径和深度，对应的红外检测结果见表 4-6 右侧。从结果中可以看出，埋深 0.25mm 左右的 ϕ0.4mm 盲孔能够被检出。

表 4-6 人工缺陷试块的红外热像检测结果

盲孔尺寸/mm（孔深 1.35~1.40mm）			红外热像图
ϕ0.781	ϕ0.530	ϕ0.428	
ϕ0.781	ϕ0.538	ϕ0.431	
ϕ1.141	ϕ1.160	ϕ1.172	

续表

盲孔尺寸/mm（孔深1.35~1.40mm）			红外热像图
φ1.211	φ1.184	φ0.388	
φ0.780	φ0.543	φ0.455	
φ0.782	φ1.2×1.11	φ1.184	

从自然缺陷试块和人工缺陷试块的红外热像检测结果中可以看出，红外热像可以检测出微小的脱粘缺陷，这些微小缺陷直径甚至小于0.5mm，肉眼很难发现。

以上研究结果表明红外热像检测技术对热障涂层中的脱粘缺陷具有较好的检测效果，同时对裂纹缺陷有一定检测能力。

4.3 热障涂层的厚度测量

国内外研究人员针对热障涂层厚度的无损检测技术研究主要集中于涡流法、红外热成像法、超声法和太赫兹测厚法等，这些方法有着各自的特点。涡流测厚方法应用较早，但是对于航空叶片上、厚度较薄的热障涂层而言，目前的测厚精度还不能满足工程需要。基于脉冲激励的热成像方法在国外已经开始应用。美国阿贡国家实验室的Sun教授提出了一种脉冲热成像多层分析方法，在涂层厚度$50\mu m \sim 2.5mm$范围内的检测试验中，涂层厚度测量误差小于2%，目前该方法在燃气轮机叶片热障涂层上得到初步应用。此外，采用超声法表征非均匀热障涂层特性的研究较多，且发展相对较快。热障涂层特性可通过测量超声波声速、声衰减系数以及频域幅值、主频、功率、相位等超声参量来表征。研究人员多通过频谱分析、时频分析等技术并结合多参数反演方法解耦涂层非均匀、弹性各向异性对超声波声速、衰减系数以及涂层测厚的影响规律，进而实现热障涂层厚度测量，但是目前测厚精度还达不到工程应用要求。近些年，随着太赫兹技术的发展，国内外研究人员开始采用太赫兹技术进行热障涂层厚度测量的应用研究，太赫兹技术给出的测厚实验结果精度颇高，非常接近工程应用的要求。

本节主要介绍了热障涂层的超声频谱测厚和红外热像测厚技术。

4.3.1 超声频谱测厚法

当超声波在水、热障涂层和基体中传播时，由于热障涂层厚度很薄，涂层上下表面的回波将叠加在一起，基于三种介质声阻抗间的相对关系，叠加信号的功率谱在频率为基频的奇数倍处会出现周期性极值点。设相邻极值点的频率间隔为 Δf，热障涂层的声速为 v，则涂层的厚度为 $v/(2\Delta f)$。如何准确地测量热障涂层声速和相邻极值点的频率间隔成为测厚的关键。

通过实验研究和验证发现，对于超声频谱测厚法来讲，基体材料的各向异性也对热障涂层厚度测量的精度有着重要影响。基于具有各向异性且非均匀的镍基高温合金基体试块，依据电子背散射衍射（electron back scattered diffraction，EBSD）分析结果研究了基体组织结构对超声声压反射系数幅度谱幅值与主频的影响，进而对超声回波信号进行了优选。

镍基高温合金基本的 EBSD 晶界图和反极图如图 4-18 所示。图中右侧三角形不同颜色表示不同的晶粒方向，三个顶角颜色分别表示（001）、（110）与（010）方向。观察可知镍基高温合金不同区域的晶粒尺寸、晶粒取向差、晶粒取向分布存在较大差异。

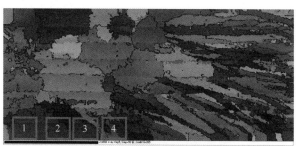

(a) 晶界图

(b) 反极图

图 4-18 镍基高温合金基体的 EBSD 晶界图和反极图

选择图 4-18（a）中的区域 1、2、3 和 4，观察试块横截面的组织形貌，如图 4-19 所示。对其进行 EBSD 反极图分析，结果显示：区域 1、2、3 在截面方向上只有一个晶体取向,反极图中颜色一致,区域 2 的晶体生长方向与区域 1、区域 3 存在明显差异;区域 4 截面内则有多个晶体取向,晶体生长方向杂乱。

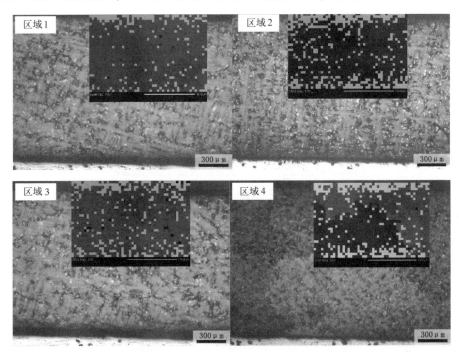

图 4-19 镍基高温合金基体截面的微观组织形貌(见书末彩图)

对试块 1、2 与 3 区域的欧拉角进行测量,不同区域的欧拉角如表 4-7 所列,可以看出区域 1 和区域 3 的欧拉角相差不大。欧拉角代表晶粒的晶体取向,因此区域 1 和区域 3 的晶体取向相近。

表 4-7 不同区域的欧拉角

区 域	$\phi_1/(°)$	$\phi/(°)$	$\phi_2/(°)$
区域 1	6.9	25.4	76.5
区域 2	36	37.9	52.4
区域 3	9.3	23.3	81.1

在区域 1、2、3 及 4 采集超声回波信号,并对其进行频谱分析得到对应的声压反射系数幅度谱,如图 4-20 所示。区域 1 和区域 3 的声压反射系数幅度谱幅值相近,且均小于区域 2 的幅值,三个区域主频没有明显差别。区域 4 的幅度谱存在明显的混叠现象,幅值较低而且主频偏移较大。由此可知:在超声传播路径上仅有单一晶体取向时,基体的声压反射系数幅度谱幅值发生变化,但主频基本

不发生偏移；在超声传播路径有多个晶体取向时，不仅幅值发生明显变化，主频也发生明显偏移。

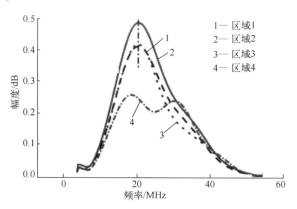

图 4-20 不同区域的主频与幅值变化

根据上述幅度谱幅值与主频的变化结果可知：当基体晶体取向较一致时（如区域 1 和区域 3 的晶体取向），超声回波声压反射系数幅度谱幅值与主频均无明显差别；当晶体取向差别较大时（如区域 1 和区域 2 的晶体取向），其超声回波的声压反射系数幅度谱幅值差别较大，但主频均无明显差别，说明一致的晶体取向变化不会造成主频偏移；当超声传播路径上有多个晶体取向时，各晶体取向的差别会引起声波散射衰减和波形畸变等现象，进而导致声压反射系数幅度谱幅值降低、主频偏移明显。

可见，依据幅度谱幅值和主频变化与镍基高温合金基体组织结构（晶粒个数、晶粒取向）之间的关系，可对镍基高温合金基体表面的涂层测厚结果进行优化。

首先选择了涂层标称厚度为 $80\mu m$ 的试块开展研究。

在光滑平板不锈钢基体表面采集基准信号的时域波形与幅度谱如图 4-21 所示。

依据回波幅值高度对试块信号进行优选，得到 62 个数据点可用于超声厚度测量。图 4-22 为优选的数据点 1 与 2 的归一化幅度谱，可以看出，数据点 1 与数据点 2 的归一化幅度谱对应的谐振频率分别为 17.75MHz 与 18.85MHz，又根据该工艺下 TBC 涂层平均纵波声速 v 为 5200.3m/s，可以计算得到对应位置的涂层厚度。

图 4-23 给出了 62 个数据点的涂层超声测厚结果与实际金相厚度。由图 4-23 可见，相对于金相厚度，超声测厚结果波动性较大，所有测量点的绝对误差如图 4-24 所示。表 4-8 给出了测厚绝对误差的标准差为 $4.87\mu m$，测厚误差范围

为 $-6.9\sim10.4\mu m$。

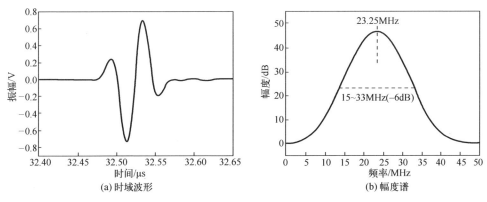

图 4-21 基准信号的时域波形与幅度谱

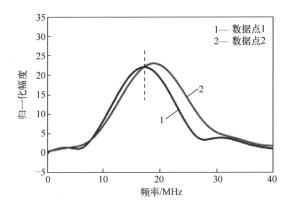

图 4-22 标称 $80\mu m$ 涂层试块不同区域数据点位置的归一化幅度谱

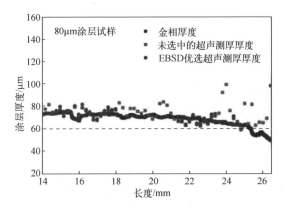

图 4-23 标称 $80\mu m$ 涂层试块涂层超声测厚结果与实际金相厚度

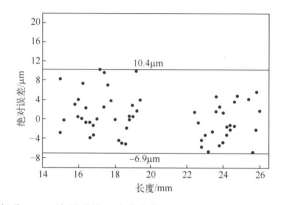

图 4-24　标称 80μm 涂层试块回波高度优选后的涂层厚度超声测量绝对误差

表 4-8　标称 80μm 试块回波幅值优选后的涂层超声测厚结果统计

名　　称	统 计 结 果
测厚总点数/个	62
测厚标准差/μm	4.87
测厚误差范围/μm	-6.9~10.4

分析图 4-24 中测厚结果还发现，通过回波幅值高度优选回波信号进行涂层测厚，测厚结果较准确，但同时也遗漏了一些能够对涂层进行准确测厚的数据点，这说明仅仅依据回波信号幅值的高低选取适于涂层厚度测试的超声信号，存在一定的弊端。

同样，对该试块的镍基高温度合金基体采用 EBSD 技术分析，镍基高温合金基体的 EBSD 图像见图 4-25。观察可知镍基高温合金不同区域的晶粒尺寸、晶粒取向差、晶粒取向分布存在较大差异。

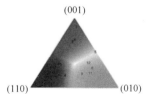

图 4-25　镍基高温合金基体的 EBSD 图像

依据前述分析可知，晶体取向比较单一的区域，虽然由于晶体取向的差别会引起幅度谱幅值差别较大，但是由于该区域的晶体取向一致，组织较均匀，对幅度谱主频的影响不大。因此，这些局部组织均匀区域的超声测厚结果也较为可靠。因此可以依据 EBSD 结果，选取晶粒取向较为一致的区域进行涂层超声测厚。图 4-26 给出了依据 EBSD 分析结果优选和未选中的超声测厚结果，并与实际金相厚度进行对比。图 4-27 给出了超声测厚误差结果。表 4-9 给出了测厚绝对误差的标准差为 3.97μm，测厚误差范围为 -6.9~9.9μm，最大相对误差不大于 13.2%。与依据回波幅值优选的超声测厚结果对比可知，通过 EBSD 优选的超声测厚区域更为全面而且测厚结果也较准确。

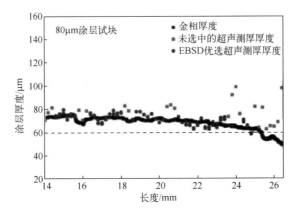

图 4-26 标称 80μm 涂层试块厚度测试结果

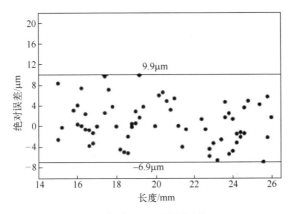

图 4-27 标称 80μm 涂层试块 EBSD 优选后的涂层厚度超声测量绝对误差

表4-9　标称80μm涂层试块EBSD优选后的涂层超声测厚结果统计

名　　称	统 计 结 果
测厚总点数/个	77
测厚标准差/μm	3.97
测厚误差范围/μm	-6.9~9.9
最大相对误差/%	13.2

借鉴前述测厚表征方法对标称120μm镍基高温合金基体试块进行表征。

在试块上边缘距边界1mm的位置采集超声波信号，采样间隔为0.2mm。时域回波波形如图4-28（a）所示，观察发现，不同区域底面回波波形一致性差，波形幅值波动很大。对底面回波数据进行超声频谱分析，得出其归一化幅度谱。根据回波频谱测厚原理可知，读取各数据点的归一化幅度谱对应的谐振频率f_1，再根据该工艺下TBC涂层平均纵波声速$v=5200.3$m/s，可以计算得到对应位置的涂层厚度，如图4-28（b）所示，在试块上采集数据的位置进行线切割、打磨和抛光处理，并在金相下观察涂层的厚度，如图4-29所示。使用图像处理软件将金相照片拼合，并统计涂层厚度超声测量结果见图4-28（b）。

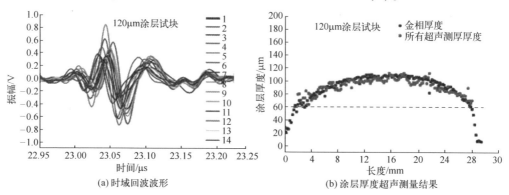

(a) 时域回波波形　　(b) 涂层厚度超声测量结果

图4-28　标称120μm涂层试块时域回波信号和涂层厚度超声测量结果（见书末彩图）

图4-29　标称120μm涂层试块的金相观测结果

借鉴前述 EBSD 分析方法，选取超声回波幅度谱幅值一致、主频变化较小的区域进行超声测厚。图 4-30（a）给出了依据 EBSD 分析结果优选的超声测厚结果，并与金相法测厚结果进行对比。图 4-30（b）给出了超声测厚绝对误差结果。表 4-10 给出了测厚绝对误差的标准差为 4.44μm，测厚误差范围为 -9.5~7.3μm，最大相对误差不大于 8.0%。

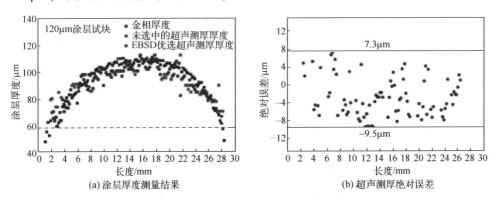

图 4-30　标称 120μm 涂层试块测量结果对比及超声测厚绝对误差

表 4-10　标称 120μm 涂层试块 EBSD 优选后的涂层超声测厚结果统计

名　　称	统 计 结 果
测厚总点数/个	87
测厚标准差/μm	4.44
测厚误差范围/μm	-9.5~7.3
最大相对误差/%	8.0

同理对标称 100μm 镍基高温合金基体试块进行表征。

在该试块上边缘距边界 1mm 的位置采集超声波信号，采样间隔为 0.2mm。时域回波波形如图 4-31（a）所示，观察同样发现，不同区域底面回波波形一致性差，波形幅值波动很大。对底面回波数据进行超声频谱分析，得出其归一化幅度谱。根据回波频谱测厚原理可知，读取各数据点的归一化幅度谱对应的谐振频率 f_1，再根据该工艺下 TBC 涂层平均纵波声速 $v=5200.3 \text{m/s}$，可以计算得到对应位置的涂层厚度，如图 4-31（b）所示，在试块上采集数据的位置进行线切割、打磨和抛光处理，并在金相下观察涂层的厚度，如图 4-32 所示。使用图像处理软件将金相照片拼合，并统计涂层厚度结果如图 4-31（b）所示。

依据 EBSD 分析结果，选取超声回波幅度谱幅值一致、主频变化较小的区域进行超声测厚优选。图 4-33（a）给出了依据 EBSD 分析结果优选的超声测厚结果，并与金相法测厚结果进行对比。图 4-33（b）给出了超声测厚绝对误差结果。表4-11给出了测厚绝对误差的标准差为3.97μm，测厚误差范围为-9.4~9.5μm，最大相对误差不大于11.0%。

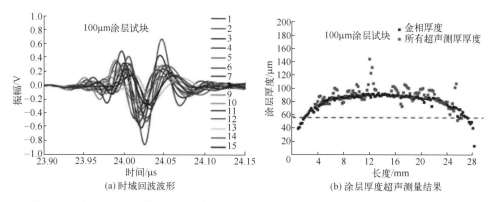

图4-31 标称100μm涂层试块时域回波信号和深层厚度超声测量结果（见书末彩图）

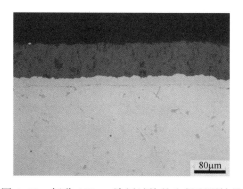

图4-32 标称100μm涂层试块的金相观测结果

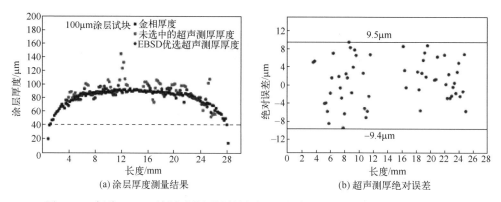

图4-33 标称100μm涂层试块测量结果对比及超声测厚绝对误差（见书末彩图）

表 4-11 标称 100μm 涂层试块 EBSD 优选后的涂层超声测厚结果统计

名　称	统　计　结　果
测厚总点数/个	57
测厚标准差/μm	3.97
测厚误差范围/μm	-9.4~9.5
最大相对误差/%	11.0

同理对标称 60μm 镍基高温合金基体试块进行表征。

在该试块上边缘距边界 1mm 的位置采集超声波信号，采样间隔为 0.2mm。时域回波波形如图 4-34（a）所示，观察同样发现，不同区域底面回波波形一致性差，波形幅值波动很大。对底面回波数据进行超声频谱分析，得出其归一化幅度谱。根据回波频谱测厚原理可知，读取各数据点的归一化幅度谱对应的谐振频率 f_1，再根据该工艺下 TBC 涂层平均纵波声速 $v=5200.3 \text{m/s}$，可以计算得到对应位置的涂层厚度，如图 4-34（b）所示，在试块上采集数据的位置进行线切割、打磨和抛光处理，并在金相下观察涂层的厚度，如图 4-35 所示。使用图像处理软件将金相照片拼合，并统计涂层厚度结果如图 4-34（b）所示。

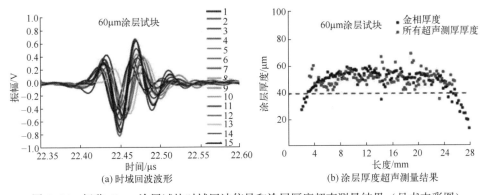

图 4-34 标称 60μm 涂层试块时域回波信号和涂层厚度超声测量结果（见书末彩图）

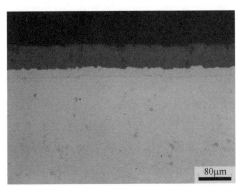

图 4-35 标称 60μm 涂层试块的金相观测结果

借鉴 EBSD 分析方法，选取超声回波幅度谱幅值一致、主频变化较小的区域进行超声测厚优选。图 4-36（a）给出了依据 EBSD 分析结果优选的超声测厚结果，并与金相法测厚结果进行对比。图 4-36（b）给出了超声测厚绝对误差结果。表 4-12 给出了测厚绝对误差的标准差为 4.11μm，测厚误差范围为 -7.6~6.4μm，最大相对误差不大于 12.9%。

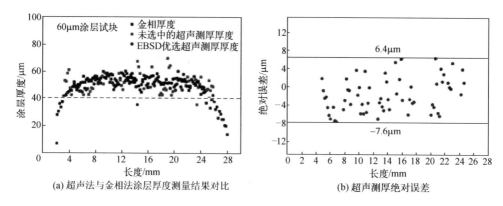

(a) 超声法与金相法涂层厚度测量结果对比 (b) 超声测厚绝对误差

图 4-36　标称 60μm 涂层试块厚度测量结果对比及超声测厚绝对误差（见书末彩图）

表 4-12　标称 60μm 涂层试块 EBSD 优选后的涂层超声测厚结果统计

名　　称	统 计 结 果
测厚总点数/个	62
测厚标准差/μm	4.11
测厚误差范围/μm	-7.6~6.4
最大相对误差/%	12.9

通过以上检测结果可以看出，由于基体材料的各向异性导致了热障涂层厚度测量的精度下降。

针对各向异性及非均匀性镍基高温合金基体试样，依据 EBSD 分析结果研究了基体组织结构对超声声压反射系数幅度谱幅值与主频的影响，进而对超声回波信号进行了优选。然后依据优选的超声信号分别对厚度为 120μm、100μm、80μm、60μm 的镍基高温合金基体试样进行测厚。结果发现：120μm、100μm、80μm、60μm 试样的超声法测厚结果与其金相法测厚结果的最大绝对误差分别为 9.5μm、9.5μm、9.9μm、7.6μm，最大相对误差分别为 8.0%、11.0%、13.2%、12.9%。

4.3.2 激光激励脉冲红外热像测厚

首先,研究组使用傅里叶变换红外光谱仪对 TBC 样片进行了光谱反射率特性的测量,结果如图 4-37 所示。

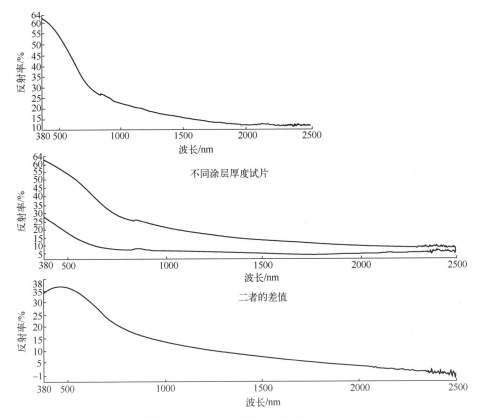

图 4-37　TBC 样片的光谱反射率特性

测量结果显示,TBC 样片的反射率随光波长增加而减小,反射率随厚度增加而增加。因测试用样片包含 TBC 及基底,而 TBC 的透射和吸收、基底的吸收效果混杂在一起,故 TBC 自身的光谱吸收特性无法定量测定,但可判定其趋势为随波长增加吸收增加。

脉冲激光加热的 TBC 厚度测量实验原理:当脉冲激光施加于 TBC 涂层表面时,由于激光的热效应使 TBC 涂层表面的分子的温度在极短时间内显著升高,表面红外辐射随之骤增。脉冲结束后涂层表面的热量开始向下传递,表面红外辐射开始下降。热扩散过程穿透涂层到达基底金属时,由于金属的导热性远远高于涂层,会使热量通过金属以较快速度散失,涂层厚度越薄,此过程越显著，导致涂层表面温度下降速度越快。使用热像仪观测，其表面红外辐射的变化规律反映出涂层的厚度信息，涂层厚度越薄，红外辐射下降速度越快。

试验除采用 60μm、80μm、100μm、120μm 厚标准试块外，另增加三组未知厚度试块进行盲测验证。

热激励设备为美国 Spectra-Physics 公司的 GCR150 纳秒 Nd：YAG 激光器。附有倍频晶体可产生 532nm 与 1064nm 两种波长激光。1064nm 激光最大单脉冲能量为 650mJ，532nm 激光最大单脉冲能量为 300mJ。脉冲宽度为 6~9ns。激光可产生单个脉冲与连续脉冲，连续脉冲工作模式下频率为 10Hz。试验热图采集设备为 FlirSC7000 长波型热像仪，NETD 20mK，最大全帧输出频率为 230Hz。结合热像仪专用软件 Altair 可实现热像仪对热图采集的控制。另使用 DG4062 型函数/任意波形发生器以及电控选通快门用于激光激励、快门及数据采集的时序同步。

通过建立 TBC 标准试块单脉冲温度下降曲线，确定衰减系数与 TBC 厚度的关系，实现对未知 TBC 热障涂层厚度的定性判断。

试验后又将 4 个已知厚度 TBC 试块进行切割，通过电子显微镜测量实际厚度，标准试块 60μm、80μm、100μm、120μm 实际厚度分别为 56μm、78μm、93μm、112μm。将衰减系数 $a(3)$ 值与实际厚度的关系做基准进行数据拟合。

对单脉冲周期波形进行非线性 e 指数拟合，其函数表达式为

$$y = a(1) + a(2)\exp[-a(3)x]$$

e 指数衰减系数即为上式中 $a(3)$ 值。

表 4-13 为标记面涂层厚度不同的标准试块 e 指数拟合 $a(3)$ 值结果。

表 4-13 标准试块 e 指数拟合 $a(3)$ 值结果

标准试块标记面 TBC 标称厚度 /μm	实际厚度值 /μm	e 指数拟合 $a(3)$ 值
60	53.0	0.1246
80	69.9	0.0923
100	89.2	0.0707
120	113.3	0.0505

四组数据 e 指数拟合截屏如图 4-38 所示，图 4-38（a）、(b)、(c) 和 (d) 分别为 60μm、80μm、100μm 和 120μm 标准试块。

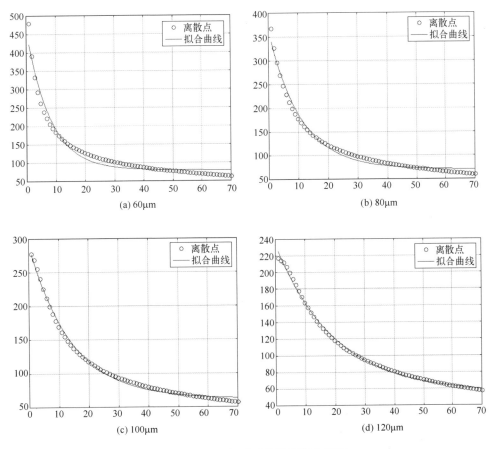

图 4-38 四组标准试块数据拟合截图

建立四组已知 TBC 厚度试块 $a(3)$ 值与其 TBC 厚度的数值模型,求出 $a(3)$ 值与厚度的函数关系式。将未知 TBC 厚度 $a(3)$ 值代入函数表达式即可求得其厚度。目前拟合效果较好的为 exp 拟合以及高斯拟合,其函数表达式分别为:$f(x) = a \times \exp(bx)$ 和 $f(x) = a_1 \times \exp(-((x-b_1)/c_1)2)$。

Exp 拟合截图如图 4-39 所示,高斯拟合截图如图 4-40 所示。

图 4-39 和图 4-40 中横坐标为 TBC 厚度(单位:μm),纵坐标为 e 指数拟合衰减系数即 $a(3)$ 值。

将所求函数表达式系数列于表 4-14 中,并求其置信区间,方差及相关度。

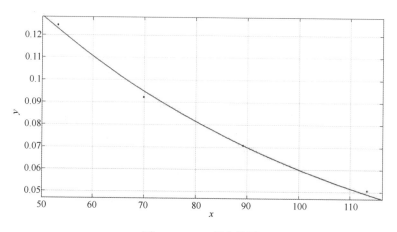

图 4-39 exp 拟合截图

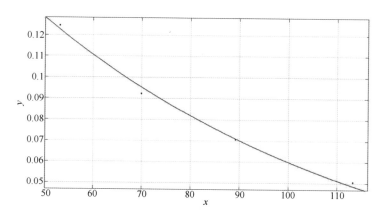

图 4-40 高斯拟合截图

表 4-14 函数拟合结果

拟合方式	exp 拟合	高斯拟合
函数表达式	$f(x)=a*\exp(b*x)$	$f(x)=a1*\exp(-((x-b1)/c1)^2)$
95%置信区间	系数（95%置信区间）：	系数（95%置信区间）：
参数及其置信区间	$a=0.3013(0.2611,0.3415)$ $b=-0.01471(-0.0164,-0.01302)$	$a1=0.4539(-10.04,10.95)$ $b1=-140(-3323,3043)$ $c1=175.5(-1064,1415)$
方差	SSE：1.242×10^{-5}	SSE：1.684×10^{-5}
相关度	R-square：0.9959	R-square：0.9944

将未知厚度试块 $a(3)$ 值分别代入 exp 函数以及高斯函数求得 TBC 厚度。

TBC 的光谱反射率随波长增加而下降，故激励源的波长应优先考虑可见光或近红外光。现有情况下，线扫描激光加热的方式不能用于 TBC 厚度的红外测量。激光脉冲加热方法中，单次脉冲降温曲线的衰减系数与 TBC 厚度呈现单调下降的关系，可作为 TBC 厚度的红外测量方法。

最后，采用超声频谱测厚法和激光脉冲激励红外热像检测法两种方法对相同试块涂层厚度进行了背对背的盲测，并与解剖后的 SEM 测量结果进行了比对。结果表明：超声频谱测厚法给出了较高精度的测量结果，稳定在 $\pm 10\mu m$；激光脉冲激励红外热像检测法在 $60\sim 90\mu m$ 的范围内精度也能达到 $\pm 10\mu m$，甚至优于 $\pm 5\mu m$，但是 $100\mu m$ 以上厚度的结果误差较大。

参考文献

[1] SAYAR M, SEO D, OGAWA K. Non-destructive microwave detection of layer thickness in degraded thermal barrier coatings using K- and W-band frequency range [J]. NDT&E International, 2009, 42 (5): 398-403.

[2] BISON P G, MARINETTI S, GRINZATO E, et al. Inspecting thermal barrier coatings by IR thermography [J]. Thermosense XXV Proceedings of SPIE, 2003, 5073: 318-327.

[3] LIU HUANAN, MICHIRU SAKAMOTO, KAZUSHI KISHI, et al. Detection of defects in thermal barrier coatings by thermography analysis [J]. Materials Transactions, 2003, 44 (9): 1845-1850.

[4] 郭兴旺, 丁蒙蒙. 热障涂层红外热无损检测的建模和有限元分析 [J]. 北京航空航天大学学报, 2009, 35 (2): 174-178.

[5] 刘颖韬, 牟仁德, 郭广平, 等. 热障涂层闪光灯激励红外热像检测研究 [J]. 航空材料学报, 2015, 35 (6): 83-90.

第 5 章

空心叶片壁厚工业 CT 测量

5.1 概 述

5.1.1 工业 CT 尺寸测量技术

尺寸测量也称为尺寸计量，是工业 CT 检测技术在无损检测领域中的应用之一。随着德国制造商 Werth Messtechnik 公司于 2005 年推出世界上第一台"计量版 CT"，该技术及相关设备在此后十余年间得到了不断地更新。相对于传统的三坐标测量机（CMM），该技术的优势在于：①可实现几何量的无损测量，同时具有内外表面的可达性；②可获取更加密集的点云数据，并实现快速三维成像。其劣势在于：①影响因素众多，测量不确定度难以准确评定；②缺少系统的方法标准；③成本较高。为使工业 CT 成为尺寸测量的一种有效的应用技术手段，需对 CT 方法和系统不断优化和完善，以实现可追溯的精密尺寸测量。

工业 CT 在尺寸测量中的应用始于 20 世纪 90 年代初期，应用初期的测量精度在±0.1mm 以下；2005 年，第一台"计量版 CT"问世，随后各厂商纷纷推出性能更强大的 CT 系统；从 2009 年开始，尺寸计量技术进入了标准化阶段，目前德国工程师协会已发布部分尺寸测量标准，VDI/VDE 2630《工业 CT 尺寸测量》标准为系列标准，目前仅发布 Part1.1~1.4 及 Part 2.1，主要内容包括原理与术语、测量影响因素与建议、尺寸测量应用指南、测量过程及比较、测量不确定度及测量过程适宜性确定，该系列标准也是国际上用于指导工业 CT 尺寸测量在各领域应用的最重要的标准。2012 年以来，国内也开始制订相应标准，工业 CT 尺寸测量相关通用标准为 GB/T 29067—2012《无损检测 工业射线层析成像（CT）图像测量方法》，其中尺寸测量部分采用长度标准件灰度阈值确定零件表面位置。在工业 CT 尺寸测量应用方面，分别推出了发动机叶片壁厚测量专用方法标准 HB

20446—2018《航空发动机空心叶片壁厚工业 CT 测量方法》和增材制造零件尺寸测量专用方法标准 T/CSTM 00269—2020《激光选区熔化制造结构工业 CT 尺寸测量》。

工业 CT 尺寸测量示意图如图 5-1 所示。

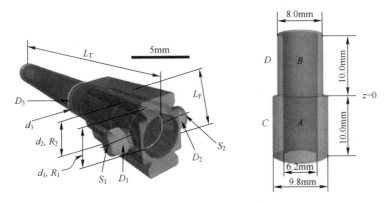

图 5-1　工业 CT 尺寸测量示意图

5.1.2　尺寸测量技术的应用

1. 工业 CT 尺寸测量技术在航空航天中的应用

位于美国辛辛那提的通用电气公司航空质量技术中心，采用了 6MeV 加速器（瓦里安加速器）X 射线线阵探测器工业 CT 系统，对发动机风扇叶片和涡轮工作叶片开展尺寸测量应用技术研究，并通过 CMM 测量技术对 FBP 重建算法和优化重建算法的测量结果准确性进行评估。加速器工业 CT 检测风扇叶片见图 5-2，加速器工业 CT 测量工作叶片壁厚及结果准确性分析见图 5-3。

图 5-2　加速器工业 CT 检测风扇叶片

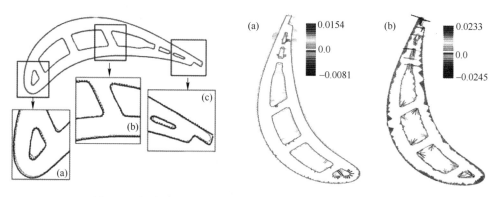

图 5-3 加速器工业 CT 测量工作叶片壁厚及结果准确性分析

2. 工业 CT 尺寸测量技术在汽车工业中的应用

德国 Fraunhofer X 射线技术开发中心，采用了 9MeV 加速器（西门子加速器）X 射线线阵探测器工业 CT 系统对汽车零部件进行尺寸测量应用。

该实验室首先对工业 CT 系统进行校正，包括尺寸偏差等因素；再经过扫描检测得到汽车零部件的三维数据，并直接获取工件的壁厚分析结果，同时也可实现 CT 结果和三维数模的标称值/实际值比对。汽车零部件的壁厚分析如图 5-4 所示。

图 5-4 汽车零部件的壁厚分析

5.2 叶片壁厚的工业 CT 测量技术

5.2.1 叶片壁厚测量的技术难点

随着航空发动机制造技术的迅速发展，为了实现高耐热性和高可靠性的设计需求，具有复杂内腔结构的空心单晶涡轮叶片越来越多应用于航空发动机中。通常单晶材料具有各向异性,加之内腔结构复杂程度高,导致空心叶片的壁厚精确测量成为先进航空发动机研制的技术瓶颈之一。现有的已工程化应用成熟的检测技术手段难以满足叶片在壁厚方面的质量评价要求,极大地限制了单晶复杂结构叶片的推广应用。

通常叶片壁厚测量采用超声测厚仪,对于单晶叶片,超声检测由于材料的各向异性而严重影响其壁厚测量精度,加之对于如双层壁等复杂内腔结构,超声波信号难以抵达内腔表面,导致传统尺寸测量仪器设备无法对该类叶片进行壁厚等几何尺寸测量。

工业 CT 检测技术作为一种先进的无损检测技术,具有不受工件材料、结构及表面状态限制的优点,能够对叶片的内外部结构进行直观成像而不产生遮挡,因此工业 CT 检测系统可视为搭载 CT 传感器的坐标测量系统。工业 CT 尺寸测量技术,成为应对叶片等复杂结构尺寸测量挑战的有效途径,也为实现结构的质量控制创造了重要条件。

叶片壁厚的工业 CT 测量可划分为工业 CT 扫描成像和工业 CT 图像测量两部分,下节主要介绍工业 CT 扫描成像,而工业 CT 图像测量部分将在 5.2.2 节介绍。

5.2.2 叶片的工业 CT 扫描成像

空心叶片主要采用扇束 CT 系统以三代扫描的方式进行扫描成像,以减少散射线带来的测量精度降低。三维锥束面阵列工业 CT 也可用于壁厚测量,但是受检测效率和成本的限制,在叶片制造过程中未得到工程化应用。工业 CT 检测设备和成像过程见图 5-5 和图 5-6。

图 5-5 工业 CT 检测设备

工业 CT 成像过程如下:控制系统控制射线源产生射线,经前准直器整形后,穿透被扫描工件,射线经衰减后由探测器接收,经 A/D 采样后得到投影数据;随着被检工件在转台旋转,获取 360°内的投影数据;投影数据经计算机重建后得到重建图像。

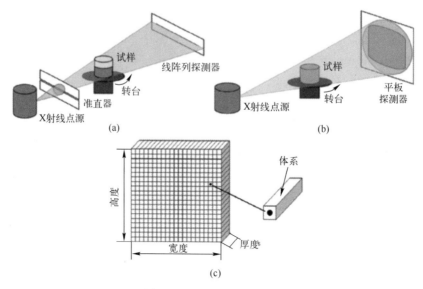

图 5-6　工业 CT 成像过程

由于不同的物质成分对 X 射线具有不同的射线衰减系数，且不同的材料其成分、密度存在差异，在射线穿透的路径上，经过被检测物体后 X 射线的衰减程度可通过被探测器接收 X 射线强度来反映。经重建后，不同线衰减系数的材料在 CT 图像上以不同的灰度显示。

CT 图像的最小基本单元称为像素（pixel）或体素（voxel），是开展图像测量的基础。

在叶片工业 CT 扫描成像过程中，涉及的技术要点如下：

1. 检测工装

由于空心叶片的检测截面是根据叶片上六个点建立的坐标系定位的，为了在工业 CT 检测系统中确定检测截面位置，需要根据叶片榫头的结构设计专用的工装夹具。高能工业 CT 检测工装及批量叶片透照布置如图 5-7 所示。设计专用工装时，应遵循以下原则：

（1）应根据测量精度和检测效率的要求设计制作专用定位工装，工装应能保证叶片截面定位准确且装夹牢固；

（2）工装应尽量避免进入扫描截面，否则位于扫描截面范围的部分需采用低密度材料制成，如塑料、泡沫、铝材或木材等，避免造成射束硬化或形成其他伪像，从而影响壁厚测量；

（3）工装应避免接触零件表面；

（4）多个叶片同时扫描时，可采用扫描仿真试验，确定最佳的扫描布置方案。

图 5-7 高能工业 CT 检测工装及批量叶片透照布置

2. 切片厚度

从叶片表面成像质量而言，工业 CT 扫描成像时选用的切片厚度越小越好，以减少"体积效应"造成的测量偏差。然而，受工业 CT 设备准直器、射线源能量、图像信噪比等因素或特性的影响，CT 切片厚度并不是越小越好。根据实际检测情况，为了在不影响测量精度的情况下获得更好的图像质量，切片厚度的选取不宜超过 1mm。

5.3 空心叶片壁厚的图像测量方法

5.3.1 叶片壁厚的定义和常用测量方法

通常情况下，设计部门要求对空心叶片叶身的若干截面的指定位置处测量壁厚尺寸。例如，图 5-8 所示的叶片定义了三个壁厚测量截面，在叶身外轮廓上依据坐标定义测量点位置，以该位置内切圆直径作为壁厚测量值。

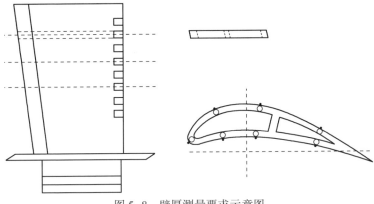

图 5-8 壁厚测量要求示意图

采用扇束工业 CT 作为壁厚测量手段时，实际扫描截面为具有一定厚度的切片。CT 图像可认为是将该切片内的几何信息沿切片高度方向压缩为一幅平面图像，在此图像上进行尺寸测量。由于叶身多为自由曲面结构，叶片截面在 CT 切片中为不规则的几何体，叶片壁厚的测量结果与壁厚的定义密切相关。因此，如何定义壁厚显得尤为关键。

壁厚在尺寸测量中并无严格的定义和说明，根据现有的文献和国内叶片壁厚测量研究，目前主要采用的壁厚定义包括法线法、内切圆法和中弧线法等几种形式，如图 5-9 所示。

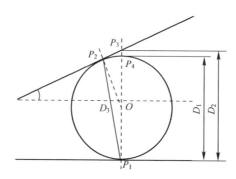

图 5-9　壁厚定义示意图

1. 法线法

如图 5-9 所示，P_1 点为外轮廓定义的壁厚测量点，经过 P_1 点的法线与内壁相交于 P_3 点，线段 P_1P_3 的长度 D_2 作为壁厚测量值。

2. 内切圆法

如图 5-9 所示，P_1 点为外轮廓定义的壁厚测量点，经过 P_1 点的内切圆与内壁相切于 P_2 点。其中线段 P_1P_2 的长度 D_3 作为弦长，内切圆的直径为 D_1，采用该种方式下，可以用两种方法定义壁厚：

（1）直径 D_1 作为壁厚；

（2）弦长 D_3 作为壁厚。

由图 5-9 可知，当叶片内壁和外壁在变壁厚区域时，以法线（D_2）、弦长（D_3）或直径（D_1）定义的壁厚存在明显差异，将导致三种定义下的壁厚测量值存在不同程度的差异。设内外壁轮廓线的夹角为 α，当 α 角由 0°增大到 20°时，法线法定义的 D_2 和弦长定义的 D_3 相对于 D_1 的偏差可达 3%。

3. 中弧线法

采用中弧线法时，首先定义测量区域，如图 5-10 中矩形所示区域。区域内叶身的内轮廓线到中弧线距离最短线段的端点分别为 P_2 和 O，过 O 点的内切圆

与外轮廓相切于 P_1 点，线段 P_1-P_2 的长度定义为 P_1 点的壁厚。

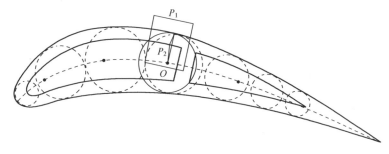

图 5-10　中弧线法

当空心叶片由于型芯发生偏移，造成壁厚区域极度不均匀的情况，如图 5-11 所示，由不同的壁厚定义方式引入的测量误差需要予以考虑。

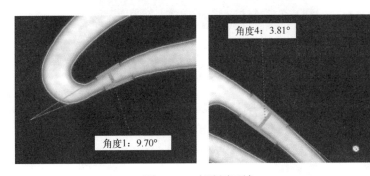

图 5-11　变壁厚区域

以上几种壁厚定义方法均有其合理性，可根据具体的检测任务要求采用不同的定义方法，以满足设计方或委托方的需求。综合以上各种壁厚定义方式，空心叶片壁厚可以理解为叶片关注截面轮廓线上的特征点或特征区域在尺寸约束条件下获得的几何量（线段长度或内切圆直径等），表征轮廓线间的相对距离。尺寸约束条件可以是法线、中弧线、收敛角度、相切圆等。

在叶片壁厚实际测量过程中，在获取材料表面后，可采用以下几种常用方法测量壁厚，包括拉线法、区域极值法和内切圆法等。

（1）拉线法：在叶片壁厚测量部位的轮廓两侧各选择一个点并连接成线段，通过线段长度表征壁厚值。拉线法测量示意图如图 5-12 所示。

（2）区域极值法：通过自定义 ROI（关注区），由软件自动计算区域内的壁厚最大值或最小值，该方法适用于局部壁厚极值的测量。区域式测量示意图如图 5-13 所示。

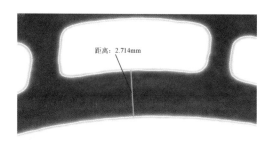

图 5-12　拉线法测量示意图

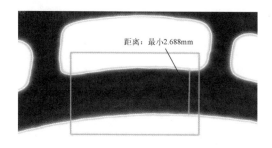

图 5-13　区域式测量示意图

（3）内切圆法：在叶片轮廓选择测量点，通过软件拟合该位置的最大内切圆，内切圆的直径作为壁厚值。内切圆法测量示意图如图 5-14 所示。

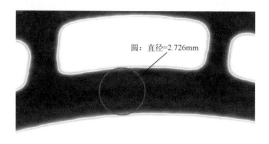

图 5-14　内切圆法测量示意图

5.3.2　叶片结构的表面确定方法

图像的尺寸测量是根据材料的像素数量 n 和像素尺寸 L_{pixel} 的乘积表示，通过进行图像边界分割处理，确定材料内外表面所处的像素位置，测量尺寸 $L_{CT} = n \cdot L_{pixel}$。

由于像素尺寸误差的存在，需对测量结果进行校准，校正尺寸 $L_{cal} = \alpha \cdot L_{CT}$，

其中 α 为像素尺寸修正系数，L_{CT} 为 CT 图像实际测量值，L_{cal} 为校准值。

1. 半高宽法

半高宽（full width at half maximum，FWHM），又称为半峰宽，是指峰值两侧中点间的宽度。基于半高宽法的图像测量方法可参见 GB/T 29067—2012《无损检测工业计算机层析成像（CT）图像测量方法》，采用该方法测量壁厚时，其测量示意图见图 5-15。

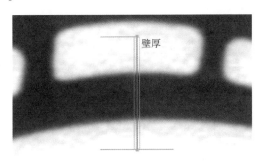

图 5-15 半高宽法示意图

通过确定叶片截面的测量部位，并在该部位创建一条直线，获取直线段的 CT 灰度值曲线，该曲线的分布如图 5-16 所示。经过计算得到峰值点两侧的中值点，经过软件计算得到中值点间的像素数量，从而得到壁厚的测量值。

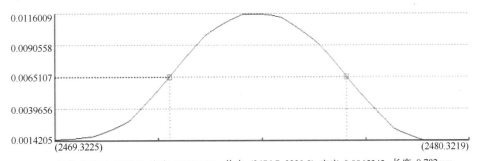

图 5-16 CT 灰度值曲线分布

2. 基于 CT 图像灰度阈值的表面确定方法

在 CT 图像中确定叶片的表面位置，可基于灰度阈值来进行。将 CT 图像中背景和材料所占像素数量最多的两处灰度值的平均值作为等值面，即 ISO50 等值面[图 5-17（a）]，经软件计算该阈值可得到整个 CT 图像中叶片材料的全局表面轮廓。在全局表面轮廓各点法线方向上的预设距离内，获取灰度分布曲线并计算该曲线的一阶导数[图 5-17（b）]，并将一阶导数的极值点作为叶片材料表面。

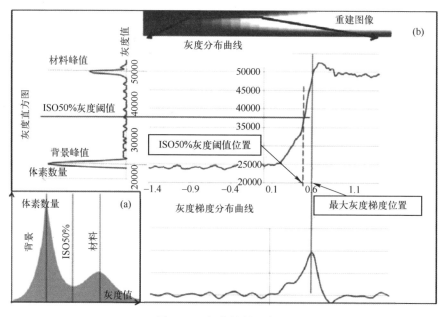

图 5-17 阈值控制示意图

3. 基于不同表面确定方法的测量结果对比

对不同厚度的标准厚度试块分别进行工业 CT 扫描成像，结果如图 5-18 所示。

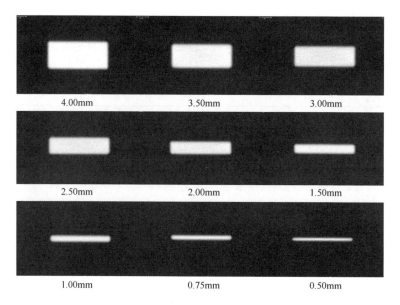

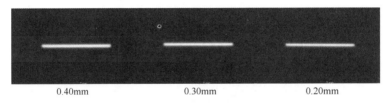

图 5-18 不同厚度标准试块工业 CT 成像

通过模拟仿真和试验测量的不同厚度试块 CT 图像灰度分布，分别采用半高宽法和最大灰度梯度法进行壁厚分析，得到的壁厚测量结果如表 5-1 和图 5-19 所示。可以看出对于理论计算的试块灰度分布，当壁厚尺寸大于 1.0mm 时，半高宽法和最大梯度法的测量误差均小于 ±0.01 mm，当壁厚尺寸小于 1.0mm 但大于 0.5mm 时，最大灰度梯度法具有更小的测量误差，当小于 0.5mm 时，测量误差显著增大，随着试块壁厚减小，半高宽法和最大梯度法的壁厚测量值均趋近于 0.5mm。但在实际 CT 成像过程中，由于局部图像噪声和像素取向的影响，最大灰度梯度法确定表面进行尺寸测量的结果具有更大的波动性。

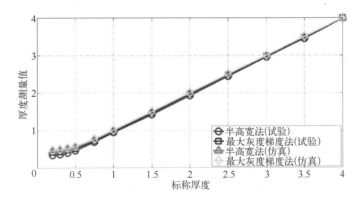

图 5-19 不同厚度标准试块的厚度测量结果对比

表 5-1 不同厚度试块 CT 图像测量结果　　　　　　单位：mm

序　号	标称值	试验结果		仿真结果	
		半高宽法	最大梯度法	半高宽法	最大梯度法
1	4.00	4.00	3.99	4.00	4.00
2	3.50	3.48	3.45	3.50	3.50
3	3.00	2.98	2.96	3.00	3.00
4	2.50	2.48	2.44	2.50	2.50
5	2.00	1.97	1.93	2.00	2.00
6	1.50	1.46	1.42	1.50	1.50

续表

序号	标称值	试验结果		仿真结果	
		半高宽法	最大梯度法	半高宽法	最大梯度法
7	1.00	0.96	0.95	1.01	1.00
8	0.75	0.72	0.69	0.77	0.76
9	0.50	0.51	0.46	0.57	0.53
10	0.40	0.48	0.40	0.53	0.49
11	0.30	0.43	0.36	0.49	0.46
12	0.20	0.41	0.34	0.47	0.44

5.3.3 叶片壁厚工业 CT 测量值准确性的验证

1. 壁厚真值的计量方法

工业 CT 测量精度的影响因素众多，主要包括以下几方面：

(1) 射线源：射线源的能谱、焦点尺寸、稳定性等；

(2) 探测器：探测器稳定性、量子效率、动态特性、对比灵敏度、内散射、噪声等；

(3) 旋转轴：径向位移、轴向位移、角位置误差、线位置误差、抖动等；

(4) 被测工件：穿透深度、射束硬化、散射、多种成分等；

(5) 软件：重建算法、阈值控制技术、数据修正方法等；

(6) 操作人员：设备参数的设置、被测工件的摆放布置等。

因此，为了验证工业 CT 测量结果的可靠性，需要通过其他测量手段对叶片壁厚值进行校准，校准所采用的方法应具有更高的精度。通常选用坐标测量机（包括接触式、光学等形式）。以接触式坐标测量机为例，采用接触式坐标测量机时，通过测头沿叶片内外轮廓进行扫描，获得表面点云如图 5-20 所示；再计算两点间的距离作为壁厚测量结果。CMM 设备和测量过程如图 5-21 所示。

图 5-20 叶片表面轮廓点云

第 5 章　空心叶片壁厚工业 CT 测量

图 5-21　CMM 设备和测量过程

采用坐标测量机做校准时，分别对工件进行工业 CT 扫描和坐标测量机扫描，并对比测量结果，典型的验证过程如图 5-22 所示。

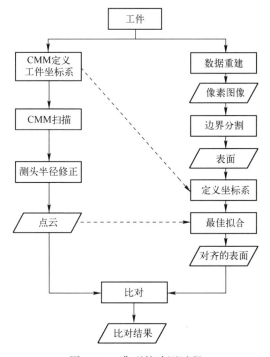

图 5-22　典型的验证过程

（1）CMM 校准。对叶片建立坐标系并进行扫描，在经过测头半径补偿修正后，得到测量点云结果。

（2）工业 CT 扫描。叶片经工业 CT 扫描后获得测厚截面图像，通过阈值确定叶片结构表面轮廓，在图像坐标系中与坐标测量机获取的叶片轮廓点云数据进行结构对齐，而后对两种测量结果进行对比，从而得到工业CT壁厚测量误差，并以伪彩色的形式显示，以该结果作为校准结果。叶片测量结果误差示意图如图5-23所示。

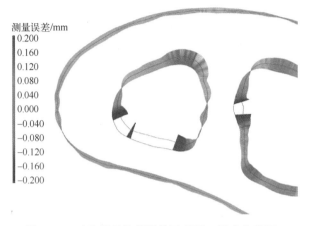

图5-23　叶片测量结果误差示意图（见书末彩图）

2. 测量不确定度评估方法

传统的误差分析中，将误差分为系统误差和随机误差。长期以来，误差和误差分析被作为评价测量结果质量的主要手段。大量的实践测量表明，测量结果的误差不但具有相对性而且是未知的，因此传统的误差评价方法将不再被广泛使用。

根据JJF 1001—2011通用计量术语及定义，误差是指测得的量值减去参考量值，测量不确定度是表征赋予被测量量值分散性的非负参数。测量不确定度能够更好地评价随机误差，引入测量不确定的概念评估测量结果可靠性有利于实现规范化、可追溯的测量，可根据GUM（guide to the expression of uncertainty in measurement）法评估测量不确定度。

为了将工业CT系统用作一个测量系统，应保证该测量系统具有良好的准确性和精确性。测量的准确性和精确性通常用偏倚和波动表示。偏倚是指多次测量平均值与测量校准值的偏差；波动是指在相同的条件下多次重复测量结果的分散性，二者均是测量不确定度评价方法中的关键指标。其中测量误差中的系统误差通常可通过偏倚表征，随机误差可通过波动表征。测量系统特性如图5-24所示，测量系统的偏倚和波动如图5-25所示。

以下内容采用的测量不确定度评价方法参考了VDI/VDE 2630，主要内容包括测量不确定度分量和合成不确定度的计算方法。

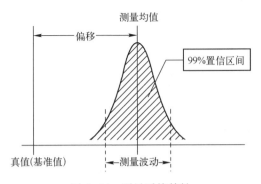

图 5-24 测量系统特性

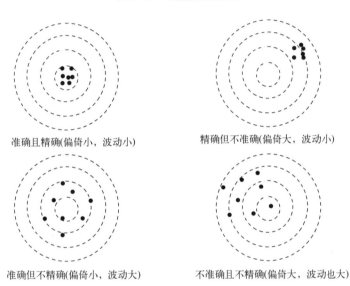

图 5-25 测量系统的波动和偏倚

3. 测量结果的表示

测量结果 Y 及其扩展不确定度 U 应表示为 $Y=y-b\pm U$ 形式，这里 U 的包含因子 $k=2$，包含概率为 95%；b 为系统偏差，采用 CT 重复测量校准工件计算测量平均值，并与工件校准值进行比较，二者相减得到系统偏差：

$$b=\overline{y}-x_{cal} \tag{5-1}$$

进行测量时，应考虑以下几个基本的不确定度贡献因素：

（1）u_{cal}，由获取工件壁厚测量点校准值的校准过程引入的标准不确定度，该值由校准证书给出；

（2）u_p，由测量过程波动性引入的标准不确定度；

（3）u_w，由不同材料和制造过程变化（包括膨胀系数/形状误差/粗糙度/塑性及弹性等）引入的标准不确定度；

（4）u_b，由系统偏差修正引入的标准不确定度。

4. 不确定度的计算方法

合成标准不确定度 u_c 和扩展不确定度 U 可由上述标准不确定度分量计算得到：

$$u_c = \sqrt{u_{cal}^2 + u_p^2 + u_w^2 + u_b^2} \tag{5-2}$$

（1）校准工件的标准不确定度 u_{cal}

$$u_{cal} = \frac{U_{cal}}{k} \tag{5-3}$$

式中：U_{cal} 为校准仪器系统的不确定度；k 为包含因子。

（2）测量过程的标准不确定度 u_p

$$u_p = \sqrt{\frac{1}{n-1} \sum_{i=1}^{n} (y_i - \overline{y})^2} \tag{5-4}$$

式中：$\overline{y}$ 为测量结果平均值；n 为测量次数。

$$\overline{y} = \frac{1}{n} \sum_{i=1}^{n} y_i \tag{5-5}$$

（3）若测试的零件不止一个，可通过以下公式计算合成标准不确定度 u_p：

$$u_p = \sqrt{\frac{1}{m} \sum_{j=1}^{m} u_{p,j}^2} \tag{5-6}$$

式中：m 为测试零件数量；$u_{p,j}$ 为第 j 个零件的测量过程标准不确定度。

（4）材料和产品固有因素的标准不确定度 u_w

$$u_w^2 = u_{w1}^2 + u_{w2}^2 + \cdots \tag{5-7}$$

如果校准工件能体现多个零件在整个制造过程中的形状和材料性能，则 u_{w1} 可忽略不计。

u_{w2} 热膨胀系数对不确定度的贡献为

$$u_{w2} = (t - 20\text{℃}) \cdot u_\alpha \cdot l \tag{5-8}$$

式中：t 为测量期间的平均温度；u_α 为零件热膨胀系数的标准不确定度；l 为所需测量的长度，校准值规定在 20℃ 下测定。

u_{w3} 和 u_{w4} 为零件制造过程中产生的其他差异特征。

（5）系统偏差修正的标准不确定度 u_b

$$u_b = (t - 20\text{℃}) \cdot u_{\alpha b} \cdot l_0 \tag{5-9}$$

式中：$u_{\alpha b}$ 为校准工件热膨胀系数的标准不确定度；l_0 为校准工件的壁厚。

下面以实例说明工业 CT 系统的不确定度评价。分别采用 0.50mm、0.75mm、1.00mm 的标准厚度试块进行 20 次重复 CT 扫描，扫描工艺完全相同。由于测试环境温度为20℃，且标准厚度试块测量不确定度远小于工业CT测量过程不确定度，因此壁厚测量不确定度可直接通过测量过程不确定度表示。计算不同厚度标准试块的测量平均值和标准差，进而计算测量过程的不确定度，测量结果见表5-2和图5-26。

表5-2 不同厚度标准试块壁厚CT测量结果　　　　单位：mm

序号	0.50mm试块壁厚测量值	0.75mm试块壁厚测量值	1.00mm试块壁厚测量值
1	0.58	0.76	1.03
2	0.57	0.78	1.02
3	0.58	0.80	1.04
4	0.57	0.79	1.00
5	0.58	0.79	1.01
6	0.55	0.78	0.99
7	0.57	0.76	1.00
8	0.57	0.78	1.03
9	0.55	0.78	1.04
10	0.57	0.77	0.99
11	0.56	0.76	1.03
12	0.59	0.74	1.02
13	0.57	0.76	1.03
14	0.59	0.78	1.04
15	0.59	0.76	1.03
16	0.58	0.75	1.03
17	0.57	0.76	1.00
18	0.59	0.77	1.00
19	0.55	0.76	1.05
20	0.55	0.79	1.02
平均值	0.57	0.77	1.02
标准差	0.01	0.02	0.02
系统偏差	0.07	0.02	0.02
合成标准不确定度	0.02	0.04	0.04

可以看出0.50mm厚度标准试块壁厚测量结果系统偏差为0.07mm，不确定度为0.02mm、0.75mm和1.00mm厚度标准试块壁厚测量结果系统偏差为

0.02mm，不确定度为 0.04mm。

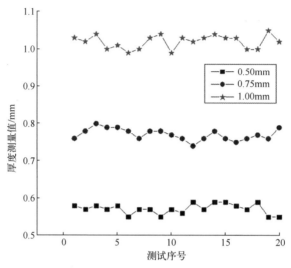

图 5-26 不同厚度标准试块壁厚测量结果对比

5.3.4 叶片壁厚的自动测量

相同型号的叶片结构虽然相似，但壁厚不同。为提升工业 CT 检测效率，需要解决叶片的批量快速测量的问题，可采用自动测量模板和 CT 图像批处理的方式提高叶片壁厚的测量效率。

首先，根据铸件图纸中标注的理论测量部位，对叶片三维切片以内切圆的方式标注相应的测量部位，如图 5-27 所示。根据标准切片已定义的测量部位对实测叶片进行壁厚检测，通过在已定义的测量部位拟合最大内切圆，并将最大内切圆的直径作为该部位的壁厚。测量模板是由叶片测厚截面中壁厚测量点位置处的单个或多个内切圆组成的模板。当同一批次不同叶片的壁厚发生变化时，模板中的每个内切圆可自动搜索叶片表面位置并重新在表面轮廓上设置拟合点，按相同的拟合方法重新创建内切圆，从而实现单个测厚截面中壁厚的自动测量。

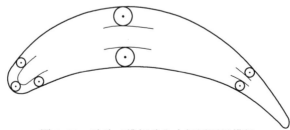

图 5-27 叶片三维切片和内切圆测量模板

由于相同叶片不同截面位于不同的 CT 数据文件中壁厚测量模板不同，且多个批次叶片相同截面数据位于多个 CT 文件中而测量模板仅能处理单个 CT 文件，因此为完成多个扫描批次叶片所有截面的自动测量，需引入软件批处理功能。通过批处理，可实现不同扫描批次的自动测量，以及不同测厚截面的测量模板替换。

参考文献

［1］ 李世峰，张定华，卜昆，等. 单晶空心涡轮叶片精确控型技术的研究进展［J］. 稀有金属材料与工程，2012，41（3）：559-564.

［2］ 刘金钢，卜昆，杨小宁，等. 基于中弧线的空心涡轮叶片壁厚计算方法研究［J］. 中国机械工程，2012，23（9）：1025-1028.

［3］ 程云勇，张定华，卜昆，等. 基于工业 CT 测量数据的空心涡轮叶片三维壁厚分析［J］. 机械强度，2009，31（5）：791-796.

［4］ 陈思，陈浩，李敬，等. 一种工业 CT 测量精度评估方法［J］. 强激光与粒子束，2013，25（8）：2096-2100.

［5］ 李敬，陈浩，王远，等. 基于工业 CT 技术的结构尺寸测量精度研究［C］. 第十三届中国体视学与图像分析学术会议，太原，2013.

［6］ 王以铭，施昌彦，等. 测量不确定度评定和表示指南［M］. 北京：中国计量出版社，2000.

［7］ 苏宇航，王倩妮，何方成. 工业 CT 坐标精密测量技术［J］. 计量学报，2015，36（4）：375-378.

［8］ KRUTH J P, BARTSCHER M, CARMIGNATO S. Computed tomography for dimensional metrology［J］. Manufacturing Technology, 2011, 60: 821-842.

［9］ ZHYE YIN, KEDAR KHARE, BRUNO DE MAN. Parametric boundary reconstruction algorithm for industrial CT metrology application［J］. Journal of X-Ray Science and Technology, 2009, 17: 115-133.

第 6 章

盘件及大直径棒材的高灵敏度超声检测

6.1 概 述

盘件是航空发动机中最重要的零件类型之一。它与轴和叶片相连接形成的转子组合，是发动机的核心关键部件。大部分盘件是锻造零件，一般由大直径金属棒材经锻造工艺制成盘坯，再经热处理和机械加工形成成品盘。通常为了适应高温、高载荷、高速等恶劣的服役环境，要求发动机盘件不仅具有极高的综合力学性能，还应具备稳定可靠的质量。在盘件制造过程中的关键工序实施严格的无损检测是控制盘件质量，保障发动机服役安全的重要手段。特别是在原材料（棒材）阶段和毛坯（盘锻件）阶段实施的高灵敏度超声检测，是目前监控夹杂、气孔、偏析等盘件内部缺陷的最主要途径。

6.1.1 盘件分类和常用无损检测手段

航空发动机中的盘类零件按用途分类主要包括风扇盘、压气机盘、涡轮盘等。按材料分为钛合金盘和高温合金盘等，其中高温合金盘又分为变形高温合金盘和粉末冶金高温合金盘。

目前，风扇盘主要采用钛合金制造，常用牌号为 TC4、TC17 等；压气机盘早期曾采用合金钢和不锈钢，现已几乎全部采用钛合金、高温合金制造，其中低压压气机采用钛合金，常用牌号为 TC4、TC11 和 TC17，高压压气机采用高温合金，常用牌号 GH4689 和 GH4169。涡轮盘主要采用高温合金制造以适应恶劣的服役工况，常用牌号为 GH901、GH4169、GH4698、FGH95、FGH96 等。

为了保证交付产品的质量，盘件在制造过程中需要经历多次不同类型的无损检测。在原材料棒材阶段，主要采用超声接触法或水浸法进行质量监控；在盘件粗加工阶段，主要使用超声脉冲反射式水浸聚焦 C 扫描方法进行检测以控制内部夹杂和气孔等缺陷，辅以超声波底波监控方法筛查裂纹等危险性缺陷；在成品阶段,主要采用荧光渗透检测以保证产品表面质量,必要时辅以涡流检测。

6.1.2 提高超声检测灵敏度的必要性

资料显示,尽管经过了严格的无损检测工序,仍然无法完全杜绝盘类零件中存在的缺陷。我国在发动机盘件研制过程中,就曾发生多起由缺陷导致盘件失效的事故:

(1) 1998—1999 年,某涡喷发动机在地面试车和飞行过程中先后出现了三次压气机四级盘轮缘破裂故障,分析事故原因为表面缺陷导致疲劳裂纹萌生,引起盘件破裂;

(2) 2003 年,某发动机 GH4169 四级盘在试车过程中发生爆破,后经分析发现盘件存在多处裂纹;

(3) 某型号航空发动机在地面试车过程中出现报警信号,振动值突然增大,检查发现是由于低压压气机三级盘周向裂纹引起。

国外也因未能发现发动机盘件中的缺陷而付出过惨痛代价,其中最为著名的是 1989 年 Sioux City 空难事故。由于发动机中一件 Ti-6Al-4V 钛合金盘突然破裂,使 DC-10 在飞行过程中坠毁,如图 6-1 所示。后续调查发现事故起因正是盘件中硬 α 夹杂缺陷引起的疲劳裂纹。同时期发生的 25 起类似事故中,有 19 起源于硬 α 夹杂缺陷。由于硬 α 夹杂声反射率较低且钛合金具有高噪声的特点,采

图 6-1 压气机盘疲劳断裂引发 Sioux City 空难

用常规超声检测方法和灵敏度难以在盘件制造阶段有效检出这类缺陷。为了避免类似悲剧的重演，美国 FAA、NASA 等多部门针对航空发动机中的关键转动件，提出了提高盘件和棒材超声检测灵敏度的要求。受此需求牵引，国外研究工作者相继开发了高频聚焦、分区聚焦等高灵敏度超声检测技术，应用于盘件和大直径棒材的内部缺陷检测，大幅提高了信噪比和小缺陷的检测能力，保障了发动机的服役安全。

可见，在盘件制造的关键工序进行高灵敏度超声检测对于盘件内部缺陷控制以及航空发动机的安全稳定运行具有至关重要的作用。

6.2　提高缺陷超声检测灵敏度和信噪比

常用的超声检测方法可分为水浸法与接触法，聚焦与非聚焦方法，C 扫描与 A 扫描等多种方式。选择的依据是材料的检测要求，即所需要的检测灵敏度，以及材料的厚度、衰减情况等，同时兼顾大厚度情况下的超声波穿透能力。

检测材料中的微小缺陷，关键是要提高小缺陷反射的超声信号幅度和信噪比。可采取以下 4 种方式提高盘件和棒材超声检测时的灵敏度。

6.2.1　采用较高的检测频率

根据超声检测理论，可检出的缺陷尺寸与超声波的波长有关。频率高时，发现小缺陷的能力强。但同时材料中超声波的衰减也与频率有很大的关系。通常频率越高，衰减越大。对于金属材料，超声波的波长与金属晶粒的大小相当或更小时，即频率过高或晶粒粗大时，衰减显著增大，往往得不到足够的穿透能力。此时，由于晶界的反射还会出现草状回波使缺陷检出困难。也就是说，信噪比会降低，可见频率也不宜过高，应予以综合考虑。

6.2.2　采用单一探头聚焦 C 扫描方式

对于微小缺陷，接触法检测信噪比与可靠性较差，容易漏检。聚焦探头水浸法检测与平探头接触法检测相比，可提高小缺陷的检测灵敏度和信噪比。原因是，在普通平探头的声场中，声束宽度约为换能器直径，且随着距离的增大逐渐加宽。对小缺陷来说，缺陷面积只占声束面积的一小部分，因此，缺陷反射信号较小；另一方面，声束穿过的多晶结构基体材料体积较大，相应引起散射噪声也较大，使得信噪比较差。而带有聚焦透镜的探头，由于透镜的聚焦作用，使焦点附近能量高度集中，因此，在聚焦区内可使小缺陷检测灵敏度提高，同时，由于声束变窄也使声场内组织散射信号减少，从而提高了检测信噪比 [图 6-2（a）]。

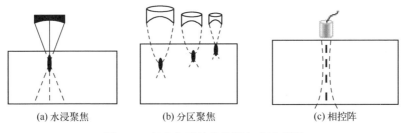

(a) 水浸聚焦　　　　(b) 分区聚焦　　　　(c) 相控阵

图 6-2　超声高灵敏度检测方法示意图

然而，聚焦探头高灵敏度范围有限，在聚焦区之外灵敏度有所降低，某些情况下（如检测厚度大或材料衰减严重）可能无法满足全深度范围的高灵敏度检测要求。此时，可采用双面检测或分区域检测等备选方案予以弥补。

6.2.3　多探头分区聚焦 C 扫描方式

通常一个聚焦探头的聚焦区长度是有限的。聚焦声场特性的主要参数焦区长度 L 和焦点直径 ϕ 由下式表示：

$$\begin{cases} L = 4\lambda \left(\dfrac{F}{D}\right)^2 \\ \phi = \lambda \, \dfrac{F}{D} \end{cases} \tag{6-1}$$

式中：λ 为波长；F 为焦距；D 为探头晶片直径。对 10MHz，12mm 晶片直径，125mm 焦距的探头，计算得到的焦点处声束直径只有 1.5mm，聚焦区长度约 65mm。从式 (6-1) 中可以看出，频率越高，波长越短，聚焦区长度越短，检测范围越小，同时焦点越小，横向分辨力越好。由式 (6-1) 还可以看出，若要增大焦区长度，则需增大焦距，减小晶片直径，但同时声束直径会增大。根据理论研究结果，聚焦探头焦点能量集中的效果在 N/F 值较大时为好（N 为探头近场长度）。增加焦距减少晶片直径，就会使 N/F 减小，聚焦探头提高信噪比的能力减弱。因此，增大聚焦区长度的手段是十分有限的。

分区聚焦检测技术，根据大厚度试件的厚度范围，采用多个不同焦距的聚焦探头，各自覆盖一个深度区间，使零件整个检测深度范围均在探头聚焦区内，可实现全深度范围的聚焦检测，提高全深度范围内小缺陷的检测灵敏度和信噪比 [图 6-2 (b)]。

可见，分区聚焦技术在提高全深度检测灵敏度和信噪比方面具有明显优势，但该技术也存在一定的局限性。主要表现在，需要多次更换探头，进行多次扫查成像，大大延长了检测和调试的时间，降低了检测效率。这一问题在盘件检测时尤为突出，棒材检测时则可通过多通道检测系统和机械装置的配合使用有效解决。

6.2.4 超声相控阵动态聚焦检测

为了进一步解决超声分区聚焦检测时频繁更换探头耗时长的问题，可采用环形相控阵探头配合动态聚焦技术进行检测。利用相控阵技术，可通过控制不同晶片的脉冲激励和接收延时，动态控制探头检测时的焦点深度，在不更换探头的情况下实现整个检测区域的聚焦覆盖。

超声相控阵动态聚焦检测可以利用单个探头，实现与多探头分区聚焦检测相同的灵敏度，避免了频繁更换探头和多次扫查成像，提高了检测效率、缩短了生产检测周期［图6-2（c）］。

6.3 盘件用大直径棒材的超声检测

大直径棒材是制造发动机盘件的原材料，其冶金质量对于成品盘件的质量和性能有着不可忽视的影响。棒材中可能包含的夹杂、气孔、偏析等内部缺陷，若未能及时检出，则有很大可能向下传递，使"带病"零件出现在后续工序中，造成经济和时间成本的浪费。如果最终出现在成品盘件中，则会带来很大的安全隐患。因此用于制造盘件的大直径棒材均需进行超声检测。

随着大型自动检测设备制造技术的不断发展，目前，国内航空发动机盘件用大直径棒材的超声检测，正逐步由接触法人工检测向水浸聚焦法自动检测发展，以实现更高的检测灵敏度和信噪比以及可靠性。其中水浸聚焦法按聚焦类型还可分为点聚焦、线聚焦和双曲面聚焦，众所周知，无论采用何种聚焦方式进行检测，均须考虑棒材表面曲率对聚焦声场的影响，尽量消除或减小曲面入射对聚焦声场带来的能量损失。本节首先采用模拟仿真方法研究了不同聚焦类型探头的声场分布规律，而后在生产条件下验证了线聚焦和双曲面聚焦探头对钛合金和高温合金棒材的检测能力。

6.3.1 棒材超声水浸聚焦检测的模拟仿真

与接触法相比，水浸法在检测棒材时耦合状态稳定，更重要的是，由于可以采用聚焦探头，使得检测时可以达到更高的灵敏度和信噪比。对于大直径棒材来说，为了实现内部微小缺陷的可靠检出，水浸聚焦检测是必不可少的手段。由于棒材表面为圆柱面，聚焦声场超声入射到带有曲率的表面时与平面不同，可能会在原来声束特性基础上发生一定程度的改变，进而影响C扫描图像的质量。

利用CIVA软件模拟了点聚焦、线聚焦和双曲面聚焦超声检测的效果，比较了焦点尺寸、焦柱长度等参数的差异。

1. 点聚焦探头

点聚焦探头常用于平面零件的检测，根据焦距等参数的不同，可以获得不同强度的聚焦声场，进而实现微小缺陷的检测。但由于棒材与平面零件几何结构差异较大，会严重影响聚焦效果，甚至会形成发散的声场。

模拟了点聚焦探头在棒材中检测的声场情况。声场模拟时的配置如图6-3所示，其中棒材长度方向为y方向，声束方向为z方向，与y和z正交的为x方向。

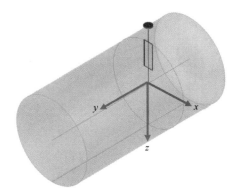

图6-3 声场模拟时的配置图

模拟的探头参数为盘件，分区聚焦检测时常用的探头，点聚焦探头在直径254mm棒材中的模拟声场参数见表6-1。

表6-1 点聚焦探头在棒材中的模拟声场参数

探头编号	晶片直径/mm	焦距/mm	焦点深度/mm	焦柱长度/mm	周向焦点尺寸/mm	轴向焦点尺寸/mm
1号	11	89	12	22.9	3.7	3.7
2号	19	150	30	39.4	3.1	3.6
3号	25.4	330	70	64.6	27.3	3.4
4号	25.4	400	80	78	33.1	3.3

可以看出，在较浅的区域，点聚焦探头聚焦效果较好，周向和轴向焦点小且具有一定的焦柱长度，可以满足聚焦检测要求（图6-4）。主要原因在于此时探头的焦点位于棒材表面，其声场分布受棒材表面曲率的影响较小，因此可以获得类似于平面入射情况下的检测效果。

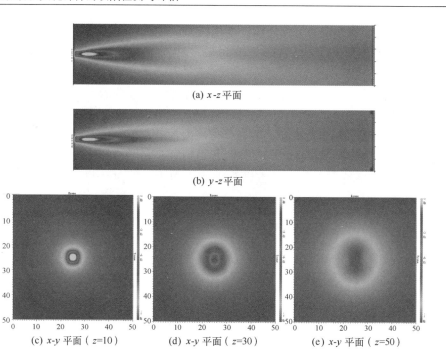

图 6-4 点聚焦探头（1 号）的模拟声场分布

在大深度区域，由于曲面的发散作用，声场沿两个方向表现出了不同的特性：沿 y 方向（棒材长度方向）未经过曲面的散焦，保持了较好的聚焦效果，而沿 x 方向（棒材周向）则发生了很大程度的畸变，如图 6-5 所示。采用这类探头检测，会严重影响检测的灵敏度和分辨力，且声场多峰特征还可能产生意想不到的干扰信号，给检测带来麻烦。

点聚焦探头检测时，灵敏度也会受到入射面曲率的影响，特别是当焦点位于材料内部时。以采用 3 号点聚焦探头检测埋深 64mm 的 ϕ1.2mm 平底孔为例，利用 CIVA 软件模拟了入射面曲率不同时灵敏度变化情况，见图 6-6。可以看出，棒材表面曲率会大大降低内部缺陷检测的灵敏度，棒材直径越小，检测灵敏度与平面相比降低的幅度越大，影响越明显。

2. 线聚焦探头

线聚焦探头采用圆柱面透镜，使声束沿某一方向聚焦，理论焦点为一条平行于探头表面的直线。通过控制水距，可以使声场聚焦于棒材中某一条线，在焦区内可以获得高于平探头的声场强度。

模拟了一个 5MHz，60% 带宽的线聚焦探头在直径 254mm 棒材中的声场分布情况。探头的晶片直径为 25.4mm，焦距为 200mm，水距为 50mm，如图 6-7 所示。

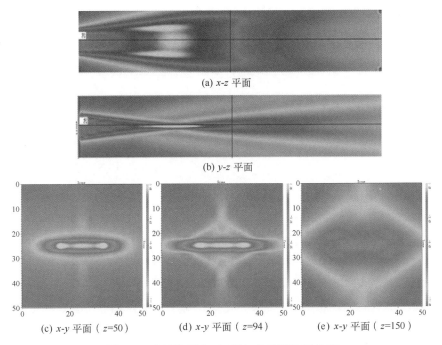

(a) x-z 平面

(b) y-z 平面

(c) x-y 平面（z=50）　(d) x-y 平面（z=94）　(e) x-y 平面（z=150）

图 6-5　点聚焦探头（4 号）的模拟声场分布

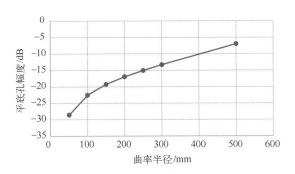

图 6-6　平底孔相对幅度和入射面曲率半径曲线

从图 6-7 中可以看到线聚焦探头沿两个声轴平面和声轴线上的声场分布，其中沿 x-z 平面内具有一定程度的聚焦效果，而沿 y-z 平面则类似于平探头声场。

线聚焦探头部分声场参数的模拟结果如表 6-2 所列。可以看出，沿 y 方向的轴向声束宽度大于 x 方向的周向声束宽度。此外，该探头焦柱长度长，在埋深 50~150mm 范围内，探头的声场分布变化不大，在较深的区域仍能保持一定的幅度水平；与 3 号和 4 号点聚焦探头相比，在周向具有更好的横向分辨力。

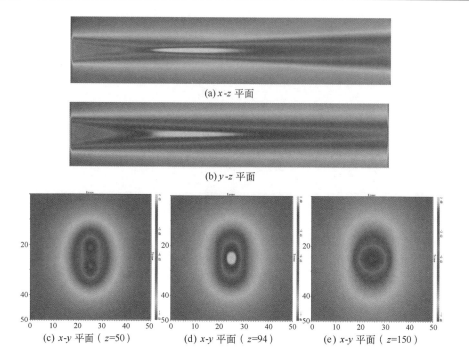

图 6-7 线聚焦探头沿两个声轴平面和声轴线上的声场分布

表 6-2 线聚焦探头部分声场参数模拟结果

焦点深度/mm	焦柱长度/mm	周向焦点尺寸/mm	轴向焦点尺寸/mm
94	150	6.4	10.6

3. 双曲面聚焦探头

双曲面聚焦探头是专门为了实现棒材内部的点聚焦检测而设计的，其透镜表面为一 Fermat 面，沿棒材轴向和周向具有不同的聚焦设计。由于经过精确计算，在采用双曲面探头检测时，声场经过探头表面透镜和棒材表面双重折射后，可以在棒材内部指定的点实现会聚。且聚焦形式不同于线聚焦探头，是点状焦点，这一特性使得检测时可以获得更小的焦点尺寸，从而提高灵敏度和分辨力。

需要说明的是，双曲面分区聚焦探头一般成组使用，一组探头仅适用于某一直径范围的棒材检测，且每组探头的第一个分区的探头焦点位于棒材表面，由于此时聚焦声场受棒材曲率影响不明显，通常采用点聚焦探头，这与前面的模拟结果一致。

表 6-3 给出了一组双曲面聚焦探头的声场参数。可以看出，双曲面探头的声场十分理想，两个方向的焦柱宽度（周向焦点和轴向焦点）不仅尺寸较小而且十分接近，有助于实现较高的横向分辨力。同时每个探头都有一定的焦柱长度，

用多个探头配合使用可以有效地实现全深度的高灵敏度检测。

表 6-3 双曲面点聚焦探头的模拟声场参数

探头编号	晶片直径 /mm	焦点深度 /mm	焦柱长度 /mm	周向焦点尺寸 /mm	轴向焦点尺寸 /mm
1 号	19	18	23.8	3.2	3.1
2 号	31.8	32	34.8	3.4	3.5
3 号	38	52	43.2	3.6	3.5
4 号	44.4	72	51.6	3.8	3.6
5 号	51	96	58.6	4.1	3.6
6 号	59.7	120	64	4.3	3.6

图 6-8 为表 6-3 中的 6 号双曲面聚焦探头的声场分布模拟结果。该探头设计的标称焦点深度为 127mm。可以看出，探头声场在 x-z 平面和 y-z 平面均有明显的聚焦，且焦点大致处于相同的深度。从 x-y 平面的声场分布观察到，在埋深 100mm 和 150mm 处，声场分布集中在较小的圆形区域内，表明此处的聚焦效果较好。而埋深 50mm 处的声场则分布在较大范围，此处已处于焦柱范围以外，显然其能量水平和横向分辨力不及焦柱区。

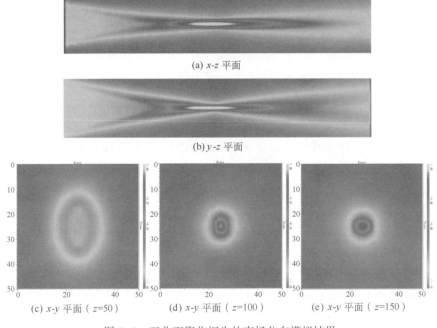

(a) x-z 平面

(b) y-z 平面

(c) x-y 平面（z=50）　　(d) x-y 平面（z=100）　　(e) x-y 平面（z=150）

图 6-8 双曲面聚焦探头的声场分布模拟结果

由此可见，对于双曲面聚焦探头，在焦区范围内具有最佳的检测效果，而焦区外的性能显著降低，可能难以满足高灵敏度检测要求。因此，为了实现最佳检测效果，通常需要多个不同参数探头配合使用。

6.3.2 棒材检测能力验证试验

6.3.2.1 钛合金棒材超声检测

采用水浸线聚焦探头和水浸双曲率探头对同一 TC17 钛合金棒材对比试块进行检测试验，并与接触法探头检测结果比较，以验证不同超声检测技术的能力。对比试块直径为 $\phi 250mm$，加工有不同埋深的 $\phi 0.8mm$ 和 $\phi 1.2mm$ 平底孔人工缺陷。

1. 近表面分辨力

测试了 $\phi 0.8mm$ 平底孔灵敏度下，接触法探头、水浸线聚焦探头和水浸双曲率探头对 TC17 棒材对比试块检测时的近表面分辨力情况。其中接触法探头分别采用宽带（V109）和窄带（5P14）两种探头进行试验，仅展示效果较好的宽带探头试验结果。试块中最浅平底孔埋深为 5mm，不同检测技术的 A 扫描波形见图 6-9。

(a) 双曲率探头
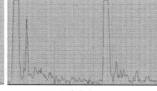
(b) 线聚焦探头
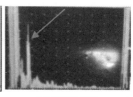
(c) 接触法探头

图 6-9　不同检测技术的 A 扫描波形

可以看出，两种聚焦检测技术均能有效分辨 5mm 埋深的 $\phi 0.8mm$ 平底孔，且具有一定的信噪比。其中，双曲率探头检测时，平底孔附近的噪声信号较低；线聚焦探头检测时噪声水平高于双曲率探头，与接触法 V109 探头接近。

值得注意的是，宽带接触法探头（V109）虽可分辨埋深 5mm 的平底孔，但在半声程检测灵敏度下近表面分辨力大大降低，仅能达到约 60mm［图 6-11（c）］；窄带接触法探头（5P14）不可分辨 5mm 埋深的平底孔，在半声程检测灵敏度下近表面分辨力降低到 70~100mm。

2. 静态检测噪声水平

在 $\phi 0.8mm$ 和 $\phi 1.2mm$ 平底孔灵敏度下，水浸线聚焦探头和水浸双曲率探头检测 TC17 钛合金棒材时的噪声情况（静态）如图 6-10 所示。

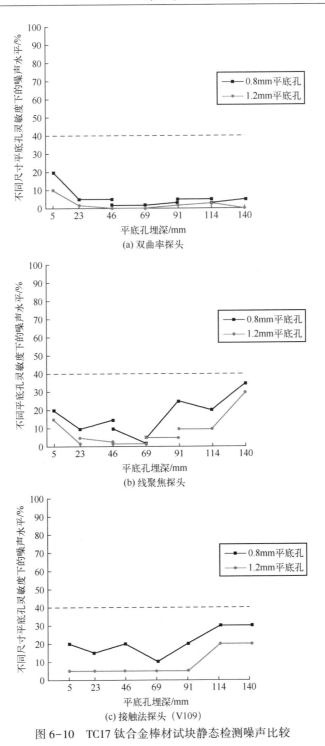

图 6-10 TC17 钛合金棒材试块静态检测噪声比较

显然，双曲率探头检测时具有最佳静态信噪比。在 $\phi0.8mm$ 平底孔灵敏度下，双曲率探头在整个检测深度范围（5~140mm）内最大噪声不超过20%，如果不考虑近表面5mm埋深平底孔，则最大噪声在5%以下；线聚焦探头的信噪比水平不及双曲率探头，在 $\phi0.8mm$ 平底孔灵敏度下，最大噪声为35%；接触法探头（V109）检测的噪声情况与线聚焦探头类似。

图6-11为不同检测技术下埋深140mm的 $\phi0.8mm$ 平底孔的A扫描波形图。

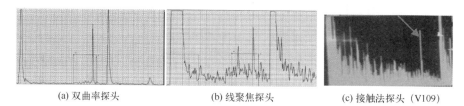

(a) 双曲率探头　　　　(b) 线聚焦探头　　　　(c) 接触法探头（V109）

图6-11　埋深140mm的 $\phi0.8mm$ 平底孔的A扫描波形图

3. 动态检测噪声水平

采用水浸线聚焦探头或双曲率探头检测时必须进行机械扫查，以实现超声C扫描成像。扫查时超声波信号会受到机械控制、传动系统和物理震动等方面的干扰，往往表现为比静态时更高的噪声水平。动态检测噪声水平直接反映了棒材实际检测时的噪声状态。

采用一组分区探头，对不同埋深的平底孔进行超声C扫描，通过对C扫描图像的比较分析，评估不同检测方法的动态噪声水平。图6-12给出了其中三个埋深平底孔的超声C扫描图。每个图中均包含 $\phi0.8mm$ 平底孔（上方）和 $\phi1.2mm$ 平底孔（下方）。从中可以看到，随着埋深增加，平底孔在图像上显示的尺寸增大，主要原因是不同探头的声束宽度不同。

(a) 埋深5mm平底孔，双曲率探头

(b) 埋深5mm平底孔，线聚焦探头

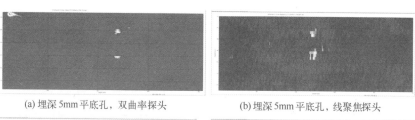

(c) 埋深69mm平底孔，双曲率探头　　　　(d) 埋深69mm平底孔，线聚焦探头

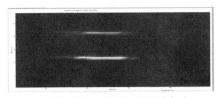
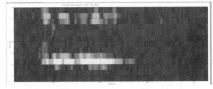

(e) 埋深140mm平底孔，双曲率探头　　　　(f) 埋深140mm平底孔，线聚焦探头

图 6-12　TC17 钛合金棒材试块三个埋深平底孔的超声 C 扫描图

两种水浸聚焦检测技术在 TC17 钛合金棒材试块动态检测时的噪声水平见图 6-13。可以看到，无论双曲率探头还是线聚焦探头，动态检测时的噪声水平

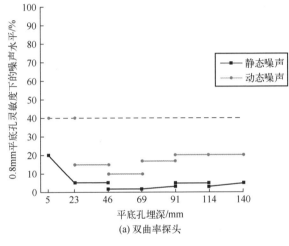

(a) 双曲率探头

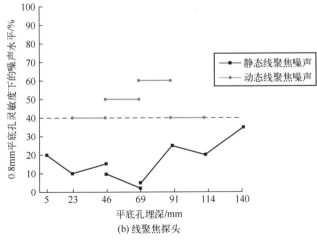

(b) 线聚焦探头

图 6-13　TC17 钛合金棒材试块动态检测时的噪声水平

均明显高于静态。特别是线聚焦检测时，最大动态噪声达到60%。双曲率探头检测时，动态噪声水平相比静态下也有一定程度的增加，但仍处于20%以下，信噪比较高。结合动、静态噪声情况以及超声C扫描成像质量分析，双曲率探头检测信噪比优于线聚焦探头。

6.3.2.2 高温合金棒材超声检测

航空发动机盘件用高温合金牌号较多，大部分为镍基高温合金，其中又以GH4169用量居多。本节以GH4169棒材为例，比较水浸线聚焦探头和水浸双曲率探头在检测高温合金棒材时的检测能力。

以下讨论中采用的对比试块为ϕ280mm的GH4169棒材试块，包含埋深在5~165mm的ϕ0.8mm和ϕ1.2mm平底孔人工缺陷。

1. 近表面分辨力

在ϕ0.8mm平底孔灵敏度下，接触法探头（V109）、水浸线聚焦探头和水浸双曲率探头的近表面分辨力比较见图6-14。结果表明，三种检测技术在ϕ0.8mm平底孔灵敏度下，均能分辨埋深5mm的ϕ0.8mm平底孔。但与TC17钛合金棒材类似，接触法探头（V109）在半声程检测灵敏度下，近表面分辨力下降至20mm。

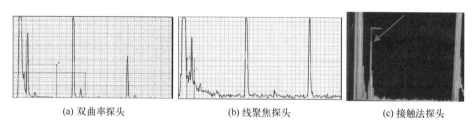

(a) 双曲率探头　　　　(b) 线聚焦探头　　　　(c) 接触法探头

图6-14　高温合金棒材检测近表面分辨力比较

2. 静态检测噪声水平

不同探头检测GH4169高温合金棒材时的静态噪声情况如图6-15所示。

可以看到，双曲率探头在ϕ0.8mm平底孔灵敏度下，最大噪声不超过10%，在灵敏度达到ϕ0.4mm水平时，除埋深165mm处噪声达到40%外，其余深度的噪声不超过20%；线聚焦探头在ϕ0.8mm平底孔灵敏度下，除埋深5mm平底孔处噪声超过35%外，其余深度的噪声在10%以下；接触法探头（V109）在ϕ0.8mm平底孔灵敏度下最大噪声为20%。

综上所述，双曲率探头检测时具有最佳静态信噪比。

图6-16为不同检测技术下埋深165mm的ϕ0.8mm平底孔的A扫描波形图。

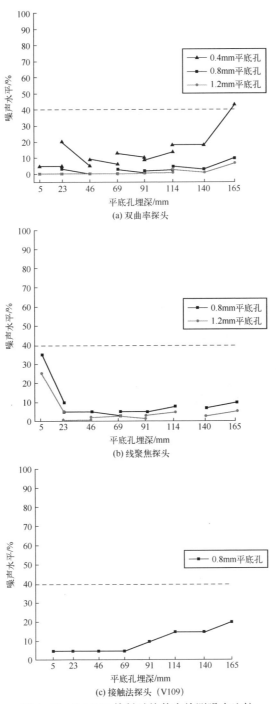

图 6-15 GH4169 棒材试块静态检测噪声比较

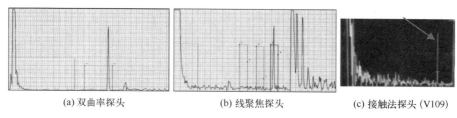

(a) 双曲率探头　　　　　　(b) 线聚焦探头　　　　　(c) 接触法探头 (V109)

图 6-16　GH4169 棒材中埋深 165mm 的 ϕ0.8mm 平底孔的 A 扫描波形图

3. 动态检测噪声水平

GH4169 棒材中不同埋深的平底孔超声 C 扫描图见图 6-17。可以看出，不同于钛合金棒材检测，高温合金棒材检测时动态噪声与静态噪声水平相比增加并不明显，主要原因在于 GH4169 材料晶粒较细，衰减小，同样灵敏度下仪器增益水平更低，因此检测系统的电噪声处于较低水平。

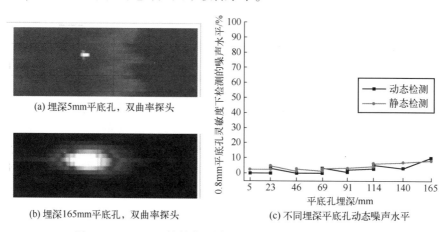

(a) 埋深5mm平底孔，双曲率探头

(b) 埋深165mm平底孔，双曲率探头

(c) 不同埋深平底孔动态噪声水平

图 6-17　GH4169 棒材中不同埋深的平底孔超声 C 扫描图

4. 实际缺陷检测效果

采用双曲率聚焦探头，对某一批次直径 280mm 的 GH4169 棒材进行检测试验。ϕ0.8mm 平底孔灵敏度下动态噪声，与对比试块接近。

在其中一根棒材的 C 扫描图上发现缺陷显示一处，如图 6-18 所示。经过进一步评估，该缺陷埋深 73mm，当量为 ϕ0.8-6dB 左右。

6.3.3　讨论

三种检测技术相比，水浸双曲率探头检测技术具有最佳的静态、动态信噪比和近表面分辨力，可以达到最高的检测灵敏度；水浸线聚焦探头的检测能力不及双曲率探头，但由于具有轴向声束宽度大的特点，扫查时可以使用较大的步进间距,因此在检测效率方面有一定优势;接触法检测技术只能采用人工手动操作,无法形成直观的检测图像,检测结果的解释和判定很大程度上依赖于检测人员的经验,因此在自动化水平和检测结果可靠性方面与两种水浸聚焦技术相比劣势明显。

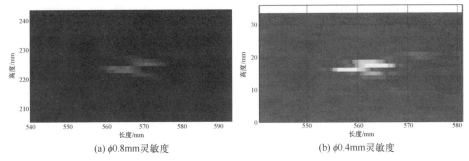

(a) ϕ0.8mm 灵敏度　　　　　　　　(b) ϕ0.4mm 灵敏度

图 6-18　某 GH4169 棒材超声 C 扫描图像中的缺陷显示

采用双曲率探头和线聚焦探头实施水浸聚焦检测均需要配备专用的大直径棒材自动化检测系统,且应具有多通道(一般不少于 8 个)采集、时间增益补偿(TCG)等配套功能。图 6-19 为大直径棒材自动检测系统中的双曲率探头组和多通道超声扫查架。

图 6-19　大直径棒材自动检测系统中的双曲率探头组和多通道超声扫查架

受篇幅所限,本节只展示了典型的 TC17 钛合金和 GH4169 高温合金棒材的试验结果,实际上在 TC11 钛合金棒材上也开展了试验并获得了类似的结果,上述材料均为航空发动机中最常用的关键转动件用材料。试验中获得的不同检测技术能力比较结果对于大部分钛合金和高温合金棒材均适用。但需要注意的是,每种检测技术在某一特定材料牌号和规格棒材中能达到的灵敏度、分辨力和信噪比等具体数据不尽相同,应针对具体棒材进行实际测量。

6.4 变形钛合金和高温合金盘锻件超声检测

尽管目前航空发动机中变形合金盘件的制造工艺已相对成熟，但在熔炼、锻造和热处理等制造阶段中如果工艺控制不当，在盘锻件中仍可能出现不同类型缺陷。其中 GH4169 合金中可能产生的"白斑"和"黑斑"、钛合金中可能产生的硬 α 夹杂等缺陷，由于声阻抗与基体差异很小，产生的超声反射信号非常弱，采用常规检测灵敏度往往难以发现。盘件中这类缺陷的存在会给发动机的安全使用带来很大的危害，甚至造成机毁人亡的重大事故。因此对于高温合金和钛合金盘锻件应采用高灵敏度超声检测以尽可能发现此类缺陷。

本节选取了目前广泛采用的变形合金盘锻件超声检测技术——水浸聚焦超声 C 扫描检测作为主要试验手段。首先分析了对比试块超声响应的差异及其对缺陷评定的影响，然后通过灵敏度和信噪比试验，分析了该技术对于 TC11、TC17 钛合金和 GH4169 高温合金盘锻件中缺陷的检测能力。

6.4.1 对比试块

对比试块是超声检测灵敏度调整和缺陷尺寸评定的基准，对于保证检测结果的重复性、可比性和一致性至关重要。超声检测标准中对试块的质量提出了控制要求，如试块材料声特性一致性、人工伤的尺寸和加工质量、成套试块的距离幅度特性等，通常用于生产检测的对比试块都是按标准要求制作并经检验合格的产品。

尽管如此，两套合格的对比试块之间仍可能存在差异，主要原因在于：

（1）对于成套对比试块，标准允许各个埋深平底孔的超声响应测量值与整套试块距离幅度自拟线之间存在一定的偏差（国内常用的国军标和航标允许的偏差值为±1dB）。因此，两套自拟线完全相同的试块，其同埋深的平底孔超声响应也可能存在最大 2dB 的差异。

（2）实际上，两套试块的自拟线很难完全一致，自拟线之间的差异（通常由材质差异引起）与试块个体差异叠加可能使最终的超声响应具有更大差异。

上述对比试块之间的差异将直接影响到缺陷的当量尺寸评定结果，进而使盘件供应商和客户的检测数据不一致，严重时甚至会影响到产品合格与否的判定。

针对以上问题，有必要研究试块之间的性能差异及探索控制上述差异的措施。本节选取发动机盘件检测常用的 GH4169、TC4 材料作为研究对象，通过对多套对比试块距离幅度曲线的试验测试和数据分析定量研究了对比试块的差异。

考虑到国产 GH4169 材料等同于国外的 Inconel718 合金，TC4 材料等同于 Ti6Al4V 合金，生产检测中国内和国外试块均有应用。试验中将 Inconel718 试块和 Ti6Al4V 试块也纳入对比范围。

6.4.1.1　GH4169（Inconel718）对比试块测试试验

试验采用频率 5MHz、焦距 150mm、晶片直径 19mm 的聚焦探头，水距设置为 150mm。后续试验如未特别说明，采用相同的试验条件。

1. 同孔径试块比较

图 6-20 比较了 Inconel718-ϕ0.4mm 试块和 GH4169-ϕ0.4mm 试块的距离幅度曲线，两套相同孔径（ϕ0.4mm）的试块距离幅度曲线差异很小，最大差值不超过 2dB，可见 GH4169 和 Inconel718 试块超声响应是基本一致的，国产材料与进口材料的超声特性没有明显差异。

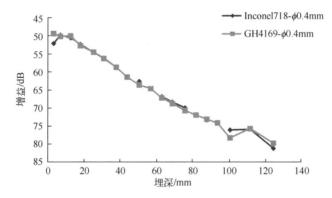

图 6-20　Inconel718 试块和 GH4169 试块的距离-幅度曲线

2. 不同孔径试块比较

实际检测时，在没有合适孔径试块的情况下，有时会采用与标准要求的平底孔孔径不同的试块，通过理论计算的方式进行灵敏度调整和缺陷评定。本研究通过试验方法分析了这一特殊情况。

首先测量 Inconel718-ϕ0.4mm 试块和 Inconel718-ϕ0.8mm 试块的距离-幅度曲线，然后将 Inconel718-ϕ0.8mm 试块距离-幅度曲线增益值增加 12dB，换算成 ϕ0.4mm 试块增益值，如图 6-21（a）所示。两套试块距离-幅度曲线增益值最大相差 4dB。

两套不同孔径（ϕ0.4mm 和 ϕ0.8mm）的 GH4169 试块距离-幅度曲线，换算成相同孔径（ϕ0.4mm）后的曲线增益值除个别点以外大部分在 4dB 以内，如图 6-21（b）所示。

图 6-21（c）为 Inconel718-ϕ0.4mm 试块和 GH4169-ϕ1.2mm 试块的距离-幅度曲线比较，其中 GH4169-ϕ1.2mm 试块增益值均增加 19dB，换算为 ϕ0.4mm

当量。增益值最大相差约 4.5dB。

上述结果表明,将某一直径的平底孔幅度通过理论计算的方式换算为另一直径的平底孔当量时,会引入较大的误差。其原因在于,平底孔当量的理论换算是以反射幅度和反射体面积的线性关系为理论基础,仅在采用平探头且反射体位于 3 倍近场长度以外时适用。在聚焦声场中应用该理论换算应谨慎。

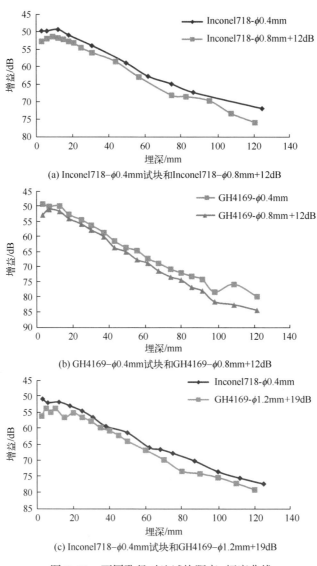

(a) Inconel718-ϕ0.4mm试块和Inconel718-ϕ0.8mm+12dB

(b) GH4169-ϕ0.4mm试块和GH4169-ϕ0.8mm+12dB

(c) Inconel718-ϕ0.4mm试块和GH4169-ϕ1.2mm+19dB

图 6-21 不同孔径对比试块距离-幅度曲线

综上，对于 GH4169 和 Inconel718 材料而言，不同对比试块若孔径相同，则距离-幅度曲线差异较小；若为不同孔径，通过理论计算换算成相同孔径，则距离-幅度曲线差异较大。检测时采用孔径与验收标准相匹配的平底孔试块，可避免引入由于换算带来的灵敏度调整和缺陷评定的误差。

6.4.1.2 Ti6Al4V 对比试块测试试验

试验测试了三套 Ti6Al4V-ϕ0.8mm 试块的距离-幅度曲线，如图 6-22 所示。

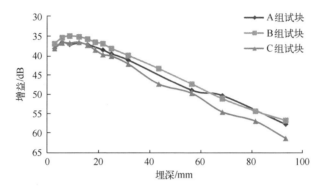

图 6-22　三套 Ti6Al4V-ϕ0.8mm 试块距离-幅度曲线

可以看到，A 组试块与 B 组试块距离-幅度曲线相近，增益值最大相差 1.6dB；A 组试块与 C 组试块距离-幅度曲线差异相对较大，增益值最大相差 4.6dB。可见：由于试块材料特性差异和平底孔加工等原因，不同组对比试块之间存在或大或小的差异，难以达到完全一致。

值得关注的是，Ti6Al4V 由于组织均匀性不及 GH4169，因此材料的声特性波动较大，表现为不同组试块之间的幅度差异更为明显。事实上，其他钛合金材料也具有类似的规律。

为了修正试块带来的差异，统一检测灵敏度，可采用基准试块-修正系数法对各试块灵敏度进行修正。该方法首先需建立一套能代表被检盘件材料状态的基准试块和若干套工作试块，测定工作试块与基准试块之间的幅度差值作为修正系数。检测时每套工作试块与对应的修正系数配合使用，等效于采用同一基准试块进行灵敏度调整和缺陷评定，有效消除了试块与试块之间的灵敏度差异。采用该方法的前提是，盘件材料组织均匀性和批次一致性较好，同时测试工作试块修正系数时和使用工作试块进行盘件检测时应采用相同型号的探头和检测参数，且该型号各探头之间应具有较好的性能稳定性和一致性。

6.4.2 变形合金盘锻件水浸聚焦检测能力试验

6.4.2.1 超声水浸聚焦检测的主要应用形式

目前航空发动机中大多数变形钛合金和高温合金盘锻件采用水浸超声检测技术进行内部缺陷的检测。为了控制噪声水平，提高信噪比，检测时常常采用聚焦探头，即超声水浸聚焦检测。这一技术主要是利用了聚焦探头的焦区声场能量集中的特点，在焦区内对小缺陷的检测灵敏度大大提高，同时，由于声束变窄也使声场内材料组织的散射信号明显减少，从而降低了噪声信号水平，提高了检测信噪比。非聚焦探头与聚焦探头检测效果示意图如图 6-23 所示。

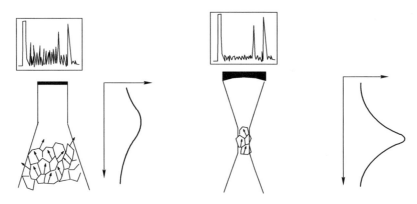

图 6-23 非聚焦探头与聚焦探头检测效果示意图

虽然聚焦探头在焦区内具有高灵敏度和高信噪比的优势，但在焦区外声场的强度和能量迅速衰减，大大降低了其检测效果。为了使盘件的全深度范围都具有较好的检测灵敏度，一方面可以通过合理选择探头参数使用焦区更长的探头，另一方面可以通过控制焦点位置尽可能充分利用焦区范围。目前，盘件的水浸聚焦检测有以下两种基本的应用形式。

1. 焦点位于盘件表面

控制水距，使其与探头的焦距相同，此时探头焦点位于盘件的表面，检测时利用了探头焦点以外的声场区域，如图 6-24 所示。这一方式既能充分发挥焦区内检测灵敏度和信噪比高的优势，又能极大改善近表面分辨力。同时，由于声场曲线单调递减，在使用合适的对比试块且开启 TCG 曲线时，缺陷评定误差较小。然而，由于焦区靠近上表面，焦区以外声场能量衰减严重，在获得了优秀的近表面缺陷检测能力的同时，也一定程度上牺牲了较深区域的检测效果。因此，这一方式在检测中小厚度材料时应用广泛，但大厚度检测时往往效果并不理想。

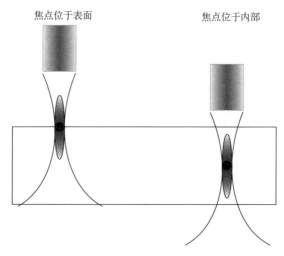

图 6-24 水浸聚焦检测的基本应用形式

2. 焦点在盘件内部

通过降低水距，使焦点下沉到材料内部一定深度处，检测时既利用了焦点以外的声场区域又利用了焦点以内的部分区域，如图 6-24 所示。这一应用形式的优点是：充分利用焦区范围，且通过将探头声场整体下移降低了在较深区域的声场扩散和能量衰减，增强了穿透能力，提高了检测深度。其劣势在于：近表面分辨力有一定损失，焦点处和焦点以内区域的缺陷评定可能存在近场的不利影响。该方式可以适应更大厚度材料的检测，但需关注近表面分辨力是否满足检测要求。

大部分情况下，使用单一探头采取上述两种检测方式之一即可满足整个盘件厚度范围内的灵敏度要求。但对于一些厚度大或材料比较特殊的盘锻件，由于衰减的作用，在深度较大区域由材料引起的超声波噪声信号幅度显著增加，影响了检测信噪比和灵敏度。为保证检测灵敏度水平，避免噪声信号影响缺陷信号识别，常常需要将检测对象按深度划分为 2 个或 2 个以上区域，对每个区域分别使用上述两种检测方式之一，使每个区域的噪声降低到可检测的水平，最终实现整体信噪比和灵敏度的提升。

在实际检测中，按使用探头的数量可分为单探头分区域检测和多探头分区域检测。其中单探头分区域检测利用同一个探头，通过改变水距使焦点处于被检件表面或内部不同深度区域；多探头分区域检测则采用不同探头，通过改变探头和焦点位置，覆盖不同检测深度区域。

多探头分区域检测的一种特殊的应用形式是"分区聚焦检测技术"（multi-zone focused UT，MZF-UT），又称为"多区聚焦检测技术"，它采用多个不同焦距的聚焦探头，各自覆盖一个深度区间，使零件整个检测深度范围均在探头聚焦区内，从而实现全深度范围的聚焦检测，提高全深度范围内小缺陷的检测灵敏度和信噪比。这一技术主要用于检测灵敏度要求特别高或信噪比很差的材料，例如粉末盘以及某些高噪声钛合金和高温合金材料。在本章的后续部分，有关于分区聚焦检测技术的详细阐述。

6.4.2.2 变形钛合金盘锻件超声检测

航空发动机盘件用钛合金牌号较多，且不同材料之间组织差异较大。某些钛合金材料组织粗大，超声检测时有较大的噪声干扰。实现高灵敏度检测的关键常常在于控制噪声水平，提高检测信噪比。

根据变形钛合金盘锻件检测要求，选取3组不同参数的水浸聚焦探头（表6-4），并利用Ti6Al4V-ϕ0.8mm 距离-幅度对比试块，试验测试了试块的距离-幅度曲线，如图6-25所示。

表6-4 钛合金盘锻件高灵敏度检测用水浸聚焦探头参数

探头类型	频率/MHz	焦距/mm	晶片直径/mm	试验水距/mm
高分辨力型	10	89	11	89
标准型	5	150	19	150
高穿透力型	5	150	19	150、50
	10	400	25.4	80

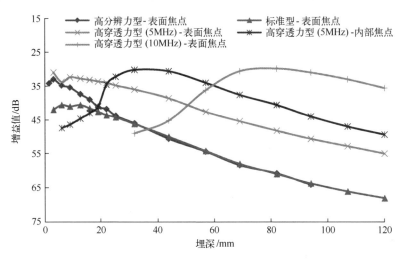

图6-25 Ti6Al4V-ϕ0.8mm 试块距离-幅度曲线

可以看到，高分辨力型探头近表面分辨率最佳，标准型探头次之；高穿透力型探头（5MHz）在20~100mm范围内具有相对较高的检测灵敏度；高穿透力型探头（10MHz）在60~120mm范围内具有较高的检测灵敏度。

通过合理利用不同探头在钛合金中不同深度的检测能力差异，可以实现降低噪声，提高信噪比的目的。举例说明如下。

例1，某TC11钛合金盘锻件最大检测厚度为146mm，近表面盲区要求不大于8mm，采用标准型探头进行φ0.4mm灵敏度检测时，由于盘件厚度大，噪声过高（65%）难以满足检测要求。如将检测区域分为8~80mm和80~146mm两部分，分别用标准型探头和高穿透力型探头予以覆盖，可将最大噪声水平降至30%，提高了信噪比，使检测灵敏度达到φ0.4mm，如图6-26所示。

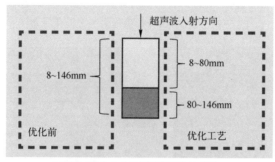

(a) TC11钛合金盘检测工艺优化示意图

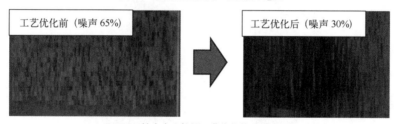

(b) TC11钛合金盘检测工艺优化前后噪声比较

图6-26　TC11钛合金盘超声检测工艺优化和信噪比提升

例2，某TC17钛合金盘锻件要求最大检测厚度为82mm，近表面盲区要求不大于5mm，采用5MHz高穿透力型探头（水距150mm）进行φ0.8mm灵敏度检测时，由于组织粗大噪声约40%，难以满足检测要求。为改善信噪比，采用同一探头分别进行两次检测，一次用150mm水距检测5~40mm范围，另一次采用50mm水距检测40~82mm范围。最终将材料整体噪声水平由40%降低至25%，信噪比得到明显改善，TC17钛合金盘检测工艺优化示意图如图6-27所示，5MHz高穿透力型探头检测TC17钛合金盘锻件结果如图6-28所示。

综上所述，提升变形钛合金盘锻件超声检测信噪比、实现高灵敏度检测的技术途径，除合理选用水浸聚焦探头外，针对具体的材料和结构特点，通过调整水距和合理划分检测区域也是可考虑采用的有效手段。

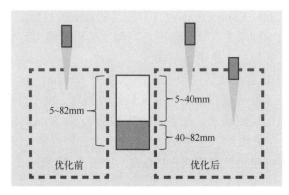

图 6-27　TC17 钛合金盘检测工艺优化示意图

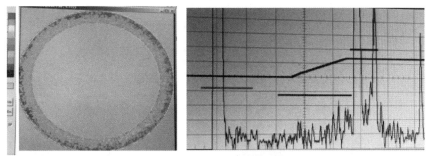

(a) 优化前，水距150mm（噪声40%）

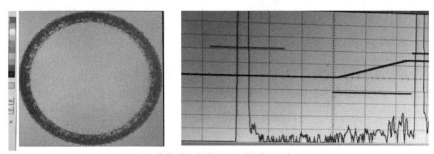

(b) 优化后，水距50mm（噪声25%）

图 6-28　5MHz 高穿透力型探头检测 TC17 钛合金盘锻件结果

6.4.2.3　GH4169 变形高温合金盘锻件超声检测

GH4169 是典型的镍基高温合金，其锻件晶粒较细，对超声波的散射和衰减小，有利于获得较高的检测灵敏度和信噪比。

根据变形高温合金盘锻件检测要求，选取了 3 组不同参数的水浸聚焦探头，参数见表 6-5。采用 Inconel718 材料（等同于 GH4169）的 $\phi 0.4$ mm 距离幅度对比试块，试验测试了不同探头的近表面分辨力和最大检测深度等性能参数一并列于表 6-5。

表 6-5 高灵敏度检测用水浸聚焦探头参数及检测能力

探头类型	频率/MHz	焦距/mm	晶片直径/mm	近表面分辨力/mm	最大检测深度/mm
高分辨力型	10	76	9.5	1.5	70
标准型	5	150	19	3.2	108
高穿透力型	5	150	19	12.7	120
	10	400	25.4	—	120

近表面分辨力方面，高分辨力型探头能力最佳，可分辨出埋深 1.5mm 的 ϕ0.4mm 平底孔；标准型探头可分辨埋深 3.2mm 的 ϕ0.4mm 平底孔；而高穿透力型探头（5MHz）仅可分辨埋深 12.7mm 的孔。不同探头的近表面分辨力比较如图 6-29 所示。

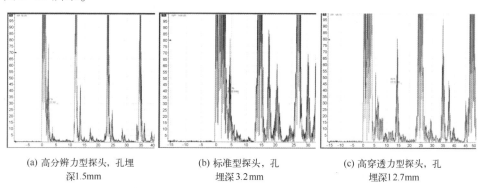

(a) 高分辨力型探头，孔埋深 1.5mm (b) 标准型探头，孔埋深 3.2mm (c) 高穿透力型探头，孔埋深 12.7mm

图 6-29 不同探头的近表面分辨力比较

最大检测深度方面，高分辨力型探头可检测埋深 70mm 的 ϕ0.4mm 平底孔；标准型探头可检测埋深 108mm 的 ϕ0.4mm 平底孔；而高穿透力型探头可检测埋深 127mm 平底孔。不同探头的最大检测度比较如图 6-30 所示。需要说明的是，5MHz 和 10MHz 的高穿透力型探头均可检出埋深 127mm 的平底孔，从波形上可以看出 10MHz 探头的信噪比优于 5MHz。主要原因在于：试验中 10MHz 高穿透力探头的水距设置为 50mm，探头焦点大约位于材料中 90mm 深度，且探头焦柱长。据此分析，对于埋深大于 127mm 的缺陷，10MHz 高穿透力探头应比 5MHz 高穿透力探头检测效果更好。

试验结果表明，采用水浸超声聚焦高灵敏度检测技术，在 GH4169 合金盘锻件中可以达到 ϕ0.4mm 平底孔当量检测灵敏度。具体而言，高分辨力型探头检测盲区小，可检测 1.5~70mm 深度范围；标准型探头检测深度范围大，在 5~108mm 范围内具有较好的检测效果；高穿透力型探头可检测深度大，其中 5MHz 探头可检测深度范围为 13~127mm，10MHz 探头在 70~127mm 范围具有比其他探头更高的信噪比。

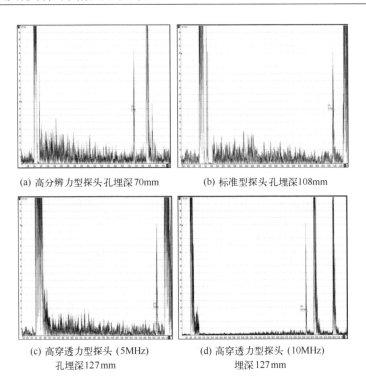

(a) 高分辨力型探头孔埋深70mm
(b) 标准型探头孔埋深108mm
(c) 高穿透力型探头 (5MHz) 孔埋深127mm
(d) 高穿透力型探头 (10MHz) 埋深127mm

图 6-30　不同探头的最大检测深度比较

针对具体的盘锻件，可参考上述结果选择合适的水浸聚焦探头，确定超声高灵敏度检测技术方案。实际检测环境下，受限于批量盘件表面加工质量和材料的衰减，超声检测可达到的近表面分辨力和信噪比水平可能不及对比试块的试验结果。

图 6-31 给出了某 GH4169 盘件的高灵敏度超声检测结果实例。从 C 扫描图中可识别出多个缺陷显示，经评定最小缺陷当量尺寸为 $\phi 0.4mm-3dB$。

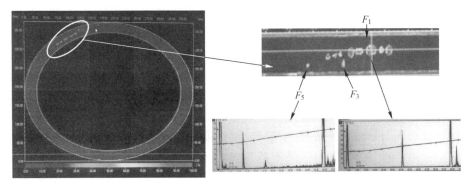

图 6-31　某 GH4169 盘件的高灵敏度超声检测结果

6.5 粉末高温合金盘锻件超声高灵敏度检测

粉末高温合金盘锻件（简称粉末盘）采用粉末冶金技术制备，由于粉末细小，冷速极快，合金成分均匀无宏观偏析，因而制件性能稳定、热加工变形性能较好、合金化程度高，特别是合金的屈服强度和疲劳性能显著提高。在高推重比/功重比航空涡轮发动机上，粉末盘已经得到了大量的应用，特别是高、低压涡轮盘等关键热端部件，目前几乎全部由粉末高温合金制造。

由于工作在高温、高压、高载荷等极端苛刻条件下，粉末盘中极微小的缺陷也可能在疲劳作用下逐渐变大，引起发动机失效导致灾难性后果。为了控制粉末盘的纯净度，要求无损检测必须有能力检测出 $\phi0.4\text{mm}-15\text{dB}$ 当量甚至更小的夹杂缺陷。这一要求远远高于普通盘锻件常用的 AA 级（$\phi0.8\sim\phi1.2\text{mm}$）验收要求，常规超声检测方法（如接触法检测、水浸非聚焦检测、单探头聚焦检测等）难以满足要求，必须采用具有更高灵敏度的检测方法。

目前可用于粉末高温合金盘锻件的高灵敏度检测技术主要包括超声分区聚焦检测和环形相控阵探头动态聚焦检测。

6.5.1 超声分区聚焦检测

与非聚焦方法和单探头聚焦方法相比，分区聚焦技术的检测灵敏度和最大检测深度都有显著优势，可在 170mm 范围内达到 100μm 的高灵敏度检测，极大提升了微缺陷检测能力和工程化水平，目前该方法已经广泛应用于粉末盘的缺陷检测，如图 6-32 所示。

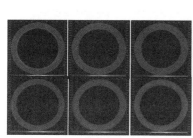
(a) 分区聚焦C扫描图

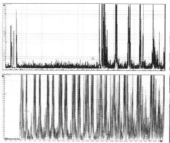
(b) 灵敏度试验

(c) 检测设备

图 6-32 粉末盘分区聚焦检测技术

1. 分区聚焦探头的声场模拟和参数设计

分区聚焦检测是目前盘锻件检测中灵敏度最高的技术，其原理是利用不同焦距、不同晶片直径的探头对零件的不同深度范围进行多次扫查，每次扫查的深度范围都处于探头的聚焦区域内，充分利用了聚焦检测高灵敏度、高分辨力的特点。其中，探头参数的选取是这一技术能够顺利实施的关键因素。

首先选择拟采用的探头参数，随后利用软件对该组探头的声场分布情况进行了模拟，研究了探头声场分布的一致性和连贯性，进而定性分析了这些探头用于盘锻件检测的可行性。同时通过分析每个探头的声场，确定了每个探头适合检测的最佳深度范围。

为了提高微小缺陷的检测能力并兼顾盘件的检测深度，粉末盘检测一般采用10MHz的检测频率。表6-6列出了一组分区聚焦检测探头参数。根据上述参数对探头的声场分布情况进行了模拟，模拟结果如图6-33所示。

表6-6 10MHz分区聚焦探头及其主要参数

探头编号	晶片直径/mm	焦距/mm	频率/MHz
10-1	11	89	10
10-2	19	150	10
10-3	25	200	10
10-4	25	250	10
10-5	25	330	10
10-6	25	400	10

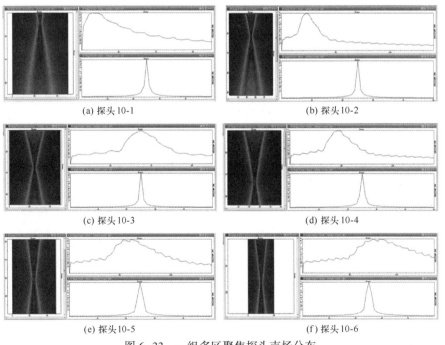

图6-33 一组多区聚焦探头声场分布

从图 6-33 中可以看出，不同探头声场分布不尽相同，每个探头的声场只在一定深度范围内有聚焦效果，在聚焦区域外声场强度降低很明显。因此，对于大厚度零件，单一探头很难覆盖整个深度范围。虽然如此，应用多个探头的组合却可以实现声场的互补，充分发挥各个探头在相应深度范围内的检测优势。

在此基础上，利用模拟软件对不同探头的声场参数进行了测量，结果如表 6-7 所列。

表 6-7　不同探头的声场参数模拟测量结果

探头编号	轴向-6dB 声束长度/mm	径向-6dB 声束直径/mm	焦点幅度/dB
10-1	27	1.5	0
10-2	21	1.3	3.6
10-3	21	1.3	4.9
10-4	34	1.5	4
10-5	56	2.3	2.8
10-6	86	2.7	2

需要说明的是，本节给出的探头声场模拟和参数设计的方法，虽然可以通过快速迭代、反复计算获得优化的探头参数，大大减少用于制定检测工艺的试验量。但其所依据的数据基础为理论计算结果，具有一定局限性，难以完全代替实际探头的声场测试。

表 6-8 列出了一组实际的分区聚焦探头声场测试数据，测量采用小球法。材料中的焦柱长度是通过水中测得的焦柱长度经过换算得到的。可以看出各主要声场参数与模拟结果虽有出入，但具有相同趋势。

表 6-8　分区聚焦探头声场测试结果

探头型号	检测区域/mm	-6dB 焦点直径/mm		焦柱长度/mm	
		X 轴	Y 轴	水中	材料中
10-1	盲区~13	1.5	1.5	73	18
10-2	13~25	1.5	1.5	80	20
10-3	25~38	1.5	1.4	74	18
10-4	38~50 50~63	2.1	2.1	141	35
10-5	63~89	2.6	2.5	164	41
10-6	89~140	3.0	3.0	216	54

结合探头声场的模拟结果和实测数据,设计了不同探头的检测区域,见表6-8。其中10-1~10-4四个探头的轴向声束长度(即焦柱长度)最小为18mm,为了使检测区域位于探头聚焦区,设计了12mm的深度分区范围,其中10-4探头通过改变水距使焦点位于不同深度,分别实现两个区域的检测。根据10-5探头和10-6探头的焦柱长度,设计时将其对应的检测区域分别扩大至25mm和50mm。

2. 分区方案的试验验证

本节采用前面确定的分区聚焦方案对某盘件进行检测试验,从缺陷检出情况和当量评定等方面验证检测效果。水浸分区聚焦探头参数列于表6-9,超声C扫描图像如图6-34所示。

表6-9 水浸分区聚焦探头参数(12mm分区)

分区	起始深度/mm	结束深度/mm	门起始点/mm	门结束点/mm	探头
1	加工余量	13	加工余量	16	10-1
2	13	25	11	28	10-2
3	25	38	23	41	10-3
4	38	50	36	53	10-4
5	50	63	48	66	10-4
6	63	76	61	79	10-5

从以下两个方面分析检测效果:

(1)缺陷检出。采用上节的分区聚焦方案可以检测到埋深在4mm的缺陷;该盘件检测出的最小缺陷尺寸为$\phi0.4mm-23dB$。

(2)缺陷评定。同声程试块比较法是缺陷当量尺寸评定最常用的方法。粉末盘分区聚焦检测时的缺陷当量评定也采用该方法。

由于分区检测时,为了保证完全覆盖,在每个分区的检测时,都要将闸门设置得稍大于实际检测的深度范围,例如检测13~25mm分区时一般将闸门设置为11~28mm。因此当检测相邻的两个分区时,闸门会相互重叠。如果缺陷深度正好位于重叠区域,则会被上下两个分区同时检测到并分别记录下来,经过评定每一重复记录的缺陷都将获得两组缺陷数据,由于不同区检测探头参数和声场情况都不相同,两组数据之间可能存在一定的差异。下面对该盘件检测中重复记录缺陷的评定结果进行了对比分析。

首先统计了试验所用的12mm分区方式下,重复记录的缺陷,如表6-10所列,共计17个缺陷。

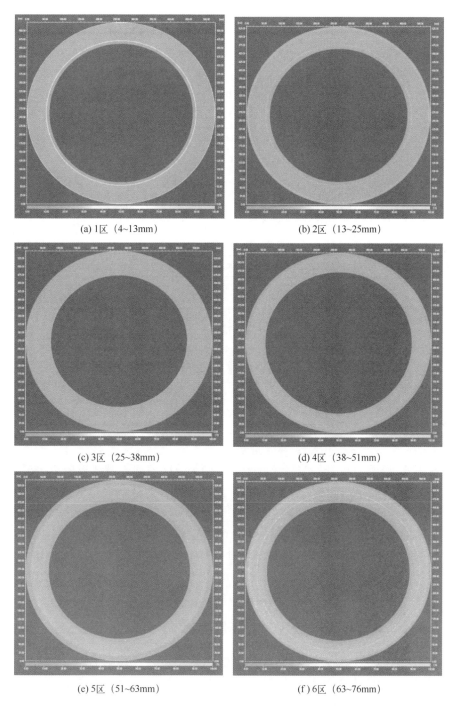

(a) 1区（4~13mm）　　　　　　　　(b) 2区（13~25mm）

(c) 3区（25~38mm）　　　　　　　　(d) 4区（38~51mm）

(e) 5区（51~63mm）　　　　　　　　(f) 6区（63~76mm）

图 6-34　某盘件采用分区聚焦检测的超声 C 扫描图像

表 6-10 12mm 分区方式重复记录的缺陷

缺陷编号	上 分 区				下 分 区			
	埋深/mm	当量	距圆心/mm	角度/(°)	埋深/mm	当量	距圆心/mm	角度/(°)
F1	12.92	−21.5	227.16	156.6	13.74	−21.7	227.07	156.79
F2	13.4	−22.2	246.55	199.5	14.19	−22.2	246.35	199.7
F3	13.88	−10.6	242.38	134.41	14.7	−9.2	242.28	134.63
F4	14.3	−22.7	244.18	3.51	15.19	−21.2	243.91	3.71
F5	14.82	−12.4	254.1	24.5	15.6	−10.0	253.9	24.7
F6	24.48	−15.0	236.43	74.64	25.59	−18.3	236.01	74.77
F7	24.66	−19.1	224.52	217.22	25.77	−19.6	224.26	217.33
F8	24.86	−15.4	210.64	252.96	25.83	−19.4	209.85	253.06
F9	27.6	−17.1	210.89	200.81	28.53	−20.2	209.94	200.92
F10	28.08	−16.8	233.95	124.32	29.13	−15.9	233.77	124.42
F11	38.52	−16.7	217.56	64.09	38.2	−19.1	218.16	64.01
F12	52.41	−20.0	210.57	275.3	52.36	−20.2	209.77	275.07
F13	63.18	−19.3	234.17	128.71	62.01	−21.2	234.31	128.46
F14	64.23	−14.3	215.45	24.41	63.88	−16.2	215.01	24.16
F15	65.42	−11.6	223.3	316.23	63.91	−14.0	223.52	316
F16	65.63	−15.6	225.08	347.9	64.15	−18.4	225.27	347.66
F17	65.65	−14.0	253.99	203.95	64.31	−13.9	254.3	203.7

从表 6-10 显示的缺陷当量尺寸上看，两个分区缺陷当量结果最大相差 4dB，且除 1 区探头缺陷评定结果外（埋深小于 15mm），上分区评定的缺陷当量倾向于大于下分区。

从缺陷定位上看，同一缺陷不同分区的定位差异较小，埋深在 ±1.5mm 以内，距圆心距离在 ±1mm 以内，旋转角度在 ±0.3° 以内。

可见，采用分区聚焦具有很高的灵敏度。需要注意的是由于存在重叠区域，缺陷统计时需注意不同区缺陷评定结果的差异，筛选重复记录的缺陷。

6.5.2 环形相控阵探头动态聚焦检测

为了进一步解决超声分区聚焦检测时频繁更换探头和多次扫查耗时长的问题，提出了采用环形相控阵探头配合动态聚焦技术进行检测的思路，在提供足够检测灵敏度的前提下可提高检测效率、缩短生产检测周期。经试验测试，该技术检测灵敏度可在 75mm 深度范围内达到 100μm 平底孔当量，检测时间比分区聚焦最大可缩短75%，如图6-35所示。

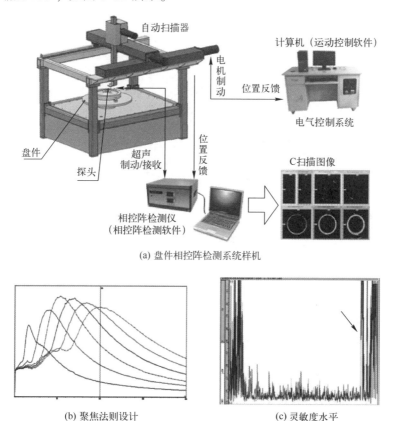

图6-35 粉末盘超声相控阵动态聚焦检测技术

1. 环形相控阵探头的声场模拟和参数设计

探头是超声检测系统的重要组成单元，探头的参数会极大地影响检测的灵敏度以及缺陷显示的图像质量。特别是相控阵探头，因为常规探头可以控制的参数较少，只有频率、带宽、焦距、晶片直径几个参数可以设计，而与此相比相控阵探头需要设计的变量更多，除了频率、带宽等常规参数外，还包括阵元距、晶片间隙、晶片数、晶片横向尺寸等。如何设计最优的探头，预测探头的检测效果，探头声场模拟技术的出现为我们提供了寻找答案的捷径。在探头声场模拟时，为了确定最优的探头参数，需要首先给定一个大概的设计方向，并将影响较小的参数固定，改变其他影响较大的参数，然后对不同参数的探头声场进行模拟，从中挑选出声场符合预期效果的参数组合，最终确定最优化的探头参数。

环形相控阵探头是实现盘件相控阵高灵敏度检测的关键器材，利用环形相控阵的多点聚焦，实现全厚度范围内多个分区的一次扫查成像，大大节约分区扫描的时间。与线性相控阵探头不同,环阵探头的每个晶片都呈环形,并以探头中心为圆心,同心圆分布,为了使阻抗匹配,每个晶片的面积大致相等,且环与环之间间距也一致。环形相控阵探头的结构示意图如图6-36所示。

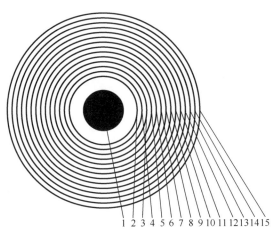

图6-36 环形相控阵探头的结构示意图

1) 主动孔径 A

环形相控阵探头的主动孔径对应的是所激励晶片的最大直径。设计最大主动孔径时,需要考虑的是最大聚焦深度和超声波在材料中的波长。

根据公式,主动孔径不应小于由聚焦深度和波长确定的最小值:

$$A_{\min} > 2\sqrt{\lambda F}$$

例如,当聚焦深度为120mm时,计算的最大主动孔径应大于18mm。利用软件模拟了主动孔径为20~40mm时探头的发射声场,按单点聚焦方式设置目标焦点深度120mm,水距60mm。环形相控阵探头不同主动孔径模拟参数见表6-11,环形相控阵探头不同主动孔径下的发射声场变化如图6-37所示。

表6-11 环形相控阵探头不同主动孔径模拟参数

模拟编号	主动孔径/mm	晶片数	探头频率/MHz	晶片间隙/mm
1	20	16	10	0.2
2	26	16	10	0.2
3	32	16	10	0.2
4	40	16	10	0.2

可以看出,主动孔径对声场的横向尺寸和纵向尺寸均有影响。当主动孔径增大时,焦柱直径逐渐减小,焦区长度逐渐减小,焦点也逐渐前移。环形相控阵探头不同主动孔径下的声场各项特性测量结果见表6-12,对应的归一化焦距(F/N)

也列于表 6-12 中。

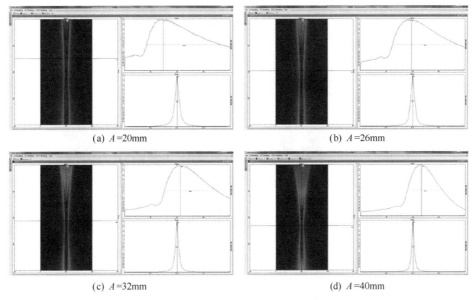

(a) A=20mm (b) A=26mm
(c) A=32mm (d) A=40mm

图 6-37 环形相控阵探头不同主动孔径下的发射声场变化

表 6-12 环形相控阵探头不同主动孔径下的声场各项特性测量结果

模 拟 编 号	主动孔径/mm	归一化焦距	焦区长度/mm	焦柱直径/mm	实际焦距/mm
1	20	0.81	140.8	4.3	74
2	26	0.48	123.1	3.9	98
3	32	0.32	80.1	2.9	112
4	40	0.20	67.3	2.7	116

可见，当孔径达到 32mm 以上时，可以获得较好的聚焦效果，对应的归一化焦距约为 0.32。

2）阵元距 p、晶片数 n

由于环阵探头的晶片阵元距 p 是变化的，通过改变晶片数 n，模拟了不同平均阵元距时声场的变化情况。模拟参数如表 6-13 所列，模拟结果见图 6-38。

表 6-13 环形相控阵探头不同阵元距模拟参数

模 拟 编 号	主动孔径/mm	晶 片 数	平均阵元距/mm	探头频率/MHz	晶片间隙/mm
1	32	8	4	10	0.2
2	32	16	2	10	0.2
3	32	24	1.33	10	0.2

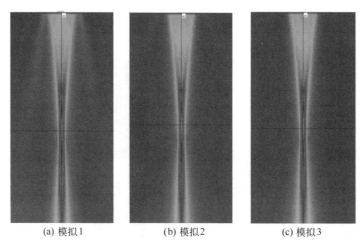

(a) 模拟1　　　　　(b) 模拟2　　　　　(c) 模拟3

图 6-38　环形相控阵探头不同阵元距模拟结果

可以看出，阵元距主要影响环阵探头的旁瓣效应。当阵元距达到 2mm 时，就几乎观察不到明显的旁瓣了。因此，在确定环阵探头阵元距时，可以采用不大于 2mm 的平均阵元距。

3) 环形相控阵探头参数设计原则

根据模拟结果总结了环形相控阵探头参数设计的一般原则：

(1) 根据晶粒尺寸和目标缺陷尺寸确定检测所用频率。所选频率应使材料中的波长 λ 尽量大于 6 倍平均晶粒尺寸，且小于 3 倍缺陷尺寸。

(2) 根据材料中波长确定阵元距，环阵探头旁瓣效应较弱，可以采用较大的阵元距，同时由于阵元距不是固定的，应尽量使平均阵元距不大于 4 倍波长。

(3) 根据所需检测的聚焦深度确定最大主动孔径 A。为了获得较好的聚焦效果可设置 $F/N \leqslant 0.4$，此时 $A = \sqrt{10\lambda F}$。

根据模拟结果设计制作了一组盘锻件检测用的环阵探头，如表 6-14 所列。研制的探头可分辨粉末材料中埋深 3.2mm 的 ϕ0.4mm 平底孔，在 100mm 厚度下灵敏度 ϕ0.4mm+24dB 时信噪比也可满足缺陷检测要求。

表 6-14　根据模拟结果设计的环阵探头

探头编号	频率/MHz	晶片数	总孔径/mm
1	10	14	32
2	10	32	35

2. 粉末盘相控阵检测能力验证试验

对同一粉末盘分别采用超声相控阵动态聚焦检测和多探头分区聚焦检测进行

了试验，以比较两种检测技术的能力差异。

某粉末涡轮盘结构示意图和检测面定义如图6-39所示。

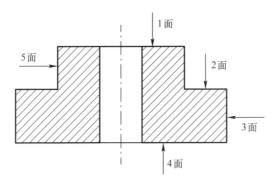

图6-39　某粉末涡轮盘结构示意图和检测面定义

1）检测时间比较

为了比较超声相控阵检测和分区聚焦检测两种方法的检测时间，首先厘清了两种方法检测的一般流程。多探头分区聚焦检测流程如图6-40所示，超声相控阵检测流程如图6-41所示。对于分区聚焦检测，由于采用多个探头分别检测零件的不同深度区域，因此需要反复重复步骤1~5，直到检测完所有分区。而对于相控阵检测，一次扫描即可覆盖所有检测区域，因此不需要重复进行探头调整和TCG制作，节省了检测时间。

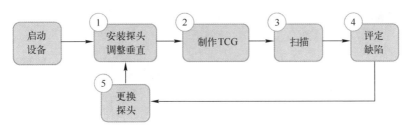

图6-40　多探头分区聚焦检测流程

图6-41　超声相控阵检测流程

以图6-39所示的粉末盘为例，可估算分别采用两种方法检测时所需花费的时间（表6-15）。

表 6-15 两种检测方法检测时间对比

项 目	相控阵		分区聚焦	
	包含步骤	时间/min	包含步骤	时间/min
调整和准备时间	1、2	约40	1、2、5	约5×25
1面扫描时间	3	13	3	5×13
2面扫描时间	3	15	3	4×15
3面扫描时间	3	21	3	5×21
4面扫描时间	3	27	3	5×27
5面扫描时间	3	8	3	3×8
合计		124		504

可见，对于本例中的粉末涡轮盘（最大直径160mm，最大厚度65mm），采用相控阵检测技术可以将检测时间缩短为传统方法的四分之一。

2) 缺陷评定结果比较

将相同粉末盘的超声相控阵检测结果与多探头分区聚焦检测结果进行了对比，部分缺陷的超声相控阵C扫描图像如图6-42所示。表6-16为部分检出缺陷采用两种检测法的评定结果对比。

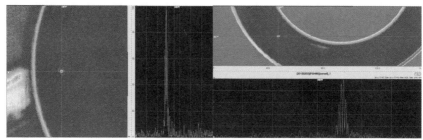

(a) F1缺陷　　　　　　　　　　　(b) F2缺陷

图 6-42　部分缺陷的超声相控阵C扫描图像

表 6-16 两种检测方法缺陷评定结果对比

缺陷编号	相控阵		多区聚焦	
	深度/mm	当量	深度/mm	当量
F1	24.1	$\phi 0.4mm-12.6dB$	23.18	$\phi 0.4mm-15dB$
F2	25.9	$\phi 0.4mm-16.7dB$	25.98	$\phi 0.4mm-17dB$
F3	47.3	$\phi 0.4mm-8.5dB$	45	$\phi 0.4mm-9.5dB$
F4	23.1	$\phi 0.4mm-14.5dB$	23.36	$\phi 0.4mm-14.5dB$
F5	9.2	$\phi 0.4mm-17.5dB$	10.44	$\phi 0.4mm-16dB$

续表

缺陷编号	相控阵		多区聚焦	
	深度/mm	当量	深度/mm	当量
F6	51.9（4区）	φ0.4mm-16.2dB	56.14	φ0.4mm-14dB
	52（5区）	φ0.4mm-12.5dB		
F7	47.7	φ0.4mm-15.3dB	49.37	φ0.4mm-12dB
F8	16	φ0.4mm-18.4dB	17.46	φ0.4mm-15dB
F9	44.1	φ0.4mm-17dB	43.35	φ0.4mm-16.2dB
F10	16	φ0.4mm-10.8dB	18.27	φ0.4mm-13.8dB

可以看出本试验中采用超声相控阵技术检测出缺陷的最小当量尺寸在φ0.4mm-18dB左右。相控阵和分区聚焦两种方法对夹杂缺陷的评定结果相差不大，最大差异约3dB。

6.6 盘件和棒材的超声检测标准分析

目前，使用较多的适合于盘件和棒材的超声检测标准包括美国宇航材料规范、中国国家标准和中国航空标准等（表6-17）。

表6-17 国内外棒材和盘件超声检测相关标准

标准编号	适用材料	适用产品	检测技术
AMS 2631	钛合金	棒材、盘件	接触法、水浸法
AMS 2628	钛合金及其他合金	棒材	水浸分区聚焦
AMS 2636	钛合金	盘件	水浸分区聚焦
GB/T 5193	钛合金	棒材、盘件	接触法、水浸法、水浸分区聚焦
GB/T 40324	钛合金、高温合金等	棒材	水浸分区聚焦
HB/Z 33	高温合金	棒材	接触法、水浸法
HB/Z 34	高温合金	盘件	水浸法
HB/Z 36	钛合金	棒材	接触法、水浸法
HB/Z 37	钛合金	盘件	接触法、水浸法
HB 20443	钛合金、高温合金等	转动件	水浸分区聚焦

1. 美国宇航材料规范

美国宇航材料规范（aerospace material specification）是SAE所属的航空航天材料委员会制定的材料标准，其中适合于盘件和棒材的超声检测标准包括AMS 2631、

AMS 2628 和 AMS 2636。

AMS 2631 标准名称为"钛及钛合金棒材、坯料和板材的超声检测",首版发行于 1972 年 11 月,当前版本为 E 版,修订于 2017 年。标准适用于横截面厚度或直径在 6.4mm 及以上的钛合金制件的超声检测,主要用于发现材料中的裂纹、空洞、海绵状区域、夹杂和其他缺陷。经客户认可时,也可采用该标准检测其他材料。此外标准还规定,直径 4.5 英寸及以上的圆棒可采用 AMS 2628 进行检测。

AMS 2628 最新版标准名称为"钛合金及其他金属合金的增强型超声水浸检测",首版发行于 1996 年 10 月,最初专门针对盘件用优质钛合金的高灵敏度检测而制定,采用了水浸分区聚焦检测技术。经过演化和发展,该标准所用的分区聚焦技术已经广泛应用于高温合金等其他材料,因此标准在原有基础上,于 2019 年修订为最新版本(B 版),增加了对钛合金以外材料的适用性描述。目前 AMS 2628B 的适用范围为:直径 5 英寸及以上的优质钛及钛合金棒材,也可用于其他金属棒材的检测,但需要采用适当的对比试块。

AMS 2636 标准名称为"优质钛及钛合金锻件的超声水浸检测",最早发布于 2012 年,最近一次修订在 2016 年。该标准对钛合金锻件的分区聚焦检测方法进行了规范,针对的对象主要为发动机盘件等具有较高质量要求的产品。

2. 中国国家标准

GB/T 5193 是针对钛及钛合金产品超声检测的国家标准,1985 年首次发布,经过 2 次修订,目前最新版本为 GB/T 5193—2020《钛及钛合金加工产品超声检验方法》。该标准技术内容最初参考 AMS 2631 制定,仅包含接触法和常规水浸检测方法,适用于横截面厚度或直径在 6~230mm 的钛及钛合金加工产品。在最后一次修订中(2020 年),标准将适用范围扩大至 6~500mm,同时增加了对分区聚焦检测方法的相关要求。

中国航发北京航空材料研究院等单位编制了专门针对特种金属大直径圆棒的超声分区聚焦检测的国家标准 GB/T 40324—2021《无损检测 大直径圆棒的超声分区聚焦检测方法》。与 GB/T 5193—2020 相比,该标准在检测对象方面包含了钛合金和高温合金,适用范围更广,在检测技术内容方面,对分区聚焦检测方法进行了更加细化的要求,具有更强的针对性。该标准发布实施可进一步推进大直径金属棒材的高灵敏度超声检测技术的应用。

3. 其他标准

我国航空行业发布了一系列针对盘件及棒材的超声检测标准,包括 HB/Z 33《变形高温合金棒材超声波检验》、HB/Z 34《变形高温合金圆饼及盘件超声波检验》、HB/Z 36《变形钛合金棒材超声波检验》和 HB/Z 37《变形钛合金圆饼及盘件超声波检验》等。这些标准普遍发布于 20 世纪八九十年代,发布时间较早且一直未修订，部分条款已不适合于国内现状，目前已开始上述标准的修订工作。

HB 20443—2018《发动机关键转动件用锻件水浸分区聚焦超声检测》是专门针对航空发动机中具有较高质量要求的转动件所编制的超声高灵敏度检测方法标准，对水浸分区聚焦检测技术在盘类件中的应用进行了规范。

此外，部分企业发布了内部标准，如中国航发的 AE 标准，由于仅内部使用因此不在本书参考范围内。

参考文献

［1］李家伟，陈积懋. 无损检测手册［M］. 北京：机械工业出版社，2002.
［2］史亦韦，梁菁，何方成. 航空材料与制件无损检测技术新进展［M］. 北京：国防工业出版社，2012.

第7章

钎焊结构质量的超声定量评价

7.1 概　　述

在航空航天产品的设计中，为了减轻质量，增加刚性、保证结构的稳定性，降低制造成本，越来越多地采用了焊接组合件，其中钎焊是主要的焊接类型之一。目前我国正在研究的钎焊结构件有很多，如钎焊蜂窝封严件、钎焊雷达缝阵天线、钎焊多孔层板等。

多数钎焊结构具有以下特点：在一个平行于表面的平面上分布，焊缝宽度小，形状分布不规则；质量验收通常是通过焊缝区内各类缺陷与完好区域的面积比率进行评价。为了保证焊接件使用的可靠性，在实际生产中常采用水浸聚焦超声C扫描方法对焊接质量进行评价。但由于缺乏统一的规范和检测工艺参数，不同单位和不同检验人员得到的检测图像往往会存在一定程度的差异，直接影响缺陷的识别和评定；另一方面，对于检测结果判定，特别是以钎着率为基础的钎焊质量定量评价尚未形成准确合理的方法。上述问题已影响了钎焊结构质量评定的准确性和真实性，危及钎焊结构的使用安全。

针对某一特定零件，采用超声C扫描评价钎焊质量的一般流程如图7-1所示。根据超声C扫描检测方法确定扫描时的参数；用该参数分别对实际零件和与零件相同或相似的、带有已知人工缺陷的对比试样进行超声C扫描检测并获得相应的C扫描图像；利用超声C扫描图像处理和定量评价软件对C扫描图像进行处理，获得焊接结构中缺陷的尺寸、钎着率等定量评价信息；通过将对比试样的评价结果与其实际的缺陷状态进行对比，对检测和定量评价结果的准确性进行验证；必要时实施补偿以获得测量值和实际值之间的修正关系，并对实际零件中缺陷的定量结果进行修正，获得零件整体焊接质量的定量评价结果，从而可以对焊接质量进行整体评价。

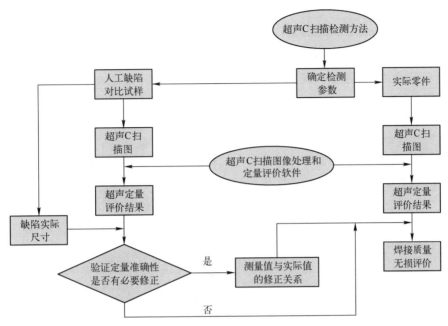

图 7-1 采用超声 C 扫描评价钎焊质量的一般流程

本章对钎焊结构的超声 C 扫描定量评价技术进行了讨论。首先将钎焊结构按其形状特征分为平板-蜂窝、平板-平板和平板-筋条等三类，针对三类零件探讨了对比试样的制作方法；在对比试样试验的基础上分析了影响钎焊结构超声 C 扫描成像质量的主要因素和如何确定最佳检测参数；随后着重介绍了利用专用软件进行不同钎焊结构钎着率自动定量评价的方法；最后对上述方法的定量准确性进行了试验验证。

7.2 钎焊试样的制作

具有代表性的钎焊试样是进一步开展检测方法试验研究的必要条件。钎焊试样要具有与实际被检零件相同的材料、工艺、尺寸和形状特征，制作时应针对具体的钎焊结构设计有代表性的人工缺陷。这些人工缺陷一方面应尽可能模拟实际缺陷的状态和特点，另一方面还应具有便于加工、便于测量尺寸等特点，以实现对检测过程进行校准的目的。

实际的钎焊结构往往十分复杂，为了使钎焊试样尽可能代表实际零件又不至于结构过于复杂，在对比试样设计和制作时需要考虑以下因素：

（1）试样的材料。显然试样的材料应尽可能与被检零件相同，如不能做到完全相同也应选用特性与被检零件相近的材料。这里的特性主要指材料的声特性，包括声速、声阻抗和声衰减。

（2）试样的结构。试样的结构应尽可能代表实际的零件，但由于实际的钎焊件往往结构十分复杂，设计时应进行一定的简化。比如雷达平板-筋条结构由数层迷宫形式的板叠放在一起钎焊而成，制作试样时可以简化成板和筋条的T形钎焊焊缝。

（3）试样的焊接工艺。试样的焊接工艺应与被检零件相同。所采用的钎料、钎剂等焊接材料，以及焊接温度、保温时间等工艺参数等都应与被检零件一致。

（4）试样中人工缺陷类型和尺寸。通常根据工艺特点、可能产生的缺陷类型以及产品质量要求，在试样中制作不同尺寸的平底孔、刻槽等人工缺陷。人工缺陷类型和尺寸一般与零件的技术条件有关。例如，技术条件要求检测出焊缝中 $\phi 3mm$ 的未焊合缺陷，则对比试样中应包含 $\phi 3mm$ 的人工缺陷。纵波检测中常用平底孔作为人工缺陷。

钎焊结构虽然形状各异，复杂多变，但仍存在一些共性。目前，平板-蜂窝钎焊、平板-平板钎焊和平板-筋条钎焊是三种典型且比较常见的钎焊结构。其他类型的钎焊结构与这三种钎焊形式均有不同程度的相似之处。

针对以上三种典型的钎焊结构，最适宜的对比试样加工方式不尽相同，下面逐一进行介绍。

7.2.1 平板-蜂窝钎焊结构

平板-蜂窝钎焊结构对比试样的典型设计如图7-2所示。

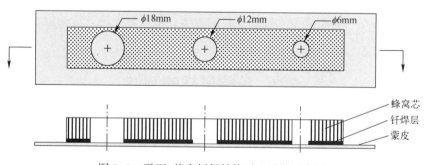

图7-2 平面-蜂窝钎焊结构对比试样示意图

可以采用的人工缺陷添加方式主要有：

（1）在焊好的试样上直接钻铣出平底孔；

（2）焊后在蜂窝中注入固化剂固化，钻铣出平底孔后通过加热或化学方法将固化剂去除；

（3）在蜂窝芯上加工出通孔然后与蒙皮进行钎焊；

（4）在目标部位添加阻焊剂进行钎焊。

采用方法1制作的平面-蜂窝钎焊对比试样和相应的超声C扫描图像如图7-3所示，由图可见，由于蜂窝芯较薄，在钻孔时由于钻头的冲击有可能会使蜂窝变形；方法2是对方法1的改进，采用该方法制作的平面-蜂窝钎焊对比试样和相应的超声C扫描图像如图7-4所示。与图7-3比较可以发现，由于钻铣前先用固化剂进行了支撑，蜂窝壁在加工过程中不会由于碰撞而产生变形，有效避免了出现蜂窝变形的情况。

(a) 实物图

(b) 超声C扫描图

图7-3 采用方法1制作的平面-蜂窝钎焊对比试样和相应的超声C扫描图像

平底孔的加工过程分为钻孔和采用平底钻铣孔两个步骤，由于钻、铣工序分开进行，采用1和2两种方法加工人工缺陷时，如果定位不准会产生孔底错位的问题，影响最终平底孔的质量。另外，如果钻孔深度未达到焊缝处，则会有蜂窝芯残留在孔底（图7-4（b）右二孔），表现在C扫描图像上是缺陷区和非缺陷区都会有蜂窝格出现，影响缺陷边界的确定。

(a) 实物图
(b) 超声C扫描图

图7-4 采用方法2制作的平面-蜂窝钎焊对比试样和相应的超声C扫描图像

通常情况下，蜂窝未铣平在试样上看并不明显，但采用超声C扫描检测时会十分明显。采用方法2和方法3制作的平面蜂窝钎焊对比试样和相应的超声C扫描图像如图7-5所示。图中右边三个孔也采用方法2加工而成，在超声C扫描图像上可以看出人工缺陷的大致轮廓，但缺陷内部仍显示出较明显的蜂窝状结构，在确定缺陷面积时，这种未铣平的孔会影响边界的判断。

图7-5中最左侧的孔采用方法3制作。由图7-5可见，采用该方法制作的平底孔，孔边缘不存在蜂窝变形的问题，孔底也不会产生蜂窝芯残留。但是由于焊接过程中，钎料会从间隙处渗入平底孔内，在对试样进行C扫描时也会对平底孔边缘的确定产生干扰。

蜂窝钎焊结构常常用在封严环等环形结构上，在检测这一类零件时会涉及从曲面入射。曲面与平面不同，当声束从水中入射到曲面试样时，会因曲面的"凸"或"凹"而产生会聚或发散的作用，因此，需要加工曲面钎焊试样。

图 7-5　采用方法 2 和方法 3 制作的平面蜂窝钎焊对比试样和相应的超声 C 扫描图像

研究曲面试样对超声 C 扫描图像影响，同时比较平面和曲面试样超声检测效果的差异。基于此，设计制作了曲面蜂窝钎焊对比试样，如图 7-6 所示。制作人工缺陷时，除采用上面提及的方法 2 和方法 3 外，还尝试采用方法 4，即添加阻焊剂的方式加工人工缺陷。

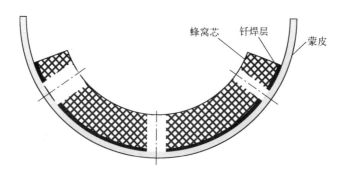

图 7-6　曲面蜂窝钎焊对比试样示意图

采用方法 2 和方法 4 制作的曲面蜂窝钎焊对比试样和相应的超声 C 扫描图像如图 7-7 所示；采用方法 3 制作的曲面蜂窝钎焊对比试样和相应的超声 C 扫描图像如图 7-8 所示。

从图 7-7 和图 7-8 可以看出，与方法 2、方法 3 机械加工的方式不同，采用方法 4 制作的人工缺陷为封闭式，从试样外观无法看出缺陷区和完好区的差别，只有从 C 扫描图中可以看出人工缺陷的位置和形状，因此无法直接对缺陷的实际尺寸进行测量。此外由于阻焊剂具有一定的流动性，无法保证人工缺陷具有整齐的边缘，不利于人工缺陷尺寸的确定和面积定量。

综上所述，在制作金属蜂窝钎焊结构对比试样时，不同加工方法各有优劣，总体而言，钻、铣等机械加工方法适合于规则形状的缺陷对比试样制作；添加阻焊剂的方法适合于模拟自然缺陷对比试样的加工制作。

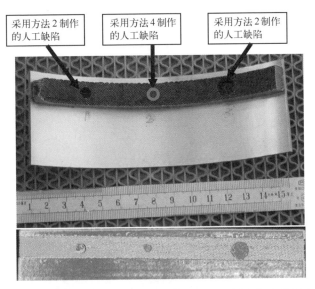

图 7-7 采用方法 2 和方法 4 制作的曲面蜂窝钎焊对比试样和相应的超声 C 扫描图像

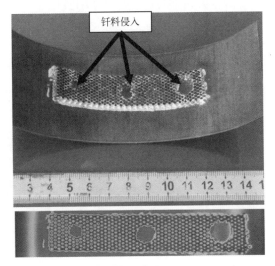

图 7-8 采用方法 3 制作的曲面蜂窝钎焊对比试样和相应的超声 C 扫描图像

7.2.2 平板-平板钎焊结构

首先设计了平板钎焊结构对比试样,如图 7-9 所示。每件尺寸为 50mm×100mm,每件包含人工缺陷:3 个平底孔（ϕ5mm,ϕ10mm,ϕ15mm）和 3 个槽（10mm×1mm,10mm×1.5mm,10mm×2mm）。

采用两种方法加工人工缺陷:①在平板状态钻出通孔后入炉焊接;②焊后在

下层板方向钻铣。

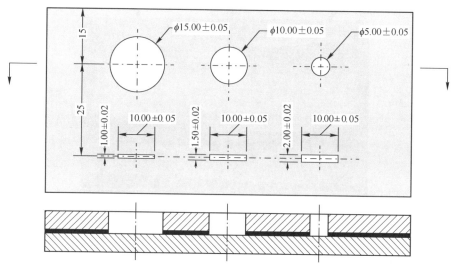

图 7-9　平板钎焊结构对比试样设计图

采用方法 1 制作的平板钎焊对比试样和相应的超声 C 扫描图像如图 7-10 所示。采用方法 2 制作的平板钎焊对比试样和相应的超声 C 扫描图像如图 7-11 所示。

(a) 对比试样　　　　　　　　　　　　(b) 超声 C 扫描图

图 7-10　采用方法 1 制作的平板钎焊对比试样和相应的超声 C 扫描图像

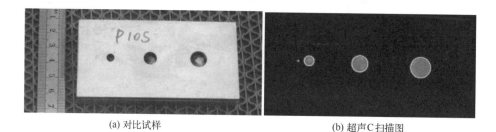

(a) 对比试样　　　　　　　　　　　　(b) 超声 C 扫描图

图 7-11　采用方法 2 制作的平板钎焊对比试样和相应的超声 C 扫描图像

观察图 7-10 和图 7-11 的结果可以发现,采用两种方法制作的人工缺陷试样都具有较好的质量,C 扫描图显示也并无明显差异。但加工细小的孔或槽时,由于毛细作用,钎料有可能会沿缺陷侧壁向上流动,因此在加工该类试样时应尽量采用方法 2。其他情况下,两种方法均适宜用于平板钎焊试样中人工缺陷的加工。

7.2.3 平板-筋条钎焊结构

平板-筋条钎焊结构常常出现在雷达平板-筋条上,其结构往往十分复杂,在检测时常常需要超声波穿过蒙皮、筋条、水层等结构检测内部的钎焊缝质量。为模拟实际检测,首先设计了平板-筋条钎焊结构对比试样,如图 7-12 所示。每件尺寸为 50mm×50mm,每件包含人工缺陷 2 个,位于筋条与下层板焊缝中心。

采用两种方法加工人工缺陷:①焊接前在需要预置缺陷位置涂阻流剂;②焊后在下层板靠近筋条位置铣出条状缺陷,两种方法的试样设计图分别如图 7-12(a)和图 7-12(b)所示。

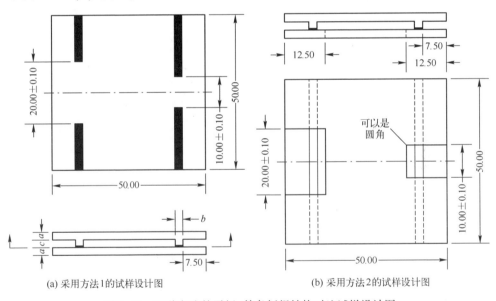

(a) 采用方法1的试样设计图　　(b) 采用方法2的试样设计图

图 7-12　两种方法的平板-筋条钎焊结构对比试样设计图

采用方法 1 制作的平板-筋条钎焊结构对比试样和相应的超声 C 扫描图像如图 7-13 所示。采用方法 2 制作的平板-筋条钎焊结构对比试样和相应的超声 C 扫描图像如图 7-14 所示。

观察图 7-13 的结果可以发现,采用方法 1 制作的人工缺陷无法从试样上直接观察到,因而无法确切知道其尺寸以及制作质量,此外由于阻流剂具有流动性,无法保证人工缺陷的形状规则,尺寸精确。从图 7-13 超声 C 扫描图中也可看出,左侧和右侧人工缺陷均出现不同程度的间断。图7-14显示出采用方法2制作的人工缺陷试样，直观清楚、尺寸便于测量，超声C扫描图也较清晰，重复性好。

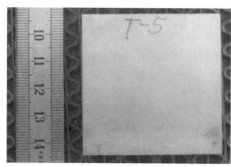

(a) 对比试样　　　　　　　　(b) 超声C扫描图

图7-13　采用方法1制作的平板-筋条钎焊结构对比试样和相应的超声C扫描图像

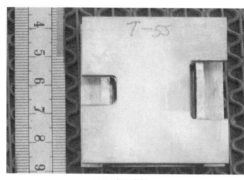 

(a) 对比试样　　　　　　　　(b) 超声C扫描图

图7-14　采用方法2制作的平板-筋条钎焊结构对比试样和相应的超声C扫描图像

7.3　钎焊结构的超声C扫描成像

由于能够形成直观的图像，便于进行缺陷的定量，超声C扫描成像检测被广泛应用于钎焊质量评价。其检测过程并不复杂，首先采用合适的参数获得焊缝位置的C扫描图像，然后对图像进行处理并统计缺陷面积，进而获得钎着率定量化表征钎焊质量。其中获得清晰准确的C扫描检测图像是定量评价钎焊质量的基本条件和关键因素。图7-15为三种典型的钎焊结构超声C扫描检测示意图。

为了获得最佳的成像效果，需要妥善选择实施C扫描时的工艺参数。影响超声C扫描的参数主要包括水距、探头频率、声束直径、扫描间距、灵敏度、入射表面曲率和板厚，它们对成像效果的影响各异，讨论如下。

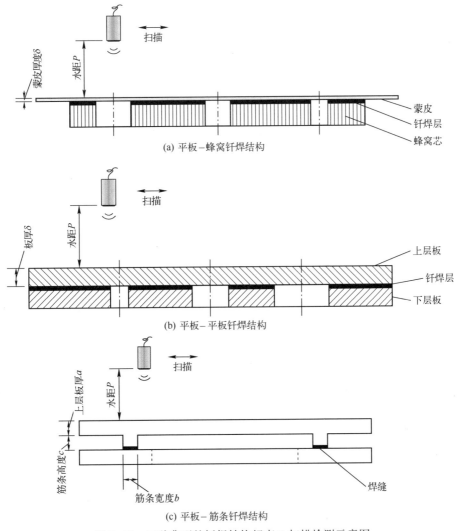

图 7-15 三种典型的钎焊结构超声 C 扫描检测示意图

7.3.1 水距

采用超声纵波直入射 C 扫描检测时,被检零件置于水槽中,探头发射的超声波通过水耦合进入零件,反射后被探头接收,从而完成检测。在这一过程中,探头与零件表面之间的距离称为水距,它能够保证超声波的有效耦合。但其更为重要的作用是,调节焦点在零件中的位置。

为了获得较好的灵敏度和分辨力,在检测时一般采用聚焦探头。根据聚焦检测的原理,焦点处的声束能量最强,通过改变水距可以使焦点位于零件的不同位置，使目标区域的检测分辨力和灵敏度实现最佳组合。在钎焊结构检测时，最关心的区域为焊缝区，因此选择水距时应尽量使焦点落在钎焊缝所在平面。

图 7-16 比较了焦点位于焊缝处和焦点位于蒙皮表面时，一块蜂窝-平板钎焊试样的超声 C 扫描检测结果。可见，当焦点位于焊缝处时 C 扫描图像中蜂窝格清晰可见，平底孔边缘锐利，而当焦点位于蒙皮表面时，C 扫描图像中蜂窝格模糊不清，平底孔边缘难以辨认，不利于精确测量。

 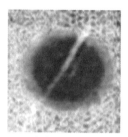

(a) 焦点位于焊缝处　　　(b) 焦点位于蒙皮表面

图 7-16　不同水距时试样的 C 扫描图

声束在水中和在金属中传播速度不同，在如图 7-15 所示的钎焊结构中，为了使焦点位于焊缝处，可通过以下公式计算水距：

$$P = F - \frac{c_{材}}{c_{水}} \cdot \delta \tag{7-1}$$

式中：P 为检测时的水距；F 为探头在水中的标称焦距；$c_{材}$ 和 $c_{水}$ 分别为材料和水中的纵波声速；δ 为超声入射表面到钎焊缝界面之间的距离（对于平板-蜂窝钎焊结构即为蒙皮厚度，对于平板-平板钎焊和平板-筋条钎焊结构为与超声入射方向同侧的平板厚度）。

需要说明的是，由于探头焦距是一定的，改变水距时，实际改变了位于结合面处的声束直径，因此水距对 C 扫描图像质量的影响可以归结于声束直径对它的影响。

7.3.2　探头频率

频率是探头的重要参数之一，频率越高对于小缺陷的检测能力越强，但同时衰减也越大并容易受到材料不均匀性的影响。

选取常用的 10MHz、15MHz 和 25MHz 三种频率的探头对蜂窝钎焊试样分别进行了超声 C 扫描检测试验，为了消除频率变化后声束直径因素的影响，试验时通过调整水距使焊缝处的声束直径大致相同。不同频率探头的 C 扫描结果如图 7-17 所示。

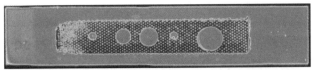

(a) 10MHz

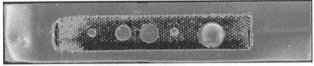

(b) 15MHz

(c) 25MHz

图 7-17　不同频率探头的 C 扫描结果

对比图像的蜂窝部分，可以看出采用不同频率探头得到的图像中蜂窝结构类似，C 扫描图像中蜂窝格边缘和中心对比清晰，蜂窝形状清楚；平底孔边缘锐利，易于分辨。

观察图像中母材部分 C 扫描图像发现，采用频率较低探头检测时，图像的底色均匀一致，而采用高频率探头时，图像深浅不一。这是由于高频探头对材料组织状态和表面状态更敏感，因此试样本身的不均匀会使底面反射回波幅度产生较大波动。

综上，当声束直径一定的情况下，探头频率对金属蜂窝钎焊件的成像质量没有明显影响，但高频率探头对蒙皮状态更敏感，使蒙皮的表面状态、厚度、曲率等变化反映在 C 扫描图像的背景中，干扰缺陷信号的识别和判断。

7.3.3　声束直径

在水浸聚焦检测中，聚焦探头的结构通常是在普通换能器前端附加一个具有一定曲率的声透镜，超声波经过声透镜的会聚作用，在水中形成聚焦形式的声场。聚焦探头原理示意图如图 7-18 所示。

将声压降低到最大值-6dB 时在直径和轴线上的扩散距离定义为焦点直径 ϕ 和焦区长度 L，其近似计算方法为

$$\begin{cases} \phi \approx \lambda \dfrac{F}{D} \\ L \approx 4\lambda \left(\dfrac{F}{D}\right)^2 \end{cases} \quad (7-2)$$

式中：D 为晶片直径（mm）；F 为焦距（mm）；λ 为波长（mm）。

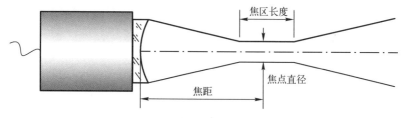

图 7-18　聚焦探头原理示意图

焦点直径和焦区长度反映了聚焦探头焦区的大小，焦区是检测可利用的主要声束范围。在该范围中，检测灵敏度和信噪比明显高于非聚焦探头，但在该范围之外，检测灵敏度下降很快，检测效果甚至可能不如非聚焦探头。

大多数情况下，检测时利用焦点附近的声场，但有时由于零件厚度较大，难以使焦点位于焊缝处，需要引入非聚焦探头常用的声束直径的概念。声束直径的定义可用于表征非聚焦或焦区外的声场。

声束直径代表了超声波在垂直于声轴线的特定截面上的发散程度，声束直径大意味着该截面上超声能量分布发散，反之意味着能量汇聚。由于钎焊结构检测时，只需要关注钎焊缝所在平面，对于该平面以外的区域并无要求。在进行超声 C 扫描时将闸门框住焊缝的深度范围，而忽略其他深度区域。因此，检测的声束在钎焊缝所在平面处的声场分布——即声束直径对超声 C 扫描图像的成像质量有极大的影响，可以说获得的 C 扫描图像的清晰度直接取决于所用的声束直径。

从声束直径的定义可知，为了改变检测时的声束直径可以通过变换探头和改变水距两种途径实现。不同的探头具有不同的声场分布，因此很容易理解，第一个途径受到晶片直径、频率和焦距等参数的影响，通过妥善选择探头可以获得所需要的声场。第二个途径利用了水浸检测时耦合层厚度可以调节的特点，将探头前端和零件表面之间的水层作为延迟介质，通过改变该介质厚度在焊缝处获得所需的声场。

探头的声束直径可以通过小球法测量，即：以小球为靶，测量探头与小球处于不同相对位置时的反射信号，根据互易性原理，该信号反映了小球所在位置的声场强度。具体的测量步骤可参考 ASTM E1065。需要说明的是，该方法测量的是探头在水中的声束直径，但考虑到纵波直入射检测时声场从水中入射到材料中时沿声束轴向的压缩作用远远强于沿横向的变化，因此可近似认为探头在水中的声束直径与材料中的声束直径相等。

图 7-19 绘制出了两个探头的声束直径随着水距的变化曲线。可以看出两个

探头表现出相同的变化规律:声束直径最小的位置即为焦点位置,此时的声束直径就是焦点直径,离开焦点的截面声束直径均大于焦点直径,距焦点距离越远的截面,声束直径越大。如果以焦点为原点,以声束传播方向为正向,探头声束直径沿正向发散得更平缓。

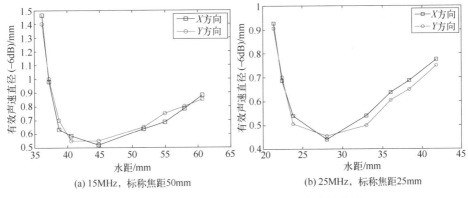

(a) 15MHz,标称焦距50mm　　　　(b) 25MHz,标称焦距25mm

图 7-19　两个探头的声束直径随水距变化的曲线

以蜂窝钎焊结构为例,讨论声束直径对超声 C 扫描图像质量的影响。通过改变水距和更换探头使钎焊界面位置具有不同的声束直径大小,观察获得的 C 扫描图像质量,结果如图 7-20 所示。所采用的试样中蜂窝直径为 1mm。

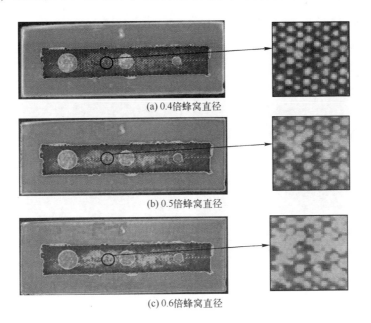

(a) 0.4倍蜂窝直径

(b) 0.5倍蜂窝直径

(c) 0.6倍蜂窝直径

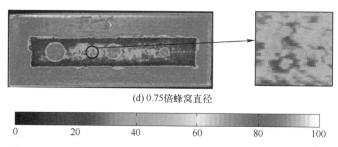

(d) 0.75倍蜂窝直径

图7-20 不同声束直径下平板-蜂窝钎焊结构的超声C扫描结果

从图7-20可见，结合处声束直径越小，C扫描图中的蜂窝形状越清晰明显，随结合处声束直径增大，C扫描图中某些位置的蜂窝连在一处，当声束直径超过蜂窝直径的0.7倍时，C扫描图中的蜂窝边界已模糊不清。

平板-平板钎焊结构和平板-筋条钎焊结构的超声C扫描与蜂窝钎焊结构类似，其扫描图像也会受到焊缝所在平面处的声束直径影响。如图7-21和图7-22所示。

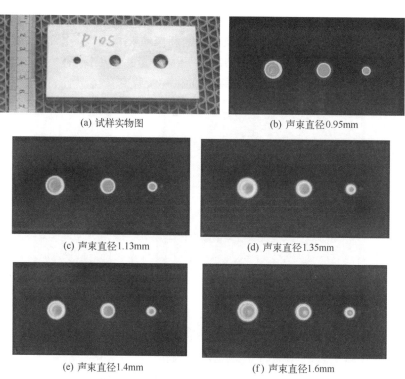

(a) 试样实物图　　(b) 声束直径0.95mm
(c) 声束直径1.13mm　　(d) 声束直径1.35mm
(e) 声束直径1.4mm　　(f) 声束直径1.6mm

图7-21 不同声束直径下平板-平板钎焊结构超声C扫描图像

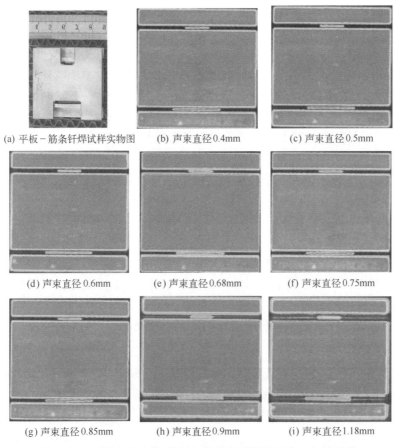

图 7-22　不同声束直径下平板-筋条钎焊结构超声 C 扫描图像

从结果中可以看出，随声束直径逐渐增大，平板-平板钎焊结构的超声 C 扫描图像中平底孔整体尺寸没有明显变化，但平底孔边缘的过渡区变宽，图像整体分辨力降低。平板-筋条钎焊结构在不同的声束直径下，虽然缺陷都清楚地显示出来，但缺陷的细节形状等存在细微差别。当声束直径在筋条宽度（约 1mm）的 0.4~0.85 倍范围内变化时，C 扫描图像差别不大，缺陷显示清晰完整，缺陷与完好区域的边界明显、幅度对比（80% 对 10%）较大，很容易测量其长度尺寸。但当声束直径超过筋条宽度的 0.85 倍时，从 C 扫描图中可明显看出，筋条的显示宽度增加了，缺陷宽度也随之增加，缺陷位置与完好区域的幅度对比度降低（30% 对 10%）。因此，实际检测时宜选用声束直径在筋条宽度 0.85 倍以下探头，以获得较清晰的缺陷显示图像和较高的图像对比度。

总体而言，平板-平板和平板-筋条钎焊结构的超声 C 扫描图像也受到焊缝平面上声束直径大小的影响，但与平板-蜂窝钎焊结构相比，这两种钎焊结构对声束直径敏感性稍低。

分析以上试验结果可知,由于声束直径影响超声的横向分辨力,因此声束直径对C扫描图像的影响主要表现在对图像细节的锐利程度的影响。即检测所用声束直径越小,结合面上越细小的变化越容易在C扫描图像中予以显现;反之则不容易显现。为得到较好图像质量,应尽量使用小尺寸的焦点直径进行检测。然而实际检测时为了达到扫描区域100%覆盖,通常要求扫描间距不大于焦点直径的0.7倍,如果焦点直径减小,则必须相应降低扫描间距,这会大大影响扫描的效率。因此实际检测时的焦点直径也不宜过小。此外从定量准确度分析,声束直径越小,平底孔定量时偏差越小,准确度越高,关于定量准确性的分析在后面有详细阐述。

7.3.4 扫描间距

在超声C扫描检测中,扫描间距也是重要参数之一。扫描间距的大小直接关系到C扫描图像的成像质量,图像中各种尺寸测量值的准确性,以及检测效率。

仍以平板-蜂窝钎焊试样为例,图7-23显示了不同扫描间距下,同一试样的超声C扫描成像效果。该试样中蜂窝直径约为1.6mm,除扫描间距外,其他参数保持不变。

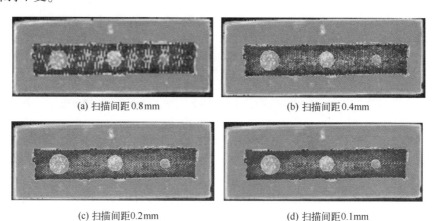

图7-23 不同扫描间距下平板-蜂窝钎焊试样超声C扫描图

从图7-23中可见,当扫描间距大于或等于0.4mm(即蜂窝边长的一半)时,随着扫描间距的减小,C扫描图像逐渐变得清晰,图中蜂窝格也更加分明。当扫描间距小于0.4mm时,随着扫描间距的减小,C扫描图像的质量没有明显变化,对蜂窝格的影响也相对较小。

图7-24和图7-25显示了不同扫描间距对平板-平板钎焊结构和平板-筋条

钎焊结构超声 C 扫描成像质量的影响。

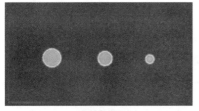 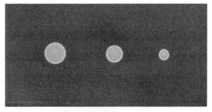

(a) 扫描间距0.4mm　　　　　　　　(b) 扫描间距0.2mm

图 7-24　不同扫描间距平板-平板钎焊结构超声 C 扫描图像

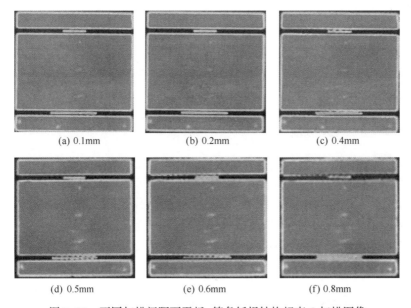

图 7-25　不同扫描间距下平板-筋条钎焊结构超声 C 扫描图像

对于平板-平板钎焊结构，扫描间距对缺陷的检出影响不是很大，但会影响成图的质量，与图 7-24（b）相比，图 7-24（a）中的平底孔边缘有明显的锯齿。

对于平板-筋条钎焊结构，扫描间距为 0.1mm、0.2mm 和 0.4mm 时得到的图像中都清楚地显示出缺陷的位置，筋条和缺陷轮廓都很清晰。但当间距达到 0.4mm 时图像上缺陷的边缘存在一定程度的失真并有明显的锯齿。当扫描间距进一步增大时，C 扫描图中出现类似马赛克的锯齿，缺陷幅度与完好区的对比度进一步减小，不利于 C 扫描成像和缺陷尺寸定量。

通过上述试验结果可知，扫描间距会影响超声 C 扫描图像的分辨率，扫描间距越小，图像中细节显示越清晰。为了获得更高质量的 C 扫描图像，应尽量选择较小的扫描间距。然而小的扫描间距会增加扫描时间，降低检测效率。对于蜂窝钎焊试样，扫描间距小于蜂窝直径的四分之一时即可得到较好的C扫描图像质量；对于平板-筋条钎焊结构，检测时选用的扫描间距最好不要超过筋条宽度的一半。

扫描间距还会对C扫描图像中尺寸的测量精度产生影响，扫描间距较小时测量精度较高，因为图像的像素点密度大，比较容易找到幅度变化的位置；而扫描间距较大时测量精度较低，因为此时像素与像素之间没有明显的过渡，测量的偶然误差较大。扫描间距与缺陷尺寸测量准确度的关系在后文中有详述。

结合声束直径的影响试验结果，扫描间距和声束直径共同对C扫描图像产生影响。当声束直径较大时，过小的扫描间距对图像质量的改善程度很有限，同时会大幅增加检测所花费的时间；当声束直径较小而扫描间距过大时，则无法发挥小焦点直径的优势并存在漏检风险。因此检测参数选择时，应合理控制扫描间距与声束直径的比例，一般该比值在0.3~0.7范围时可保证覆盖范围并提供较好的图像分辨力。

7.3.5 扫描灵敏度

在变形金属超声检测时灵敏度是比较重要的参数，通过调节设备增益使特定的平底孔人工缺陷达到指定高度作为扫描灵敏度，可以保证技术条件要求的缺陷能够有效检出。对于钎焊类结构的检测，灵敏度的作用并不明显，图7-26比较了不同灵敏度下同一个试样的超声C扫描图像，试验时将未钎焊蜂窝部位的底波反射幅度调节到80%作为基准灵敏度，在此基础上提高和降低灵敏度，分别进行扫描，观察超声C扫描图像质量。

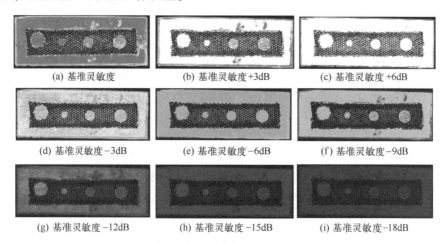

图7-26 不同灵敏度下蜂窝钎焊试样超声C扫描图像

可以看出，当底波达到 80% 增益为 45.5dB，加 3dB 后母板反射回波过高，加 6dB 后蜂窝孔边缘不清晰；-3dB、-6dB、-9dB、-12dB 的 C 扫描图像中蜂窝边缘可以辨认，但是当低于-6dB 时，焊合与未焊合区域幅度差较小，会增加缺陷定量的难度，降低准确性。在平板-平板钎焊结构和平板-筋条钎焊结构上也能得到类似的结果。

由此可见，在一定的扫查灵敏度之内，灵敏度对钎焊结构中缺陷的检出几乎没有影响；但是当灵敏度过大时，检测结果会失真，当扫查灵敏度过小时，图像对比度下降，缺陷的形状会发生改变。

7.4 缺陷尺寸测量

7.4.1 影响缺陷尺寸测量准确度的因素

在获得了相对清晰的缺陷超声 C 扫描图像后，需要在 C 扫描图像上对缺陷的尺寸进行测量。根据超声 C 扫描图像中的缺陷显示对缺陷尺寸进行定量时，如何确定缺陷的边界很大程度上影响着定量结果的准确性。目前通用的方法是采用"相对-6dB"，即将缺陷的最大反射信号调节到 80%FSH，在缺陷上方移动探头，当信号幅度降低到 40%（即-6dB）时，认为探头中心正位于缺陷边界处。该方法操作简单，既能应用于水浸法检测也可用于接触法检测，而且适应性强，定量结果也较准确。利用"-6dB 法"在超声 C 扫描图像上测量缺陷尺寸的一般过程如图 7-27 所示。

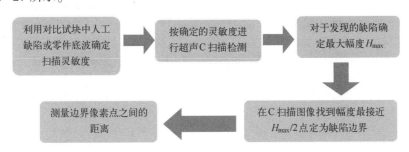

图 7-27　利用"-6dB 法"在超声 C 扫描图像上测量缺陷尺寸的一般过程

根据上述分析，除了测量重复性引入的不确定度外，可能影响缺陷定量准确性的因素有缺陷处声束宽度、缺陷边缘曲率、扫描和数据采集方式、扫描灵敏度、噪声引起的信号波动、扫描间距和步进间距、按幅度过滤过程等。

1. 声束宽度和缺陷边缘曲率的影响

为了研究声束宽度和缺陷边缘曲率对缺陷定量准确性的影响，首先假设声束作用直径始终小于缺陷的直径，因为只有此时才可以应用"-6dB"确定缺陷尺寸。当采用"-6dB法"测量缺陷尺寸时，默认假设了：随着探头向缺陷边缘移动，当缺陷反射信号幅度从最大值降低一半时，探头中心位于缺陷边界处。这一假设在缺陷边缘为规则的直边时比较合理，因为此时探头的声场刚好一半被缺陷反射[图7-28（a）]。而对于平底孔型缺陷，由于缺陷边缘存在一定的曲率，探头中心与缺陷边界并不完全重合，此时的测量结果存在一定误差[图7-28（b）]。

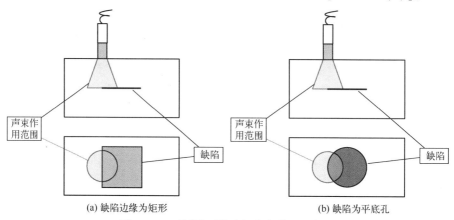

(a) 缺陷边缘为矩形　　(b) 缺陷为平底孔

图7-28　不同类型缺陷与声束关系示意图

为了对这一误差大小进行定量分析，假设探头的作用范围为一标准的圆，圆的直径为声场在该深度的声束宽度，当声束作用范围与缺陷重合的面积达到声束作用范围面积的一半时，信号幅度降低-6dB，此时探头中心与缺陷边缘的距离为 ΔR，设平底孔半径和声束半径分别为 R 和 r。根据几何关系可以得出 R、r 和 ΔR 之间的关系曲线（图7-29）。

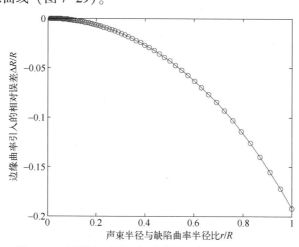

图7-29　测量相对误差与声束-缺陷半径比关系曲线

从图中可以看出 ΔR 始终为负值，可见当缺陷为平底孔时，由于缺陷边缘曲率的影响，采用"-6dB"测量其直径时会使结果存在一个负的相对误差。该误差随声束半径与缺陷曲率半径比的增大而增大，当声束与缺陷尺寸相等时误差最大，可达到近20%。当声束小于缺陷的1/2时，该误差在5%以下。

为验证计算结果的准确性，采用"-6dB"法对不同孔径的标准平底孔人工缺陷试块进行了测量，试验中为避免其他因素引入的误差，未采用C扫描方式而是使用手动机械控制的方式测量长度。具体做法是：首先调节增益使平底孔的最大反射信号达到80%（或接近80%）；沿 x 方向（或 y 方向）将探头移到缺陷边缘，信号下降到最大信号的一半位置，记录该点坐标；反向沿缺陷直径方向移动探头使信号重新下降到最大信号的一半，记录该点坐标；记录两坐标之差作为一次缺陷直径的测量值；取多次重复测量的平均值消除手动测量误差。结果如图7-30所示，2.4mm平底孔的测量结果与理论值偏差较大，其他各孔的误差值基本符合理论计算结果。

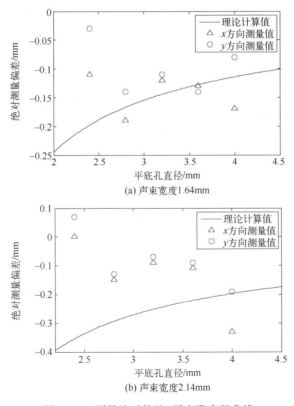

图7-30 测量绝对偏差-平底孔直径曲线

除了会产生一个负的相对误差外，在声束宽度和缺陷曲率半径的共同作用下，缺陷边缘信号幅度的变化速率也会受到影响，如图 7-31 所示。例如当声束宽度变化时，探头沿平底孔中心移动时信号幅度的变化规律有可能由图中的实线变为虚线，此时"-6dB"位置的斜率（也就是信号随位置的变化速率）由 k_1 变为 k_2，探头移动单位距离引起的信号幅度变化也会随之变化。

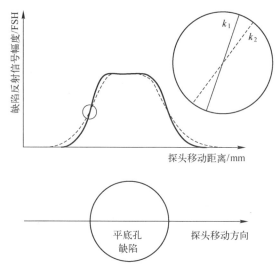

图 7-31　不同条件下缺陷边缘信号幅度的变化速率

信号随位置的变化速率记为 k_A，与幅度变化有关的尺寸测量误差皆会受 k_A 值变化的影响，关于斜率 k_A 如何具体影响到测量的不确定度将在后续分析中详细阐述。本节中主要讨论 k_A 值是如何受声束宽度和缺陷边缘曲率变化影响的。

绘出了不同声束宽度下，探头从缺陷一端移动到另一端时信号幅度随位置的变化曲线，随着声束宽度的增加，曲线在缺陷两端的变化情况逐渐变得平缓。通过理论分析计算了探头在缺陷边缘时的斜率 k_A，发现 k_A 值随声束宽度增加而减小，也就是说信号的变化速率降低了（图 7-32）。

为了研究曲率对信号幅度变化率的影响，采用不同直径的平底孔人工缺陷试块，测量了缺陷边缘位置的信号变化率。试验时，将探头移动到缺陷边缘使其幅度降低到峰值的一半，然后使探头沿平底孔直径方向移动一个很小的位移（0.2mm），测量此时信号幅度的变化，即得到该位置信号的变化率，如图 7-33 所示。从图中可以看到，缺陷边缘信号变化率 k_A 并没有明显地随平底孔直径变化的趋势。计算结果表明，对于 2.14mm 声束宽度，当平底孔直径从 2.4mm 变化到 4mm 时，斜率仅从 42.68FSH/mm 变化到 45.91FSH/mm，可见缺陷边缘曲率对 k_A 值的影响远没有声束宽度的影响显著。

第 7 章 钎焊结构质量的超声定量评价

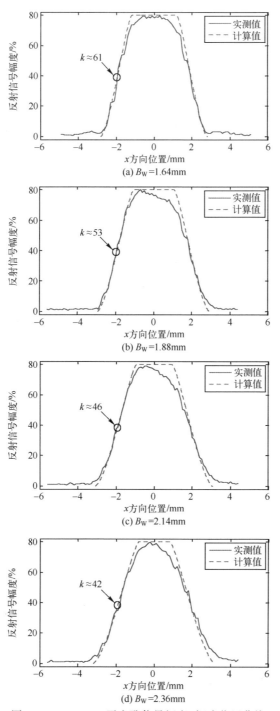

图 7-32 $\phi 4.0$mm 平底孔信号幅度-探头位置曲线

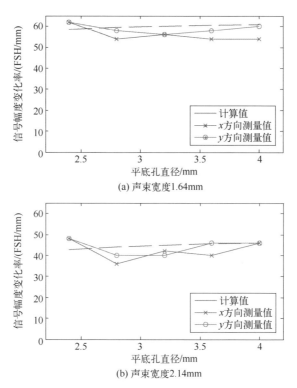

图 7-33 不同直径平底孔边缘信号幅度变化率 k_A

以上结果表明,信号幅度变化率 k_A 主要受缺陷所在处的声束宽度影响,受缺陷边缘处的曲率变化影响很小。

综上,在采用"-6dB"法测量缺陷尺寸时,缺陷边缘的曲率和声束宽度会对测量结果产生两个影响:①使测量结果存在一个负的相对误差,该误差的数值与声束作用半径和缺陷边缘曲率半径的比值有关;②缺陷边缘信号幅度变化率 k_A 受声束宽度影响,间接影响测量结果的准确性。

2. 信号幅度变化的影响

在定位缺陷边界时依据的是信号幅度,即寻找信号幅度达到特定水平时对应的探头位置。若信号幅度变化,将直接影响到缺陷边界定位的准确性进而反映到尺寸测量的结果中。影响信号幅度变化的因素较多,本节只讨论灵敏度调节的离散性和噪声两方面。

一般情况下,检测时灵敏度并非连续调节,最小步进量由具体的超声检测仪器决定(如 0.5dB、0.2dB 等)。因此实际检测时会使获得的幅度数据由于离散而产生误差,误差的最大值与测量位置的信号幅度本身有关。

设测量位置的信号幅度为 H,则由灵敏度离散性引起的幅度最大偏差 ΔH 满足下式：

$$\Delta H_G = \frac{1}{2} H \cdot (10^{\frac{\Delta G}{20}} - 1) \qquad (7-3)$$

式中：ΔG 为灵敏度调整的最小步进量。

根据前文讨论，信号幅度的变化 ΔH_G 会引起位置测量结果的变化 Δx_G，两者之间比值为该处斜率 k_A。则位置测量结果最大误差 Δx_G 满足

$$\Delta x_G = \frac{\Delta H_G}{k_A} \qquad (7-4)$$

另一方面，由于电噪声和材料噪声的存在，实际检测时的信号会产生一定程度的随机波动，在检测过程中该波动一直存在，引起测量时信号幅度的不确定。由噪声引起的测量结果误差最大值 Δx_n 可表示为

$$\Delta x_n = \frac{\Delta H_n}{k_A} \qquad (7-5)$$

式中：ΔH_n 为噪声引起的信号幅度变化最大值。

3. 数据采集方式和回程误差的影响

由于目前超声 C 扫描系统机械装置多为丝杠滑轨式，因此不可避免会存在回程差。这会使在 C 扫描过程中探头的实际位置和与编码器显示的位置存在一定偏差，该偏差在探头沿扫描轴的前进阶段和后退阶段绝对值保持不变，相差一个负号，表现在 C 扫描图像上就会使相邻扫描行之间存在错位。

此外，系统的数据采集方式也会对错位产生贡献。C 扫描系统的工作方式为按峰值幅度采集信号并进行模数转换，具体过程是：仪器的输出信号按固定频率刷新（脉冲重复频率 PRF），扫描时当探头移动到相应位置时触发模数转换过程（采集），位置信号的变化只触发采集过程而不影响脉冲的发射和接收，因此实际检测时存在两个频率：信号的刷新频率（PRF）和扫描时数据采集频率。由于种种原因，扫描时两个频率并不能保证完全同步，此时采集到的信号既非编码器指示位置的信号，也不是探头所在实际位置的信号，而是最近刷新的信号，该信号在时间轴上与编码器触发时间相比滞后了 Δt。

错位现象的产生原理示意图如图 7-34 所示。假设在 t_1 时刻编码器指示位移为 s_1，此时触发了数据采集过程，由于此时超声探伤仪的信号并未刷新，实际采集的信号为 t_2 时刻的实际位移 s_3，实际位移和 C 扫描图像中信号的指示位移会相差 Δs，其绝对值满足下式：

$$|\Delta s| = |s_1 - s_3| < E_B + \frac{v_s}{f_P} \qquad (7-6)$$

式中：E_B 为系统的回程差；v_s 为扫描速度；f_P 为脉冲重复频率。上述位移差只出

现在扫描轴,而且由于扫描方向相反,相邻扫描行之间的位移差相差一个负号,这就使得获得的 C 扫描图像存在错位。

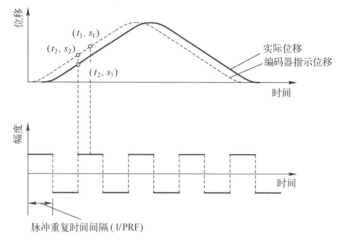

图 7-34 错位现象的产生原理示意图

目前采用的系统是在扫描完成后对图像进行修正来消除错位的影响,修正的作用单位是一个像素,对应一个扫描间距。由于错位的数值并不一定为扫描间距的整数倍,因此修正后的 C 扫描图像仍然有可能存在残余错位。由于残余错位的存在,会使沿扫描轴测量的缺陷长度存在误差,该值在 $(0,+\delta x/2)$ 区间内均匀分布,其中 δx 为扫描时的扫描间距。

4. 扫描间距和步进间距的影响

由于扫描过程中扫描间距和步进间距的作用,C 扫描中反射信号幅度随位置的变化并非连续变化,而是以扫描间距为间隔的离散的点。反映在 C 扫描图像上,即缺陷边缘无法找到严格满足"-6dB"的点,只能找幅度最接近的点代替。这种代替会引入误差,其绝对值不大于扫描间距(或步进间距),此外该误差的数值和分布规律还与所采用的替代规则有关。

如果采用就近原则,在目标点两侧选择与其幅度最接近的点代替缺陷边缘,则由扫描间距(或步进间距)产生的误差在 $(-\delta x/2,+\delta x/2)$ 区间内均匀分布,其中 δx 为扫描时的扫描间距(或步进间距)。如果实际检测时采用幅度过滤方式将低于"-6dB"的点过滤掉,则只会选择幅度大于目标点且最接近其幅度的点代替缺陷边缘,此时由扫描间距(或步进间距)产生的误差在 $(-\delta x,0)$ 区间内均匀分布。测量直径时,引入的不确定度为两个均匀分布之和,是一个 $(-2\delta x,0)$ 区间内的三角分布。

7.4.2 缺陷尺寸测量不确定度分析

当被测对象为平底孔时,平底孔直径 d 的表达式为

$$d = d_M - d_M \delta_c + \frac{1}{k_A}(\delta H_n + \delta H_G) + \delta s_1 + \delta s_2 \tag{7-7}$$

式中:d_M 为采用超声-6dB 法得到的平底孔直径测量值;δ_c 为由声束宽度和曲率引入的相对修正值;δH_n 为材料噪声和电噪声引起的信号幅度变化;δH_G 为增益控制离散性引入的信号幅度变化;δs_1 为数据采集滞后和回程间隙引起的图像错位;δs_2 为扫描/步进间距离散性对结果的影响。

根据以上的分析识别出超声 C 扫描测量缺陷尺寸的过程各个不确定度分量。测量对象为标称直径为 ϕ5mm 的平底孔,采用游标卡尺测量的平底孔直径为 4.91mm。

1. 不确定度分量

1)测量重复性引入的不确定度分量,u_1

采用 A 类方法评定。

对同一平底孔试块中的人工缺陷直径进行了重复性测量试验。试验共进行 15 次,x 方向为扫描轴,y 方向为步进轴,x 方向和 y 方向总共 30 次的测量数据分别统计,见表 7-1。

表 7-1 平底孔直径 15 次测量值

试验序号	平底孔直径测量值/mm	
	x 方向	y 方向
1	5.0	4.8
2	5.1	4.9
3	5.1	4.9
4	5.0	4.9
5	5.0	4.9
6	5.0	4.8
7	4.9	4.9
8	5.0	4.9
9	5.0	4.9
10	5.0	4.8
11	5.0	4.8
12	5.1	4.9
13	5.0	4.9
14	4.9	4.9
15	5.0	4.9

统计 30 次测量结果可以得到，测量均值 $\bar{d}=4.94$mm，标准差 $s(d)=0.09$mm，对于单次测量 $u_1=s(d)=0.09$。若测量值采用 30 次结果的平均值，则 $u_1=s(d)/\sqrt{30}=0.02$。

2) 声束宽度和缺陷边缘曲率引入的不确定度，u_2

按 B 类方法评定。根据不确定度计算原理，可表示为

$$u_2 = d_M u(\delta_c) + \delta_c u(d_M) \tag{7-8}$$

式中：$u(\delta_c)$ 为修正值的不确定度；$u(d_M)=u_1$ 为测量值的不确定度。当声束宽度和缺陷边缘曲率确定时 δ_c 为确定值，可认为 $u(\delta_c)=0$，则 $u_2=\delta_c u_1$。考虑到所用探头的声束宽度小于曲率半径的一半，取 $\delta_c=0.05$，此时 $u_2=0.09\times0.05=0.004$，数值过小可忽略不计。

3) 灵敏度调整离散性引入的不确定度，u_3

按 B 类方式评定。所采用的仪器灵敏度调整的最小步进量为 0.5dB，缺陷边界位置以 40%FSH 为界，则由此引起的信号幅度变化

$$\delta H_G < \frac{H}{2}(10^{\frac{0.5}{20}}-1)=1.2\% \text{FSH} \tag{7-9}$$

测量平底孔直径时，可认为 δH_G 为两个半宽度为 1.2 的均匀分布之差，合成为半宽度 2.4 的三角分布。通过试验方法测得 $k_A=61$，并忽略 k_A 测量时的不确定度，可得 $u_3=\dfrac{u(\delta H_G)}{k_A}=\dfrac{2.4}{61\sqrt{6}}=0.02$

4) 噪声引起的信号幅度变化引入的不确定度，u_4

按 B 类方式评定。通过试验方法测得 $k_A=61$，并忽略 k_A 测量时的不确定度，则

$$u_4=\frac{u(\delta H_n)}{k_A} \tag{7-10}$$

在测量平底孔直径时，最大噪声幅度为 2%FSH，取包含因子 $k=2$，可认为 δH_n 为两个标准差为 1 的正态分布之差，因此 $u_4=\sqrt{2}\dfrac{1}{61}=0.02$。

5) 图像错位引入的不确定度，u_5

按 B 类方法评定。

图像经修正后仍然可能存在残余错位，最大值为半个扫描间距。实际检测时采用了 0.1mm 的扫描间距，受此影响缺陷尺寸测量结果将产生（0，0.05）区间内均匀分布的不确定度，$u_5=\dfrac{0.05}{2\sqrt{3}}=0.01$。

6）扫描/步进间距离散性（或分辨力）引入的不确定度，u_6

按 B 类方法评定。

测量平底孔直径时，由两侧的边界坐标相减得到，因此扫描/步进间距离散性引入的不确定度是一个区间半宽度为扫描间距的三角分布，$u_6 = \dfrac{0.1}{\sqrt{6}} = 0.04$。

2. 合成标准不确定度

根据以上分析，忽略各不确定度分量的相关性，则合成不确定度满足

$u_c(d) = \sqrt{u_1^2 + u_2^2 + u_3^2 + u_4^2 + u_5^2 + u_6^2} = \sqrt{0.02^2 + 0.004^2 + 0.02^2 + 0.02^2 + 0.01^2 + 0.04^2} = 0.05 \text{mm}$

可以看出，由扫描间距和步进间距引入的测量不确定度对合成不确定度的贡献最大，可见测量不确定度的主要来源为测量分辨力引入的不确定度。

3. 扩展不确定度

由于合成不确定度主要来源于 u_6，因此合成标准不确定度的分布近似为 u_6 的分布（三角分布），取包含因子 $k = \sqrt{6}$，则测量的扩展不确定度 $U = ku_c(d) = 0.12 \text{mm}$。

4. 其他说明

需要说明的是不确定度分量 u_1 采用了 30 次测量平均值的方式计算，若实际测量中取单次测量的结果，则 $u_1 = 0.09 \text{mm}$。此时合成标准不确定度主要来源为测量重复性引入的不确定度。

对于更一般的情况，当声束的宽度和缺陷边缘曲率变化时，u_2 虽然会受到影响，但只要声束宽度与缺陷边缘曲率的比值足够小（小于 1/4），其对不确定度的贡献仍远小于其他因素。另一方面，当声束宽度变化时，缺陷边界信号幅度变化率 k_A 会相应改变，例如当声束宽度由 1.6mm 增加至 2.4mm 时，k_A 由 61 降低至 42，在缺陷边界的信号幅度变化率和信号的噪声不变的情况下，u_3 和 u_4 增大。

扫描间距增大会使 u_5 和 u_6 引入的测量不确定度增加，当其他条件不变，扫描间距增加至 0.3mm 时，u_6 引入的测量不确定度占合成标准不确定度的 90%，远大于其他因素影响。

7.5 钎着率的超声定量评价

针对平板-蜂窝钎焊结构、平板-平板钎焊结构和平板-筋条钎焊结构，我们可以利用 7.3 节中所详细描述的研究结果，通过合理选择探头频率、探头焦点直径、扫描间距等参数，获得相对理想的超声 C 扫描图像。该图像是对钎焊缝区域焊接质量的图形化描述，为了实现焊缝区域焊接质量的定量评价，还需要对该结果进行解释翻译。

钎着率是对钎焊质量的定量化描述，它是指钎焊焊缝上完好区域与整体焊缝面积的比值。对于某一特定的钎焊工艺，钎着率越大表示焊缝质量越高。钎着率的定义虽然简单，但其统计过程存在难度，必须从超声 C 扫描图像中提取出焊缝区域、缺陷区域和完好区域并分别统计面积。以往检测中，采用剪纸称重或是用网格纸绘图并统计格数的方式，费时费力且准确性不高。

为了获得更可靠更准确的结果，必须尽可能使这一过程达到程序化、自动化，尽量排除人为因素干扰。通过设计具有图像处理和缺陷统计功能的软件是实现这一目的的有效途径。其核心思想是：将对图像的解释和翻译过程固化到程序中，最大限度地降低人为因素对检测结果的影响。

7.5.1 软件研制

焊缝和缺陷区域的选择是软件的核心功能，针对三种钎焊结构 C 扫描图像的特点，应使用不同的区域选择方式，如规则形状选择、多边形选择和按幅度选择等。规则形状选择和多边形选择方式一般采用鼠标操作，利用规则形状（圆形、椭圆形、矩形）或不规则多边形方式框选出图像中某一区域，并以直观方式将选中区域标注于图像上。按幅度选择方式可采用：①用鼠标点选图像中某一颜色的点，将所有颜色索引值高于（或低于）该点的像素作为选区；②手动输入某一幅度百分比，将颜色索引值高于（或低于）该幅度（换算为索引值）的像素作为选区。

对于平板-平板钎焊和平板-筋条钎焊结构，焊缝区域形状通常较规则，可以采用规则形状选择或多边形选择的方式确定焊缝总区域，缺陷区域可采用按幅度选择的方式。

对于平板-蜂窝钎焊结构，由于焊缝区信号幅度变化较大，C 扫描图像上颜色会在较大范围内变化，无法采用按幅度选择的方式，此时只能采用规则形状选择或多边形选择的方式确定焊缝总区域和缺陷区域。

为便于操作，设计的软件应具有友好的图形化用户界面，包含功能区、图像处理区、状态信息栏和菜单栏等结构，同时为了实现缺陷的尺寸测量和钎着率定量评价，软件应具备如下功能：

1. 图像预处理

按如图 7-35 所示的流程进行图像的预处理。

2. 图像的缩放显示功能

能够对处理完毕的图像进行缩小和放大显示的功能，并能使用抓取功能任意拖拽移动。

3. 图像选区编辑功能

选择图像区域时，可以采用交集、并集、补集形式对当前选区进行增删操作。同时在信息栏实时显示选区信息（选区面积等）。此外，具有将当前选区保存为模板格式的功能，对于类似图像可以采用读取模板操作将选区调出，并进行适当的修改微调操作。

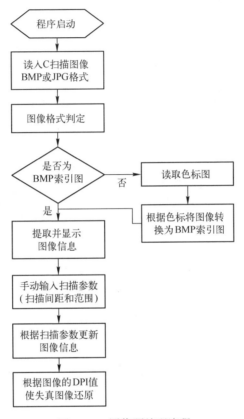

图 7-35　图像预处理流程

4. 测量功能

用鼠标拖出一个矩形框，显示矩形框信息，包括长度、宽度、对角线长度、矩形面积、内切圆面积、外接圆面积。

5. 焊缝钎着率统计

选区选择完成后，可以选择将当前选区定义为总焊缝区域、未焊合区域或焊合完好区域。当总焊缝区域和未焊合区域（或焊合完好区域）都选择完成后，可以对焊接区的钎着率进行统计。统计结果显示于信息栏。

图 7-36 给出了根据上述设计需求编制的钎焊结构超声 C 扫描图像处理和钎着率定量评价软件的用户交互界面。

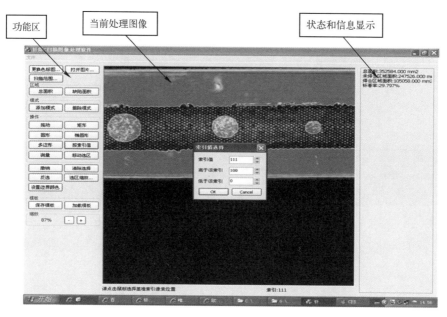

图 7-36　用户交互界面

7.5.2　试验验证

为了对定量评价的准确性进行评估，利用钎焊质量超声 C 扫描定量评价方法对带有人工缺陷的钎焊试样和实际钎焊结构零件进行了检测，扫描时针对每一试样分别选用 7.3 节确定的优化扫描参数；在此基础上，利用《钎焊结构超声 C 扫描图像处理和钎着率定量评价软件》对 C 扫描图像进行了处理，并统计了缺陷面积，计算了整个焊缝的钎着率，完成对结果的处理和定量评价分析。

1. 平板-蜂窝钎焊试样

选取三件蜂窝钎焊试样分别进行 C 扫描检测。扫描参数为：焦点位于焊缝处，扫描间距 0.2mm（蜂窝直径的 1/8），灵敏度采用母材底波 80%，扫描速度 50mm/s。蜂窝钎焊试样的超声 C 扫描结果如图 7-37 所示。蜂窝钎焊试样焊接质量定量评价结果见表 7-2。

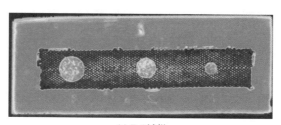

(a) F-S试样

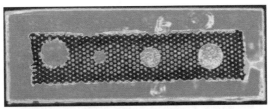

(b) F-M-G2试样

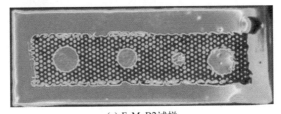

(c) F-M-B2试样

图 7-37 蜂窝钎焊试样的超声 C 扫描结果

表 7-2 蜂窝钎焊试样焊接质量定量评价结果

试样编号	缺陷面积/mm²		焊缝区总面积/mm²		钎着率	
	C 扫测量	机械测量	C 扫测量	机械测量	C 扫测量	机械测量
F-S	134.0	147.9	1217.3	1220.0	89.0%	87.9%
F-M-G	226.4	233.7	1601.3	1423.0	85.9%	83.6%
F-M-B2	242.2	234.7	1656.2	1412.0	85.4%	83.4%

结果表明：采用本方法对蜂窝钎焊结构中的平底孔缺陷面积定量准确度在 ±10% 以内，钎着率评价准确性与焊缝总面积有关，对于本试验所用试块钎着率计算值与实际偏差在 3% 以内。

2. 平板–平板钎焊试样

选取平板钎焊试样 8 件分别进行 C 扫描检测。扫描参数为：焦点位于焊缝处，扫描间距 0.2mm，灵敏度采用母材底波幅度达到 80% 时的灵敏度，扫描速度 50mm/s。平板–平板钎焊试样的超声 C 扫描结果如图 7-38 所示。其中人工缺陷从左至右依次编号为 1，2，3。焊接质量定量评价结果见表 7-3 和表 7-4。

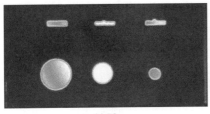

(a) P2

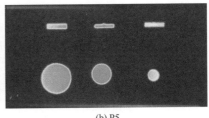

(b) P5

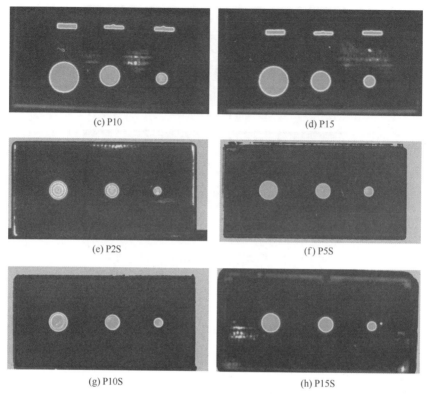

图 7-38　平板-平板钎焊试样的超声 C 扫描结果

从表 7-3 和表 7-4 中可见，本方法对于槽型和孔型人工伤的长度定量评价结果准确度很高，对于 10mm 长的槽型缺陷，定量准确度可达到 5% 左右。

表 7-3　平板-平板钎焊试样（P2、P5、P10、P15）焊接质量定量评价结果

试样编号		人工缺陷尺寸/mm（槽长度）		
		槽 1	槽 2	槽 3
P2	测量值	10.1	10.1	10.0
	实际值	9.8	9.9	9.9
	绝对误差	0.3	0.2	0.1
	相对误差	3.6%	2.4%	1.0%
P5	测量值	9.9	9.6	9.9
	实际值	10.0	10.0	9.9
	绝对误差	−0.1	−0.4	0.0
	相对误差	−0.9%	−3.6%	0.2%

续表

试样编号		人工缺陷尺寸/mm（槽长度）		
		槽1	槽2	槽3
P10	测量值	10.0	10.4	10.0
	实际值	9.9	9.7	9.9
	绝对误差	0.1	0.7	0.1
	相对误差	0.9%	6.8%	1.2%
P15	测量值	10.0	10.0	10.1
	实际值	9.9	9.9	9.9
	绝对误差	0.1	0.1	0.2
	相对误差	0.6%	0.9%	1.7%

表7-4 平板-平板钎焊试样（P2S、P5S、P10S、P15S）焊接质量定量评价结果

试样编号		人工缺陷尺寸/mm（孔直径）		
		孔1	孔2	孔3
P2S	测量值	9.9	7.7	—
	实际值	10.1	8.0	5.0
	绝对误差	-0.3	-0.4	—
	相对误差	-2.6%	-4.4%	—
P5S	测量值	10.0	8.0	5.1
	实际值	9.8	7.9	5.0
	绝对误差	0.2	0.1	0.1
	相对误差	1.4%	1.5%	0.8%
P10S	测量值	10.1	8.1	4.8
	实际值	10.0	8.0	4.9
	绝对误差	0.1	0.1	-0.1
	相对误差	0.8%	1.2%	2.0%
P15S	测量值	10.0	8.0	4.8
	实际值	10.0	8.0	4.9
	绝对误差	0.0	0.0	-0.1
	相对误差	0.4%	0.6%	-2.0%

对P2S、P5S、P10S、P15S四个试样的钎着率进行了统计计算，采用软件自动定量评价方法统计了不同试样的钎着率数值，利用缺陷的物理测量值计算了缺陷和整个焊缝的实际面积，获得钎着率的实际测量结果。将软件定量结果和实际

的物理测量值相对比,结果如表7-5所列。可见,采用本方法获得的平板-平板钎焊钎着率统计结果具有很高的准确度,其与实际结果的偏差在0.5%以内。

表7-5 平板钎焊试样焊接质量钎着率统计

试样编号		缺陷面积/mm²	焊缝区总面积/mm²	钎 着 率
P2S	C扫测量值	132.7	5031.8	97.4%
	物理测量值	149.9	4997.5	97.0%
P5S	C扫测量值	143.4	4986.8	97.1%
	物理测量值	144.7	4996.5	97.1%
P10S	C扫测量值	139.3	4981.3	97.2%
	物理测量值	147.6	4995.0	97.0%
P15S	C扫测量值	133.2	5006.7	97.3%
	物理测量值	148.1	5009.5	97.0%

3. 平板-筋条钎焊试样

选取平板-筋条钎焊试样四件T1、T2、T3、T4分别进行C扫描检测。扫描参数为:焦点位于焊缝处,扫描间距0.2mm,灵敏度采用母材底波幅度达到80%时的灵敏度,扫描速度50mm/s。平板-筋条钎焊试样超声C扫描图像如图7-39所示。焊接质量定量评价结果见表7-6。

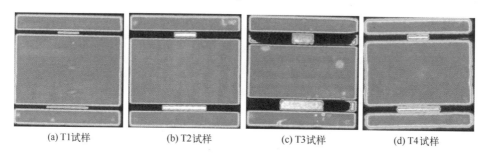

(a) T1试样   (b) T2试样   (c) T3试样   (d) T4试样

图7-39 平板-筋条钎焊试样超声C扫描图像

表7-6 模拟平板-筋条钎焊试样焊接质量定量评价结果

试样编号		人工缺陷尺寸/mm		相对误差
		测量值	实际值	
T-1	大	19.7	20.0	-1.5%
	小	9.8	10.0	-2.0%
T-2	大	19.7	20.0	-1.5%
	小	9.8	10.0	-2.0%

续表

试样编号	人工缺陷尺寸/mm			相对误差
		测量值	实际值	
T-3	大	19.7	19.9	-1.0%
	小	9.8	10.0	-2.0%
T-4	大	19.7	20.0	-1.5%
	小	9.9	10.0	-1.0%

通过与实际值比较可知，从 C 扫描图中测量的缺陷长度均小于其物理实际长度，测量值的相对误差在 2% 以内，可见该方法在测量平板-筋条钎焊结构中筋板+蒙皮钎焊部位中的缺陷长度时准确度很高。

4. 实际钎焊结构

为了验证本项目的超声 C 扫描检测和缺陷定量评价方法对实际零件的适应性，选取航空发动机中部分钎焊结构进行了验证。

1) 动力涡轮外环组件

图 7-40 为动力涡轮外环组件试验件超声 C 扫描图像。图 7-40 中所示三个零件钎焊焊缝的钎着率分别为 44%、98% 和 89%。

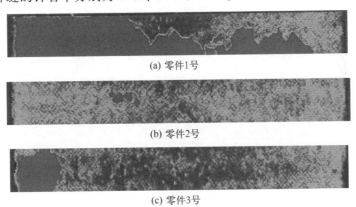

(a) 零件1号

(b) 零件2号

(c) 零件3号

图 7-40　动力涡轮外环组件试验件超声 C 扫描图像

2) 套筒组件

图 7-41 为套筒组件超声 C 扫描图像。图 7-41 中所示套筒组件钎焊焊缝的钎着率为 91%。

图 7-41　套筒组件超声 C 扫描图像

3)封严环组件

如图 7-42 所示为封严组件超声 C 扫描图像。图 7-42 中所示封严环组件钎焊焊缝的钎着率为 94%。

图 7-42　封严环组件超声 C 扫描图像

参考文献

[1] 王铮,史亦韦. 多层钎焊结构件超声 C 扫描信号特征分析 [J]. 航空材料学报,2006,26(3):357-358.

[2] 芦颉. 金属蜂窝夹芯结构的疲劳行为研究 [D]. 哈尔滨:哈尔滨工程大学,2010.

[3] 史亦韦. 超声检测 [M]. 北京:机械工业出版社,2005.

[4] 石剑,吕健. 金属蜂窝真空钎焊件的超声波检测 [J]. 无损检测,2007,29(7):392-394.

第8章

钛合金复杂精密铸件的无损检测

8.1 钛合金复杂精密铸件在航空发动机中的应用

钛合金是一种优良的结构和功能材料,具有比强度高、耐高温、耐腐蚀、高低温力学性能良好的特点,其工业价值、资源寿命和发展前景仅次于铁、铝,是"正在崛起的第三金属"。采用先进的精密铸造技术,可以直接成形各种形状的近净尺寸或净尺寸的钛合金制件。精密铸造技术的材料利用率高,机械加工量少,可以降低生产成本并缩短制造周期。近年来,随着铸造技术水平的不断提高,以及热等静压(HIP)和特种热处理工艺的应用,钛合金铸件的质量和性能已经接近或达到其锻造等变形制件的水平。

高推重比发动机对重量的要求十分苛刻,结构设计时需要大量采用比强度高的材料,同时要求材料能在恶劣的环境(如超高温和强腐蚀)下可靠地工作。为了提高推重比,发动机零件结构设计提出了整体化、轻量化、空心薄壁化和精密化等要求。钛合金精密铸件因满足上述设计要求而成为了航空发动机零部件的主要选择之一。

根据实际工作温度,钛合金铸件可以分为中温钛合金铸件和高温钛合金铸件。目前,国产中温钛合金主要有 ZTC4(同 Ti-6Al-4V,工作温度在 350℃ 以下)和 ZTA15(同 Ti-6Al-2Zr-1Mo-1V,工作温度在 500℃ 以下),其中 Ti-6Al-4V 是国内外使用最广泛的铸造钛合金。国产高温钛合金有北京航空材料研究院研制的 ZTA29,合金名义成分为 Ti-5.8Al-4Sn-4Zr-0.7Nb-1.5Ta-0.4Si-0.06C,该合金具有较高的高温蠕变抗力和强度,能够在 600℃ 长时间工作。

中温钛合金铸件主要用于航空发动机压气机部分。国外高性能涡轮风扇发动机 F100 钛合金用量高达 38%,整个发动机用了 25 种不同类型的 130 多个 ZTC4 合金精密铸件,取代原来的钢制零件,使每个发动机的质量减少 14kg。迄今为止，国外已经成功研制了 RB199、F100、CFM56、CF6-80、F119 等大型发动机的薄壁钛合金中介机匣、风扇机匣、高压压气机机匣、压气机转子和定子等复杂精密铸件（图 8-1~图 8-3）。CF6-80C 发动机的整体钛合金中介机匣的外形尺寸为 $\phi 1295mm \times 368mm$，是目前世界上最大的钛合金精密铸件，代表钛合金精密铸造领先水平。

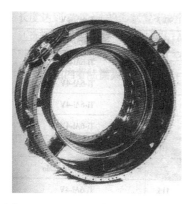

图 8-1 RB199 发动机的 Ti-6Al-4V
合金整体精密铸造中介机匣
（铸件尺寸：$\phi 763mm \times 254mm$ 质量：47kg）

图 8-2 整体精密铸造的 CF6-80C
发动机风扇机匣
（铸件尺寸：$\phi 1300mm$ 质量：182kg）

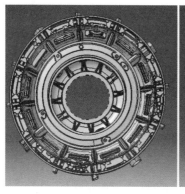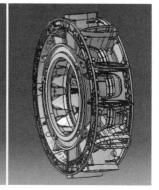

图 8-3 CFM56-7B 发动机 Ti-6Al-4V 风扇机匣
（铸件尺寸：$\phi 1200mm$）

近几十年内，由于国内航空行业的快速发展，对钛合金精密铸件需求不断增加，针对铸造钛合金及其铸造成形技术开展了深入的研究工作，先后研制出多种航空发动机用钛合金铸件，如安装座、支板、扩压机匣、中介机匣等。其中中小型钛合金铸件具备大批量生产条件，如安装座、支板；大型复杂薄壁精密铸件具备小批生产的能力，如中介机匣。北京航空材料研究院目前研制出最大的钛合金精密铸造中介机匣直径超过 1400mm，高度超过 300mm，制造尺寸达到国际先进水平。

8.2 钛合金复杂精密铸件无损检测技术特点

8.2.1 钛合金复杂精密铸件结构特点

钛合金复杂精密铸件结构基本特征是壁薄、复杂，机匣类铸件是其中的典型代表。机匣类铸件以往都采用多件连接的方式制造，随着铸造技术的发展，逐步实现了以铸代焊，如 CF6-80C 发动机风扇机匣钛合金铸件取代了原来由 88 个小型不锈钢铸件经机加工和焊接组合成的部件，大大改善了该部件的强度和刚性以及尺寸精度，降低了制造成本，同时减轻了 55% 的重量。CF6-80C 发动机风扇机匣铸件由 12 个结构不同的空心支板、内环、外环、分流环及安装环组成，直径达到 1295mm，最小壁厚仅 2mm，具有多层结构、壁薄、变截面厚度、整体尺寸大的特点，且内部空间较为狭小，采用 X 射线照相检测时，透照角度的控制及底片的布置都较为困难。

8.2.2 钛合金复杂精密铸件内部常见缺陷

铸造是采用高温液态金属流动充满铸型，最后凝固成型的制造技术。在浇注凝固过程中，铸件内部可能产生裂纹、夹杂、疏松、缩孔、气孔等缺陷。这些缺陷将导致铸件在后续使用过程中出现裂纹、疲劳断裂、失效等问题，严重影响铸件使用安全。因此，铸件在进行机加工之前，须根据技术条件规定，对其中的超标缺陷进行排查，确保铸件能够满足使用要求。

热等静压是改善铸件内部质量的重要手段，该方法将铸件置于惰性气体环境、高温、均匀高压下，通过材料的蠕变和扩散过程使铸件内部孔洞等缺陷冶金愈合。钛合金复杂精密铸件经过热等静压工序后，内部的疏松及部分气孔、缩孔类缺陷会消失，因此经热等静压后的钛合金复杂精密铸件内部主要缺陷为夹杂、缩孔、气孔。

经过 X 射线照相检测，钛合金复杂精密铸件内部的超标缺陷需要经过打磨和修补去除。修补采用补焊的方式，因此可能在铸件内部引入新的焊接缺陷，类型主要为未熔合。

8.2.3 钛合金复杂精密铸件内部质量控制要求

铸件根据其受力情况、重要程度和工作条件分为 Ⅰ、Ⅱ、Ⅲ 和 Ⅳ 四类。其中

Ⅰ类铸件是指承受大载荷或交变载荷，工作条件复杂，位于发动机关键部位的重要铸件，该铸件的损坏将导致发动机的失效，威胁全体机上人员的生命安全。Ⅱ类铸件是承受中等载荷，位于重要部位的铸件，该铸件损坏将引起发动机主要部位失效等重大故障。Ⅲ类铸件是指承受低载荷，用于一般部位的铸件。Ⅳ类铸件是Ⅰ、Ⅱ、Ⅲ类铸件之外的铸件。Ⅰ、Ⅱ类铸件的表面及内部均需100%无损检测。航空发动机中使用的铸件由于需要高可靠性、安全性和长寿命，多为Ⅰ、Ⅱ类铸件，因此对铸件中缺陷控制要求较高。

GJB 2896—2007《钛及钛合金熔模精密铸件规范》是军用的航空钛合金铸件常用的技术规范，以此为例介绍航空发动机钛合金精密铸件内部质量控制要求。根据GJB 2896，铸件按照不同部位（或区域）的重要程度分为A、B、C、D四个质量级别。A为最高质量级别，B为高质量级别，C为较高质量级别，D为一般质量级别。铸件的类别和质量级别由设计部门会同制造有关部门确定，并在图样中注明。未注明的铸件类别为Ⅳ类，质量级别为D级。铸件类别与质量级别有对应关系，类别越高的零件其内部质量要求越高。如Ⅰ类铸件的指定区质量级别要达到A级或B级，非指定区质量要求为C级，而Ⅲ类件的指定区质量要求为C级，非指定区为D级。表8-1为GJB 2896中对铸件内部质量的要求，规定了X射线检测内部缺陷允许的级别，铸件中的缺陷按照HB 6573—1992《熔模钢铸件用标准参考射线底片》中的标准底片参考评定。

表8-1 GJB 2896中X射线检测内部缺陷允许级别

铸件质量级别	铸件壁厚/mm	标准板厚/mm	内部缺陷允许级别				
			气孔	缩孔	海绵状缩松	树枝状缩松	低密度夹杂
A	小于3	3.2	供需双方协商确定				
	3~9.5	9.5					
	大于9.5	19.0					
B	小于3	3.2	6	不允许	4	5	4
	3~9.5	9.5	4	不允许	2	4	3
	大于9.5	19.0	4	2	2	4	3
C	小于3	3.2	7	不允许	5	7	5
	3~9.5	9.5	5	不允许	3	5	4
	大于9.5	19.0	5	2	3	5	4
D			不要求				

8.3 钛合金复杂精密铸件的 X 射线照相检测

8.3.1 X 射线照相检测的原理及特点

射线检测技术是利用被检工件由于成分、密度、厚度等的不同，对射线产生不同的吸收或散射的特性，对被检工件的质量、尺寸、特性等作出判断的无损检测方法。射线穿透物体时其强度的衰减与被检工件的性质、厚度及射线光量子的能量相关。对单色窄束射线（假设射线波长唯一，不考虑散射），在厚度非常小的均匀媒质中，射线穿过物体时的衰减程度与相关所穿透的物体厚度呈指数规律，射线衰减的基本规律可以写为

$$I = I_0 e^{-\mu T} \tag{8-1}$$

式中：I_0 为入射射线强度；I 为透射射线强度；T 为吸收体厚度；μ 为线衰减系数。

随着厚度的增加透射射线强度将迅速减弱。衰减的程度也相关于射线本身的能量，这体现在式（8-1）中的线衰减系数，对于特定材料的工件，入射射线能量越高，线衰减系数越小。

X 射线照相检测是使用最为广泛的射线检测技术，该技术使用 X 射线机提供 X 射线、使用胶片接收穿透物体后的射线，胶片经过显影和定影后变为底片，工件的不同材料、结构以及内部缺陷将会在底片上形成深浅不一的图像。图 8-4 为 X 射线照相的基本透照布置。

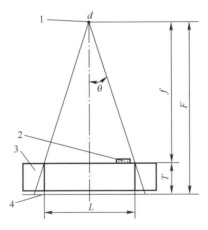

1—射线源；2—中心束；3—工件；4—胶片。
图 8-4 X 射线照相的基本透照布置

X射线照相检测缺陷的能力，受射线底片影像质量的对比度、不清晰度、颗粒度三个因素影响。在日常的射线照相检验工作中，广泛采用射线照相灵敏度这个概念描述射线照片记录、显示缺陷的能力，它在一定程度上综合评定了三个基本因素对影像质量的影响结果。目前，测定射线照片的射线照相灵敏度采用像质计，射线检测标准规范均对射线照相灵敏度作出了要求，具体表示为底片上要求发现的像质计丝号或孔径（取决于使用的像质计类型）。

8.3.2 X射线照相检测工艺研究

目前国际上，对于钛合金复杂铸件内部质量的检测仍然是主要采用X射线照相检测技术。航空发动机所使用的钛合金复杂铸件，要求对铸件内部进行100% X射线照相检测。需要注意的是某些大型钛合金精铸件，由于其结构复杂，限制了射线透照角度与布片位置，采用X射线照相法往往难以实现100%检测，只能通过多次透照方式尽可能地提高X射线照相有效检测范围。

大型薄壁复杂整体精铸件的X射线照相检测工艺编制，需要关注透照区的正确划分、多胶片技术的合理运用、透照角度的正确选择以及多层壁透照方式的采用等技术要素。为了提高透照重复性和检测效率，还应根据透照工艺设计或选用合适的检测工装。下面以航空发动机用钛合金中介机匣为例，介绍X射线照相检测工艺研究。

1. 射线检测技术级别

钛合金中介机匣X射线照相检测标准主要为GJB 1187A—2001《射线检验》。由于钛合金中介机匣属于Ⅰ类铸件，采用B级射线照相检测技术。B级是GJB 1187A中规定的高级X射线照相技术，在需要满足较高的影像质量要求时使用。B级（高级）X射线照相技术，与A级（普通级）相比，在所使用的胶片、底片黑度、焦距、像质计灵敏度等方面都有更高的要求。比如B级技术应选用细颗粒胶片或者微颗粒胶片，并通过采用较大的焦距、较长的曝光时间以获得较大的底片黑度及较高的像质计灵敏度。

2. 正确划分透照区

任何产品的射线检测，正确划分透照区域都是一个关键的问题，是确定其他透照参数的前提和基础。合理的透照区划分不仅可以保证射线底片质量、更大的检测范围以及更高的缺陷检出率，而且还可以尽可能地减少透照次数，提高检测效率。对于钛合金中介机匣等复杂铸件，正确地划分透照区更加重要。由于机匣为多层回转连接结构，根据其结构特点，可以逐层分解透照，大体分为外环、内环、分流环和支板四大部分，首先以此四大结构为基础，依次划分透照区域，然后对一些转接处再作专门透照，这样可以实现对铸件最大范围的检测，最大程度保证铸件检测质量。

3. 双（多）胶片检测技术

双（多）胶片检测技术是针对截面厚度变化较大的零件，为减少曝光次数，在同一暗袋中包装两张或多张感光度不同或相同的胶片同时曝光的检测技术。鉴于钛合金中介机匣大部分部位都具有变化的厚度，尤其是厚度均匀过渡的区域较多，采用双（多）胶片技术可以有效地减少透照次数，提高检测效率。如中介机匣的分流环安装边，厚度范围为7~17mm，采用两张感光度不同的底片可以一次透照检测。

4. 双（多）壁透照

钛合金中介机匣检测时，由于其结构复杂的特点，在透照某些部位时不可避免地会出现双壁透照，甚至是三壁透照，比如中介机匣的支板以及分流环等部位。多壁透照的底片，其底片质量一般相对较差，在射线照相操作过程中，需要对工艺的执行准确到位，保证最好的底片质量，以便于缺陷的正确判定。同时由于多重壁投影，给缺陷的准确定位带来了一定的困难，需要通过不同壁的底片对比逐一排除的方法来确定缺陷所在的壁。如果缺陷需要清除，需要掌握射线源、被检部位和底片的相对位置，甚至是改变一定的角度重新透照，方可准确定位缺陷的具体位置。

5. 射线检测专用工装

国外一些风扇机匣X射线检测标准中对透照过程中使用的工装作了明确规定，要求透照的机械系统能够保证零件、胶片或增感屏、X射线管之间相对位置的重复性。这一点国内以前的重视程度不够，标准中也没有相应规定，检测往往受人员手动操作的影响很大，检测的重复性较差。近些年铸件结构越来越复杂，纯人工操作透照大型复杂铸件，不仅操作困难，且控制不准确，难以严格执行工艺要求，影响底片质量，甚至影响缺陷的检出。针对复杂薄壁铸件的射线照相检测，必须有专用射线透照工装才能保证良好的检测效果。图8-5为北京航空材料研究院研制的某型号中介机匣专用射线检测工装，可满足检测不同部位的需要，实现了零件位置的准确控制，大大提高了检测的重复性和一致性，而且操作便捷，省力高效。

6. 散射线防护

射线照相检测中到达胶片的散射线，最主要的是来自透照工件本身，其次是工件背面与周围的物体。对于大型薄壁复杂整体精密铸件，由于其结构复杂、尺寸大，在射线透照时，与简单结构铸件相比，其达到胶片的散射线更强；另外，由于很多部位透照需要将胶片插入铸件中进行透照，在胶片后方较近的铸件部分或者工装是重要的散射源。因此在透照过程中必须注意在胶片后方放置适当厚度的铅板对背散射线进行防护，选用的背铅板厚度必须经过背散射效果试验验证。另外由于总体散射线较强，在选用增感屏时需要通过一定的试验，以选用到合适厚度的增感屏。如在某型号中介机匣的射线检测工艺的编制过程中，对增感屏的厚度进行了试验，对使用的增感屏的厚度进行了规定，其中将后增感屏的厚度由常用的 0.03mm 改为了 0.1mm。

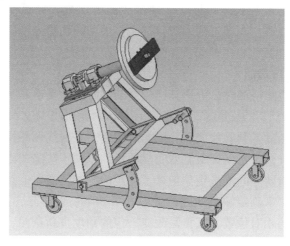

图 8-5 某型号中介机匣专用射线检测工装

8.3.3 典型缺陷的检出及分析

表 8-2 归纳了钛合金铸件常见内部缺陷及影像特征。

表 8-2 钛合金铸件常见内部缺陷及影像特征

缺陷名称	缺陷特征	在 X 射线底片上呈现的影像特征
气孔	铸件内部大小不等的表面光滑有金属光泽的孔洞，形状有球形的、椭圆形的	外形光滑的圆形或椭圆形暗黑色斑点，中间较四周黑，大小不等，聚集程度不一
缩孔	铸件凝固过程中，由于补缩不良产生的孔洞缺陷，形状不规则，内孔壁粗糙	形状不规则，中间黑度较四周高出较多的暗斑影像，面积较大，轮廓一般较清晰
疏松	铸件凝固过程中，由于补缩不良造成的，是细小分散的形状不规则的孔洞缺陷，常出现在细长均匀薄壁的铸件中	不规则的暗黑影像，或呈树枝状、连续线状，或呈絮状，或呈云雾状
裂纹	铸件在凝固末期和常温的冷却过程中，其收缩可能受到阻碍，这些阻碍作用将导致在铸件中产生应力，当应力超过铸件金属当时的强度时将引起开裂，产生裂纹缺陷	底片上呈粗细不一的黑线状影像
高密度夹杂	存在于钛铸件内与钛合金成分完全不同的质点，其密度比钛高	底片上呈现亮的影像，轮廓较清晰，形状不规则，大小不一

(续)

缺陷名称	缺陷特征	在 X 射线底片上呈现的影像特征
低密度夹杂	存在于钛铸件内与钛合金成分完全不同的质点，其密度比钛低	底片上呈现暗的影像，轮廓较清晰，形状不规则，大小不一
未熔合	钛铸件补焊时零件金属与焊料金属未熔化成为一体	底片上呈拉长、断续的条状单线或双线平行的暗黑色影像，影像的黑度与背景的黑度差比较小

根据大型薄壁复杂整体精铸件的铸造工艺，其常见的内部缺陷有缩孔、气孔、疏松、高密度夹杂，而低密度夹杂和裂纹较少出现。随着国内热等静压条件的具备，铸件在不同的检测阶段，需要关注不同类型的缺陷。为防止热等静压后铸件变形，需要在热等静压前检测铸件的缩孔情况，并需要将较大的缩孔清除，较小的缩孔以及其他孔洞类缺陷在热等静压前可以不必关心。通过热等静压处理，可以将铸件内较小的孔洞类缺陷压合。在热等静压后的射线检测中，最常见的铸件缺陷就是高密度夹杂。铸件经过修补后，补焊区主要的缺陷是未熔合。图 8-6 为实际检测中常见的缺陷影像。

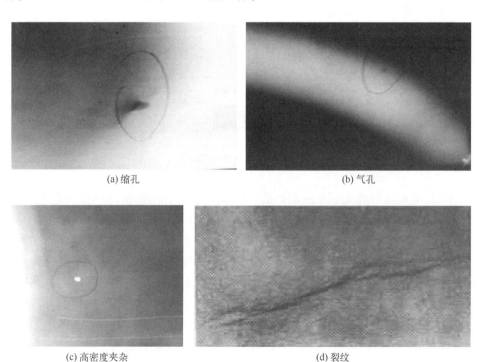

图 8-6 实际检测中常见的缺陷影像

8.4 计算机射线照相检测技术

8.4.1 计算机射线照相检测技术原理及特点

计算机射线照相检测（computed radiography，CR）技术是指将 X 射线透过工件后的信息记录在存储磷光成像板（storage phosphor image plate，IP）上，经扫描装置读取，再由计算机生成数字化图像的技术。与常规 X 射线照相检测技术相比，CR 技术只是将射线接收装置由胶片替换为了 IP，形成潜影前的过程是一致的，不同点在于 IP 中的潜影是由 IP 读取器变为数字图像存储在计算机中供人评判。IP 和 IP 读取器是 CR 检测过程中的关键部件。

常见的 IP 结构见图 8-7。表面保护层及底板通常由聚酯树脂类纤维制成，耐磨损、透光率高、不受外界温湿度变化的影响，作用是保护磷光层；磷光层由微量元素铕 Eu^{2+} 的钡氟溴化物结晶（BaFX）与多聚体溶液组成，是 IP 的核心层，受到射线照射产生潜影；基底的作用是保护、支撑磷光层；光屏蔽层是为了防止光由背面透到磷光层，提高图像清晰度。

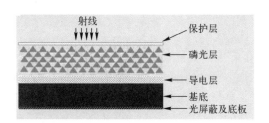

图 8-7 常见的 IP 结构

IP 经电离辐射曝光，形成潜影后，IP 读取器将其中的潜影转换为数字图像。IP 读取器发射激光扫描 IP，IP 产生光激发光（PSL）现象，发出光量子；光量子被采集并传输至光电倍增管（PMT）；光电倍增管将接收到的光量子成比例转换为模拟电信号；模拟电信号经过放大、滤波，传输至模数转换器，经时钟同步保存至二进制数据矩阵中；计算机算法通过映射表，将二进制矩阵中的数据按像素分配灰度值，创建一个原始灰度值数据文件；可视化软件将原始数据文件转换为原始图像，原始图像可输出至显示器进行观察评判。

由于 IP 感光特性曲线与胶片不同，其对比度和宽容度有较大的动态范围，CR 技术曝光时间为一般胶片的 1/2～2/3，曝光量可减少 10%～60% 或更多，在工程应用中使用 CR 技术代替 X 射线照相检测技术，可以减少曝光次数和曝光时间，有效提高检测效率。CR 技术无需胶片冲洗环节，从而避免了化学溶液和重金属污染环境。数字化的图像降低了存储成本，可实现网络传输和远程评定。

8.4.2 计算机射线照相检测技术能力分析

1. 检测灵敏度评价

X 射线照相检测技术图像质量的表征参数有对比度、清晰度、颗粒度，综合评价指标为图像对比度灵敏度；CR 技术图像质量的表征参数有对比度、分辨率、信噪比。CR 技术的对比度灵敏度主要采用单丝像质计或孔型像质计测定，与检测零件的材料和厚度直接相关；分辨率或者称为不清晰度由双线型像质计测定。北京航空材料研究院以航空常用材料钛合金、铝合金、高温合金以及钢阶梯试块为典型件，使用单丝像质计为测定工具，通过试验分析了各项透照、扫描参数对检测灵敏度的影响以及 CR 技术可以达到的灵敏度水平。

X 射线照相检测技术图像质量主要受胶片类型、透照电压、曝光量、显定影条件等因素影响；CR 技术由于使用 IP 替代的胶片，除透照电压、曝光量外，还受扫描参数的影响，如光电倍增管电压、激光能量、扫描精度等，下面就各参数对图像灵敏度的影响展开讨论。

下面 CR 试验使用的扫描设备均为美国 VMI 公司的 5100MS，使用的成像板为 Carestream 公司的 HR 板。

1）管电压对图像灵敏度的影响

选用 CR 照相检测技术和 X 射线照相检测技术，采用不同管电压分别对钛合金、铝合金、钢以及高温合金阶梯试块进行曝光试验，观察管电压对图像灵敏度的变化情况。试验中其他参变量固定不变，CR 照相技术曝光量选用 15mA·min、焦距 1.75m、光电倍增管电压（PMT）选用 4.5V、激光能量选用 14，扫描精度选用 50μm，X 射线照相检测技术曝光量选用 30mA·min，焦距 1.75m，灵敏度的影响曲线见图 8-8。

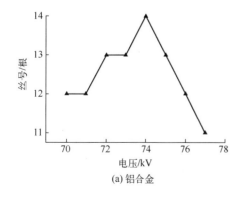
(a) 铝合金

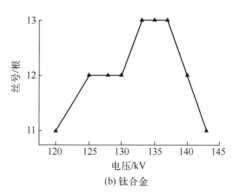
(b) 钛合金

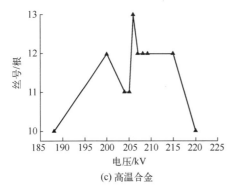
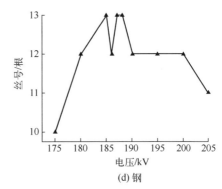

(c) 高温合金　　　　　　　　　　　　(d) 钢

图 8-8　管电压对图像灵敏度的影响曲线

随着管电压的提高，对应图像灵敏度先升高后降低。原因是管电压变化前期，射线能量较低，因此在一定的曝光时间内成像板接收的射线不足，检测灵敏度较低；随着管电压升高，同样曝光时间内到达成像板的射线增加，并得到了良好的对比度灵敏度；管电压过高后，射线穿透物体的衰减系数减小，导致图像灵敏度降低。

2）曝光量对图像灵敏度的影响

固定管电压（铝合金 74kV，钛合金 135kV，高温合金 206kV，钢 185kV）、焦距 1.75m、光电倍增管电压选用 4.5V、激光能量选用 14，扫描精度选用 50μm，对钛合金、铝合金、高温合金和钢阶梯试块进行透照，比较不同曝光量下图像灵敏度变化（曝光量以 1.5mA·min 或 1mA·min 递增），曝光量对图像灵敏度的影响曲线图见图 8-9。

随着曝光量的提高，对应图像灵敏度先升高后降低。原因是试验前期，曝光量较低，成像板接收的射线不足，检测灵敏度较低；随着曝光量升高，到达成像板的射线增加，信噪比提高，对比度灵敏度提高；曝光量过高后，过度曝光导致灵敏度下降。

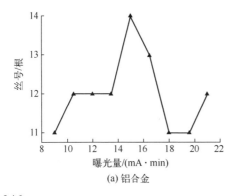
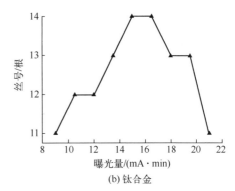

(a) 铝合金　　　　　　　　　　　　(b) 钛合金

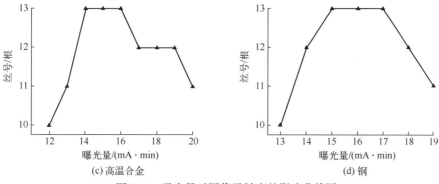

图 8-9 曝光量对图像灵敏度的影响曲线图

3) 光电倍增管电压对图像灵敏度的影响

在固定管电压（铝合金 74kV，钛合金 135kV，高温合金 206kV，钢 185kV）、焦距 1.75m、曝光量 15mA·min、激光能量选用 14，扫描精度选用 50μm，对钛合金、铝合金、高温合金和钢阶梯试块进行透照，比较不同光电倍增管电压下（该设备 PMT 调整范围：0~9V）图像灵敏度变化（以 0.25V 递增或递减）。光电倍增管电压对图像灵敏度的影响曲线图见图 8-10。

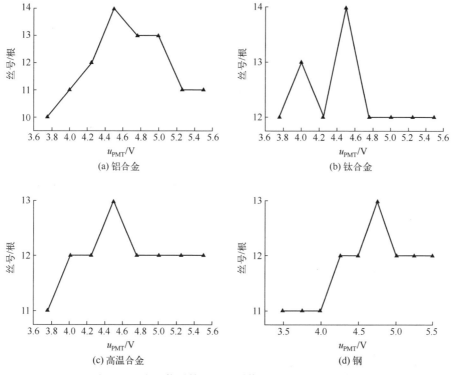

图 8-10 光电倍增管电压对图像灵敏度的影响曲线图

试验前期，随着光电倍增管电压的增加，可识别的丝号逐渐增大（丝径越来越小），即图像灵敏度随着光电倍增管电压的增加而升高，试验后期，可识别的丝号逐渐减小（丝径越来越大）即图像灵敏度随着 PMT 增加而降低。原因是在试验前期，由于光电倍增管电压太低，部分数据信息丢失，所获得的数据信息量少，随着光电倍增管电压增大，获得的数据信息增大，细节影像显现出来，因此，随着光电倍增管电压的增加，图像灵敏度升高。试验后期，随着光电倍增管电压的增加，图像噪声增大，信噪比减小，因此，图像灵敏度随着光电倍增管的电压的增加而降低。

4）激光能量对图像灵敏度的影响

在固定管电压（铝合金 74kV，钛合金 135kV，高温合金 206kV，钢 185kV）、焦距 1.75m、曝光量 15mA·min、光电倍增管电压 4.5V，扫描精度选用 50μm，对钛合金、铝合金、高温合金和钢阶梯试块进行透照，比较不同激光能量（该设备激光能力调整范围：10~38）下图像灵敏度变化（以 1 递增或递减）。激光能量对图像灵敏度的影响曲线图见图 8-11。

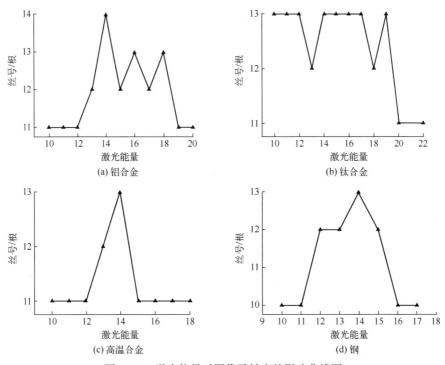

图 8-11　激光能量对图像灵敏度的影响曲线图

试验前期，随着激光能量的增加，可识别的丝号逐渐增大（丝径越来越小），即图像灵敏度随着激光能量的增加而升高；试验后期，可识别的丝号逐渐减小（丝径越来越大），即图像灵敏度随着激光能量的增加而降低。从理论上来讲，试验前期，由于激光能量过低，激发出的图像信息过少，导致图像灵敏度不高，随着激光能量的增加，获取的图像信息增大，可识别的丝号增大，即图像灵敏度随激光能量的增加而升高，试验后期，随着激光能量的增加，噪声信息也被激发出来，干扰了细节影像的显示，因此，可识别的丝号逐渐减小，即图像灵敏度随激光能量的增加而减小。

5）扫描精度对图像灵敏度的影响

在固定管电压（铝合金74kV、钛合金135kV、高温合金206kV、钢185kV），焦距1.75m，曝光量15mA·min，光电倍增管电压4.5V，激光能量14，对钛合金、铝合金、高温合金和钢阶梯试块进行透照，比较不同扫描精度（该设备扫描精度调整范围：30~200μm）下图像灵敏度变化。扫描精度对图像灵敏度的影响曲线图见图8-12。

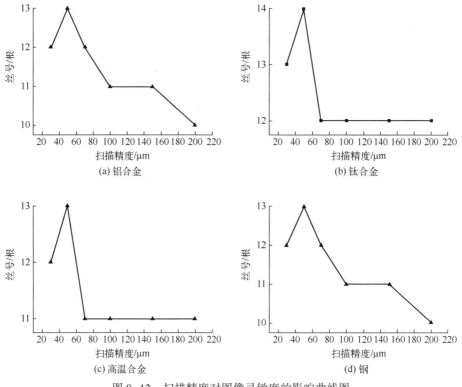

图8-12 扫描精度对图像灵敏度的影响曲线图

扫描精度在50μm以前，随着扫描精度的增加，图像灵敏度升高，在50μm之后，随着扫描精度的增加，可识别的丝号减小，即随着扫描精度的增加，图像灵敏度降低。从理论上来讲，随着扫描精度的增加，图像像素值增大，图像灵敏度降低。但扫描精度在 50μm 以前，由于扫描步距一定（10μm），扫描信息量部分丢失，但随着扫描精度的增加，获得的信息量增大，因此，在 50μm 以前，随着扫描精度的增加，图像灵敏度升高。

根据以上试验结果可以看到，各项参数均存在最佳范围。分别按照最佳参数对铝合金、钛合金、高温合金和钢 12mm 厚阶梯进行透照，最优技术参数图像灵敏度情况见表 8-3。四种材料的图像像质计灵敏度均满足 GJB 1187A—2001《射线检验》中的 A 级像质要求（12 号丝），铝合金和钛合金试块可满足 B 级像质要求（14 号丝）。

表 8-3　最优技术参数图像灵敏度情况

材料类型	技 术 参 数	识别丝号	检 测 图 像
铝合金	电压：74kV 曝光量：15mA·min PMT：4.5V 激光能量：14 扫描精度：50μm	14	
钛合金	电压：135kV 曝光量：15mA·min PMT：4.5V 激光能量：14 扫描精度：50μm	14	
钢	电压：206kV 曝光量：15mA·min PMT：4.5V 激光能量：14 扫描精度：50μm	13	

(续)

材料类型	技术参数	识别丝号	检测图像
高温合金	电压：185kV 曝光量：15mA·min PMT：4.5V 激光能量：14 扫描精度：50μm	13	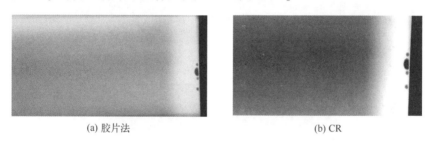

2. 缺陷检测能力评价

选取钛合金铸件、铝合金铸件、高温合金铸件和钎焊焊缝、氩弧焊焊缝以及平板人工裂纹等零部件进行了 CR 试验，并与 X 射线照相检测技术的缺陷检出情况进行对比。部分试验结果图像见图 8-13~图 8-16。

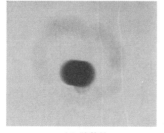
(a) 胶片法　　　　　　　　(b) CR

图 8-13　钛合金铸件

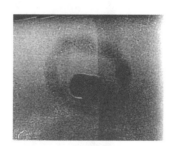
(a) 胶片法　　　　　　　　(b) CR

图 8-14　铝合金铸件

根据目前的试验结果，与胶片片法对比，计算机射线检测缺陷检出能力基本达到同等水平。

通过对 CR 技术检测能力的研究，确认 CR 技术可达到 GJB 1187A—2001《射线检测》中的 A 级（一般质量）像质要求，某些情况下能达到 B 级（高级质量）像质要求。在实际检测中，除Ⅰ类铸件的关键部位外，A 级像质即可满足内部缺陷检测要求，CR 技术在航空产品中有广泛的应用前景。但是由于国内尚无完善的计算机射线照相检测标准体系，难以在航空工业进行推广。北京航空材料研究院主编了 CR 技术的中航工业集团标准《计算机射线照相检测（CR）》，对计算机射线照相技术的一般要求、工艺技术要求及质量控制要求进行了规定，为国内航空行业推广计算机射线照相检测技术奠定了基础。由于计算机射线检测技术属于新技术，考虑到航空零部件高可靠性要求，目前编制的标准中限制了其可应用的零件范围，只适用于Ⅱ类及以下铸件、Ⅱ级及以下焊接接头的检测或Ⅰ类铸件的中间过程检测。

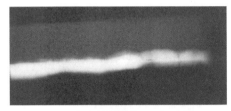 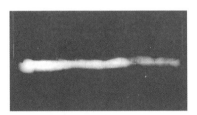

(a) 胶片法　　　　　　　　　　(b) CR

图 8-15　氩弧焊焊缝

(a) 胶片法　　　　　　　　　　(b) CR

图 8-16　钎焊焊缝

8.4.3 计算机射线照相检测技术的应用

北京航空材料研究院将计算机射线照相检测技术应用到了发动机用钛合金铸件支板的检测中，钛合金铸件支板检测灵敏度要求为透照厚度不大于 10mm 时，$S_w \leq 2\%$；透照厚度大于 10mm 时，$S_w \leq 1.6\%$。利用 CR 检测技术宽容度大、曝光时间短的特点，在检测灵敏度满足要求的前提下，可以减少透照次数、缩短曝光时间。

1. 减少曝光次数

以图 8-17 中箭头所指部位为例，若使用 X 射线照相检测，由于厚度不同，需进行三次透照才可完全检测，见图 8-18；若使用 CR 技术，只需一次透照，数字图像灰度范围为 17000~40000，通过调节图像窗宽/窗位，即可评判感兴趣区域，见图 8-19。CR 检测像质计灵敏度不及 X 射线照相检测技术（表 8-4），但是已满足检测标准的要求，因此是适合工程应用的。

图 8-17 钛合金铸件支板

(a) 75kV，30mA·min　　(b) 113kV，30mA·min　　(c) 101kV，30mA·min

图 8-18 X 射线照相检测支板图像

图 8-19 CR 检测支板图像（不同窗宽窗位图像，透照参数 101kV，30mA·min）

表 8-4 X 射线照相检测技术与 CR 技术达到的像质计灵敏度

检测厚度/mm	要求丝号	胶片法达到丝号	CR 检测达到丝号
6	15	18	16
18	12	12	12
11	14	15	14

2. 缩短曝光时间

根据支板的 X 射线照相检测工艺规程，共需透照 12 次，曝光量均为 30mA·min。使用 CR 技术时，将曝光时间减半（15mA·min），其他透照条件与胶片法一致，CR 图像灰度值均在 15000~50000 范围内，像质计灵敏度对比见表 8-5。曝光量减半时，5 号及 9 号部位的 CR 检测图像灵敏度无法达到检测标准要求，其他部位灵敏度虽然可能较胶片法差，但仍可以满足检测标准要求。5 号及 9 号部位曝光时间恢复为 30mA·min 进行 CR 检测试验，可观察到的丝号分别为 13 号丝及 14 号丝，可以满足检测标准要求。

表 8-5 X 射线照相检测技术与 CR 技术达到的像质计灵敏度对比

部位号	透照厚度/mm	要求丝号	胶片法达到丝号	CR 检测达到丝号
1、2	5	16	16	16
3	25	10	12	12
4	18	12	15	12
5	18	12	14	11
6	6	15	18	18
7	18	12	12	12
8	11	14	15	14
9	12	14	15	13
10	11	14	14	14
11、12	12	14	16	15

根据北京航空材料研究院编制的支板 CR 检测规程，与 X 射线照相检测方法对比，透照次数由 12 次减少为 10 次，80%部位的曝光时间缩短了 50%，图像灰度值均在 25000~45000 之间，像质计灵敏度（对比度灵敏度）均能满足检测标准的要求。

8.5 射线检测计算机模拟仿真技术

8.5.1 射线检测计算机模拟仿真技术介绍

射线检测计算机仿真技术是指根据射线检测基本物理原理,利用计算机软件模拟实际的射线检测系统及检测过程,以得到与实际检测系统相同的结果。射线检测计算机仿真技术可应用于产品设计阶段及产品质量控制的检测阶段。零件在设计阶段获得CAD模型后,模拟该零件的射线检测过程,进行可检测性(probability of detection,POD)分析,对于存在射线检测盲区的结构进行优化或更改设计,确保产品内部质量可检测;还可以利用射线检测计算机仿真技术分析零件不同工序状态时的射线可检性,帮助合理安排检测工序。在检测阶段,射线检测计算机仿真技术的主要作用包括:根据CAD模型编制射线检测工艺,确定透照角度及参数,缩短工艺编制周期,节省资源;分析当前检测工艺可检测范围,优化检测工艺;对于复杂结构射线检测可以通过仿真技术得到理论的透照图像,有助于排除结构因素对评片的影响。

目前射线检测计算机仿真软件大多使用用户友好的图形界面,普通检测人员利用零件三维数模,通过设置零件材料、射线机、胶片及透照参数,调整透照角度,即可快速获得模拟的射线检测图像。射线检测仿真技术研究及软件开发在欧美国家较为活跃,比较成功的射线检测计算机仿真软件有美国的XRSIM、德国的BAM、英法合作开发的RADICAD及SIMDBAD、法国的CIVA。下面介绍射线检测计算机仿真技术基本原理及其在航空产品检测中的应用。

射线检测计算机仿真的一般过程是射线源发出射线,射线穿过待检零件发生衰减,成像装置接收透射射线,最终得到检测图像,如图8-20所示。射线源产生射线的能谱及强度、射线光子穿透零件时与零件的相互作用、成像装置接收射线后的可视化过程是射线检测计算机仿真技术需要解决的三个主要问题。

图8-20 射线检测计算机仿真的一般过程

常用的射线源包括X射线源和γ射线源。X射线是由高速运动的电子撞击金属靶,由于韧致辐射产生的射线;γ射线是放射性同位素的原子核在衰变过程中产生。X射线是连续谱射线,γ射线是单色射线,软件参考X射线和γ射线的射线谱分布，根据用户设置的参数计算出射线强度。对于 X 射线，还计算了不同波长的射线光子强度，以求获得与实际 X 射线机同样的光谱分布。由于射线源并非点光源，而具有一定的尺寸，软件将射线源分为 $m×n$ 个网格（图 8-21），每个网格作为一个理想点源。若射线总强度为 I_0，对于强度均匀的射线源，每个网格的射线强度为 $I(x,y) = \dfrac{I_0}{m×n}$。

入射到物理中的射线光子，部分与零件发生了复杂的相互作用，其中包括光电效应、康普顿效应、电子对效应，这些作用的发生具有一定的随机性。射线通过物体的衰减与各种相互作用引起射线强度衰减的总和相关。理想的单色射线穿过单一材料物体的衰减可以用下式表示：

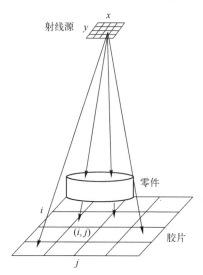

图 8-21 软件仿真算法基本原理图

$$\begin{cases} I = I_0 e^{-\mu_1 T} \\ \mu_1 = \mu_{coh} + \mu_{pe} + \mu_{com} + \mu_{pp} \end{cases} \quad (8-2)$$

式中：I_0 为入射线强度；I 为透射线强度；T 为工件厚度；μ_1 为线衰减系数；μ_{coh} 为瑞利散射衰减系数；μ_{pe} 为光电衰减系数；μ_{com} 为康普顿衰减系数；μ_{pp} 为电子对衰减系数。

若零件为混合物或化合物时，式（8-2）中 μ_1 应使用质量衰减系数 μ_m，计算公式为

$$\mu_m = \sum_{n=1}^{t} \mu_{1n} × W_n \quad (8-3)$$

式中：μ_{1n} 为第 n 种材料的线衰减系数；W_n 为第 n 种材料的密度。

射线通过零件后到达成像装置，软件将成像装置（胶片或数字探测器）分为 $a×b$ 个网格，每个网格作为仿真图像的一个像素，利用光线跟踪技术，计算每个网格接收到 $m×n$ 个理想点源发出的射线达到该网格的射线强度总和，计算公式为

$$I_{i,j} = \sum_{y=1}^{n} \sum_{x=1}^{m} \dfrac{\alpha_{x,y} I_0 e^{-\mu T_{i,j,x,y}}}{R_{i,j,x,y}^2} \quad (8-4)$$

式中：$\alpha_{x,y}$ 为点源 (x,y) 占射线源总强度的百分比；$T_{i,j,x,y}$ 为工件在投射方向的厚度；$R_{i,j,x,y}$ 为点源 (x,y) 到网格 (i,j) 的距离。

仿真图像上每个像素点的灰度值由下式计算：

$$D_{i,j} = a + b \times I_{i,j} + c \times I_{i,j} \times 2 + d \times I_{i,j} \times 3 \qquad (8-5)$$

式中：a、b、c、d 均为与成像装置（胶片或者数字探测器）性能相关的系数。计算出每个像素点的灰度值，给出模拟的射线检测图像。

需要注意的是，这里仅给出了软件仿真的基本原理，各部分在实际仿真过程中有非常复杂的物理原理与数学运算过程，还需考虑更多对成像结果产生影响的因素，如 X 射线机靶材料、铍窗口厚度、胶片颗粒噪声等。

8.5.2 射线检测计算机模拟仿真技术在复杂钛合金精密铸件检测中的应用

1. 射线检测计算机模拟一般流程

射线检测计算机模拟软件软件具有图形化的操作界面，利用零件的 CAD 模型，实现射线检测图像的模拟显示；还可以添加缺陷，进行缺陷可检测性分析。软件仿真操作的一般流程如图 8-22 所示。

软件可以实现以下功能：

（1）自定义系统参数：针对用户使用设备及需检测零件材料的多样性，软件提供了开放的数据库接口，供用户自定义包括射线源、胶片/探测器、待检材料成分等。考虑到射线机由于老化程度等的影响，软件还设置修正系数，以缩小仿真图像与实际图像的差距。需要注意的是，修正系数并非固定值，而是受射线机、胶片/探测器类型、透照电压等因素影响，北京航空材料研究院通过对软件仿真图像与实际射线照相检测胶片黑度进行对比分析，提出一种以理想黑度 2.5 为基准的修正系数曲线的绘制方法，在 1.5~4.0 黑度范围内，将仿真图像与实际透照图像黑度差控制在 0.3 以内。

（2）预置缺陷：软件可以任意添加缺陷，缺陷可以是通过三维制图软件得到的 CAD 模型，也可以是使用高分辨率 CT 提取的真实缺陷模型。任意设置缺陷材料、尺寸以及在零件中的位置，可以得到含缺陷的仿真图像，分析该缺陷是否可被检出及成像效果。

（3）可检性分析：提供了 POD（probability of detection）功能，通过生成分析树将零件分为若干区域，指定缺陷类型及大小，计算缺陷在不同位置时与无缺陷部分的灰度差 ΔD，并利用不同颜色在三维图像上表示出该缺陷的可检性。根据人眼对灰度差的分辨能力，软件认为当 $\Delta D \leq 0.08$ 时缺陷不可检，当 $0.08 < \Delta D < 0.12$ 时不确定缺陷是否可检，当 $\Delta D \geq 0.12$ 时缺陷可检。POD 分析结果使用不同颜色在三维图上表示出来，红色表示不可检，黄色表示不确定是否可检，绿色表示可检。

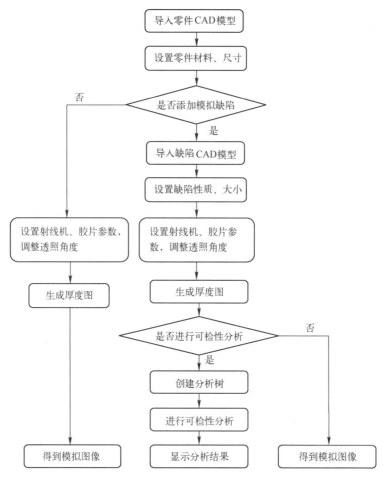

图 8-22 软件仿真操作的一般流程

2. 预编检测工艺

随着航空产品制造工艺的发展，复杂精密铸件得到了大量应用，射线检测工艺编制过程中往往需要大量的试验才能确定透照角度及参数，利用射线检测计算机仿真软件完成工艺的初步编制过程，缩短工艺试验时间，减少射线机、胶片等资源的损耗。

以钛合金精密铸件支板为例（图 8-23），立面射线照相检测宜采用图 8-24 中的透照布置。根据本单位现有设备设置射线机参数：钨靶，靶角

图 8-23 支板三维图

45°，最大电压320kV，最大功率4500W，射线束锥角40°。焦距为1.5m时，得到透照厚度图见图8-25。仿真试验胶片选用D4（细颗粒胶片）；曝光量设置为30mA·min；电压在90~150kV范围内模拟射线透照，并进行尺寸为0.5mm气孔的可检测性分析。根据仿真试验结果，采用100kV、130kV电压进行两次透照检测支板立面，黑度值在2.5左右。根据以上参数进行实际透照试验，透照底片图像见表8-6，立面区域底片黑度值在2.0~2.8之间，可满足检测要求。

 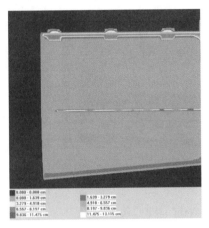

图8-24　透照布置图　　　　图8-25　透照厚度图

表8-6　支板射线检测仿真试验结果

电压/kV	模拟底片图像	缺陷可检性分析图像	实际透照底片
100			
130			

3. 缺陷检出能力分析

软件可以在仿真过程中添加缺陷，缺陷可以由三维图形软件绘制获得或者是实际缺陷的三维图像，通过改变缺陷的形状、材料、尺寸及位置，可以定性缺陷是否可检测。在钛合金精密铸件支板中添加 5mm 气孔、长 35mm 的裂纹，使用上文中的检测射线机及胶片，焦距 1.5m，透照电压 100kV，曝光量 30mA·min，添加的两个缺陷在仿真图像上都清晰可见，支板缺陷检出能力试验如图 8-26 所示。

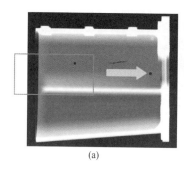 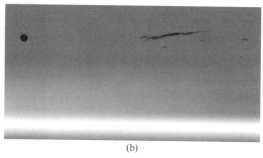

(a) (b)

图 8-26 支板缺陷检出能力试验（图（b）为图（a）的局部放大图像）

在缺陷检测能力仿真试验中，一个缺陷是否能够检测，除与缺陷性质、透照参数相关外，还与设置的仿真图像像素大小相关，通常将像素大小设置为缺陷尺寸的 1/10 为宜，盲目减小像素尺寸虽然会获得更好的分辨率，但会大大增加软件计算量。在厚度为 10mm 的钛合金平板试块中添加四个气孔缺陷，尺寸分别为 2mm、1mm、0.5mm 和 0.2mm，使用上文中的检测射线机及胶片，焦距 1.5m，透照电压 100kV，曝光量 30mA·min，像素尺寸分别设置为 0.1mm 及 0.02mm（图 8-27），像素尺寸为 0.1mm 时 0.2mm 的缺陷无法检测，像素尺寸为 0.02mm 时像素尺寸 0.2mm 的缺陷可检测。因此，在缺陷检出能力仿真试验中，需根据缺陷尺寸合理设置像素尺寸。

4. 可检测性分析

软件的可检测性分析（POD）功能，需预设缺陷材料、最小缺陷尺寸、透照角度及参数，综合所有透照条件下的分析结果，给出零件的 POD 图像。当前航空产品中大量使用精密复杂铸件，部分关键件要求实现 100% 内部质量检测，由于此类零件具有尺寸大、结构复杂等特点，传统射线照相检测覆盖范围往往难以达到 100%，因此需分析射线检测可覆盖范围。

北京航空材料研究院将软件的 POD 功能应用于可检测范围分析当中。由于目前软件无法实现将胶片插入铸件内部进行透照，为了与实际射线透照保持一致，将零件裁分为若干部分进行分析试验。图 8-28（a）为某大型铸件局部的三维图，参考已有射线检测工艺对该部分进行 POD，分析结果见图 8-28（b），

(a) 像素尺寸0.1mm

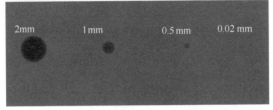

(b) 像素尺寸0.02mm

图 8-27　钛合金平板气孔检出能力分析试验

图 8-28（b）中箭头所指筋条为无法检测的区域。但是在仿真软件分析前，该筋条处黑度可满足检测要求，未被认为是无法检测的区域。分析原因是该筋条较薄，透照中由于"边蚀"现象产生了一定黑度，实际上射线未直接穿透。根据分析结果优化检测工艺，实现了对该部位的 100% 检测。

(a) 某铸件局部三维图

(b) POD 结果

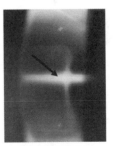
(c) 实际透照底片

图 8-28　某铸件 POD 试验

8.6　工业 CT 缺陷检测技术

8.6.1　工业 CT 检测技术原理及特点

工业 CT 技术是通过采集射线从不同角度穿透物体的投影数据，重建得到被检图像内部信息的无损检测方法。工业 CT 图像与试件的材料、几何结构、组分及密度特性相对应,通过对试件进行三维连续扫描,可以得到缺陷的位置、取向、形状及尺寸大小等信息,结合密度分析技术还可以确定缺陷的性质。图 8-29 是常见三维工业 CT 基本原理示意图。

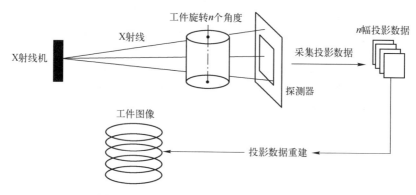

图 8-29　常见三维工业 CT 基本原理示意图

　　同常规的胶片射线照相相比,工业 CT 检测技术不会产生结构特征的重叠,可以无损地获得物体切片的密度分布图像,确定被检测物体中结构的空间位置。CT 图像相比一般的射线照相法产生的图像更接近于人脑中三维结构的概念,因此 CT 图像很容易理解。由于 CT 图像是数字图像,可以对它进行增强、分析、压缩、存档处理,也可以作为数据输入进行计算,与其他无损检测方法得到的数据进行比较,还可以传输到其他地方进行远距离观测。

　　工业 CT 系统通常由射线源系统、探测系统、数据采集传输系统、机械系统、控制系统、图像处理系统和辐射安全防护系统组成(图 8-30)。工业 CT 系统多采用 X 射线作为射线源,常用的 X 射线源有 X 射线机和电子直线加速器。探测系统用于接收投射过被测物体的光信号,并将其转换为电信号,探测器可分为单探头探测器、线阵探测器和面阵探测器。数据采集和传输系统用于获取和收集信号,将探测器获得的信号转换、收集、处理和存储,供重建图像使用。机械系统是 CT 的基础结构,提供射线源系统、探测器系统及被测物体的安装载体及空间位置,并为 CT 系统提供所需扫描检测的多自由度高精度的运动功能。控制系统决定了 CT 系统的控制功能,实现对扫描过程中机械运动的精确定位控制、系统的逻辑控制、时序控制及检测工作流程的顺序控制和系统各部分协调,并负责系统的安全保护。图像处理系统用于图像重建、图像显示、图像处理、图像测量、图像分析、可视化等基本功能。辐射安全防护系统包括辐射防护与报警系统、现场监视系统等,用于确保工作人员的人身安全。

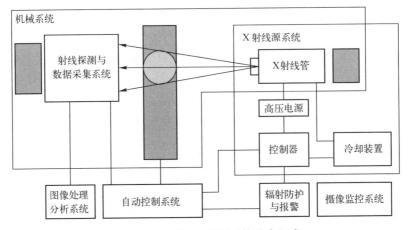

图 8-30　工业 CT 检测系统基本组成

工业 CT 系统可检测对象的种类多，检测要求也各不相同，因此工业 CT 系统的针对性较强。需根据被检测对象的特征，如几何尺寸、质量、材料、缺陷状况等选择合适的 CT 系统类型。比如检测机匣类钛合金铸件就需要使用直线加速器射线源的工业 CT 系统，因为常规 X 射线机能量不足以穿透此类铸件。

8.6.2　工业 CT 检测技术能力分析

工业 CT 系统主要性能包括空间分辨力和密度分辨力。空间分辨力是指工业 CT 系统在足够信噪比条件下辨别物体空间几何细节特征的能力，实际应用中通常采用线对卡法进行测试。密度分辨力描述了工业 CT 系统在足够信噪比条件下辨别物体中指定大小区域与周边区域密度差异的能力，通常使用空气间隙卡法进行测试。不同工业 CT 系统之间性能差距较大，如以直线加速器为射线源的高能工业 CT 系统，目前最高空间分辨力约为 2.5lp/mm；而使用微焦点射线源的工业 CT 系统，空间分辨力可超过 20lp/mm。但是直线加速器高能工业 CT 系统最高电压可达到 10MeV，而微焦点工业 CT 系统目前最高电压仅为 300kV，穿透能力之间也存在很大的差距，因此需根据检测对象的需求，选择合适的工业 CT 检测系统。

针对航空发动机大型精密复杂铸件，受射线束穿透能力限制，只能选择加速器高能工业 CT 系统，目前常用的高能工业 CT 系统射线能量有 6MeV 和 9MeV，焦点尺寸均在 2.0mm 左右，最佳空间分辨力水平相当。以某大型钛合金铸件为典型件开展了高能工业 CT 技术检测能力分析试验。该铸件为 I 类件，技术条件要求内部质量达到 100% 检测；该铸件结构复杂、尺寸较大，使用传统 X 射线照相技术检测存在检测盲区，考虑将高能工业 CT 技术作为射线照相检测的补充检测。为了验证工业CT对内部缺陷的检测能力，将该铸件存在检测盲区和重点受力的部分进行解剖、添加人工缺陷，分别进行了6MeV和9MeV工业CT试验。试验共添加了七组人工缺陷（编号为1~7），如图8-31所示，人工缺陷信息见表8-7。

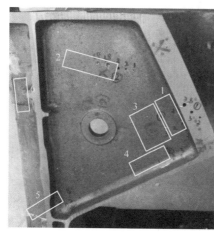

图8-31 人工缺陷示意图

表8-7 人工缺陷信息

编号	人工缺陷个数	人工缺陷尺寸/mm
1	3	2、3、3.8
2	5	1、2、3、3.8、4.8
3	5	1、2、3、2、3
4	3	1、2、3
5	3	1、2、3
6	3	1、2、3
7	3	1、2、3

图8-32为6MeV高能工业CT检测某大型钛合金铸件的图像，从图像可以看出6MeV射线源无法完全穿透零件，图像质量较差，难以进行内部质量判定。

图8-33为同一零件的部分9MeV工业CT图像，七组缺陷检测结果见表8-8。根据9MeV工业CT检测结果，2mm及其以上的缺陷均能够顺利检测出，1mm的缺陷有5个可检测出，2个位于R角处的1mm缺陷未检测出，未检测出的原因可能是射线穿透零件R角处时易发生散射，R角处图像边缘伪影较为严重，1mm缺陷尺寸较小，且位于零件表面，可能被"湮没"在伪影中，图像处理后丢失了缺陷信息。

图 8-32 6MeV 高能工业 CT 检测某大型钛合金铸件的图像

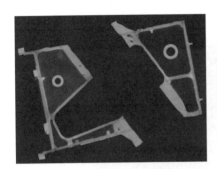 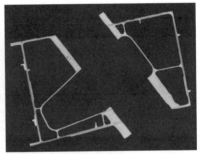

图 8-33 9MeV 工业 CT 图像

表 8-8 七组缺陷检测结果

编 号	缺陷个数	检 测 结 果
1	3	3 个缺陷均检测出
2	5	5 个缺陷均检测出
3	5	检测出 4 个缺陷，R 角处 1mm 缺陷未检测出
4	3	3 个缺陷均检测出
5	3	检测出 2 个缺陷，R 角处 1mm 缺陷未检测出
6	3	3 个缺陷均检测出
7	3	3 个缺陷均检测出

8.6.3 工业 CT 检测技术的应用

随着我国航空技术的不断发展，薄壁复杂整体精铸件的应用越来越广泛，如发动机整体精铸中介机匣、机粒子分离器前机匣、主机匣、空心铸造叶片等都属于此类制件，其特点是结构强度高，抗疲劳性能好。作为发动机关键部件，均需对其内部质量和尺寸精度进行检测，以提供质量保证。同时设计人员可根据无损检测技术人员的反馈意见修改或更新设计。但此类结构件通常是由若干个实现不同功能的部件组合而成，其外形及内部结构非常复杂且不规则，很多部位无法用常规方法进行检测。因此可采用工业 CT 对复杂精密铸件进行补充检测。对于尺寸小、对射线吸收率低的材料制成的工件可采用常规工业 CT 即可进行检测。常规工业 CT 采用射线管作为射线源，工作电压可达 450kV，如空心铸造叶片，小型复杂精密铸件等；对于工件尺寸大、厚度大、对射线吸收率高的工件需要采用加速器工业 CT 进行检测，加速器工业 CT 采用高能射线作为射线源，能量从几兆电子伏特到几十甚至上百电子伏特不等。

图 8-34 为采用加速器工业 CT 检测钛合金铸件某中介机匣的检测结果，为了验证 CT 技术的缺陷检测能力，在 CT 视场中放置一块带有 ϕ0.8mm 平底孔的超声检测试块。

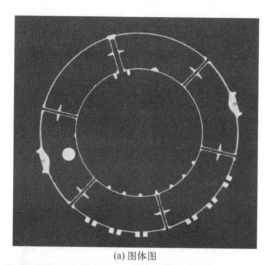

(a) 图体图

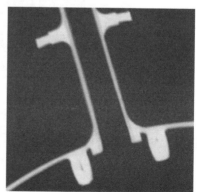

(b) 含ϕ0.8mm平底孔超声试块　　(c) 气孔、疏松等铸造缺陷

图 8-34　某中介机匣工业 CT 检测图像

利用德国 VG Studio 软件，将工业 CT 获得的二维分层图像叠加，形成了三维实体数据。图 8-35 是采用 6MeV 加速器工业 CT 获得的某中介机匣实际检测图像及整体三维显示。利用 3D 数据可实现任意截面剖切（图 8-36）、缺陷三维显示（图 8-37）、壁厚自动测量（图 8-38）、坐标测量、与 CAD 设计数据比较等高级功能。这些功能不仅可用于铸件的质量控制，更重要的是可为铸件研发阶段改进工艺提供有效的技术支持数据。除了机械解剖外，目前尚无其他技术可实现内腔尺寸测量功能。

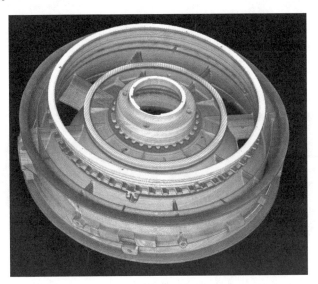

图 8-35　中介机匣三维显示图

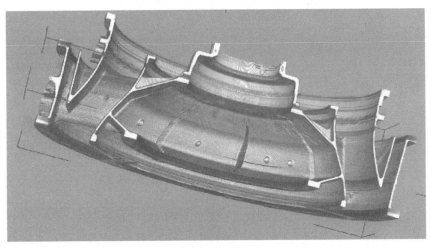

图 8-36　中介机匣的任意剖面展示

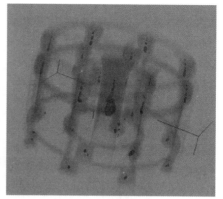

(a) 铸件的三维模型　　　　　　　　(b) 缺陷的空间分布

图 8-37　工业 CT 三维图像显示铸件缺陷分布

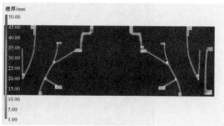

图 8-38　用颜色来表征中介机匣铸件的壁厚分布

工业 CT 技术有其他常规技术没有的独特优势，主要体现在可以无损地获得内部高分辨率的三维数据。但该设备昂贵，而且检测效率目前还比较低，一幅单层图像需要几分钟到十几分钟的时间。随着面阵列探测器的逐渐成熟，直接获得三维图像的时间将大大缩短。工业 CT 技术是值得关注与研究的精密复杂铸件无损检测技术。

参考文献

[1] 王红红, 刘振军, 王红. 钛合金铸件的应用和发展 [J]. 新材料产业, 2009 (11): 25-30.
[2] 黄卫东. 新一代飞机和发动机对材料成形技术的挑战与对策 [C] //李铁柏. 探索 创新 交流——中国航空学会青年科技论坛文集. 北京: 航空工业出版社, 2004.
[3] 周俊华, 何有都, 王本志. 大型薄壁复杂钛合金精铸件射线检测技术 [J]. 测控技术, 2013 (32): 386-388.
[4] 南海, 赵嘉琪, 黄东, 等. 钛合金精铸件在航空业中的应用 [C] //中国铸造协会精铸分会第十届年会论文集, 上海, 2007.
[5] 王倩妮, 马海全, 苏宇航. 射线检测计算机仿真技术及其应用 [J]. 无损检测, 2015 (11): 13-17.

第 9 章

高温合金空心叶片的残余型芯检测

9.1 残余型芯的来源与危害

航空发动机是飞机的"心脏",而涡轮叶片是航空发动机中最为核心和关键的部件,其承受高温、高载荷、高转速、复杂应力和燃气腐蚀,工作条件极为苛刻。涡轮叶片一般采用熔模精密铸造工艺制造,作为冷却通道的叶片内部空腔由陶瓷型芯经脱芯处理后形成。脱芯方法分为物理脱芯、化学脱芯和物理-化学脱芯三类,所依据的工作原理为:①振动、超声波等产生的冲击波作用;②硬质颗粒介质或液体喷射的动力学作用;③腐蚀介质对型芯材料的化学作用;④温度交变产生的热应力作用;⑤压力液滴出现时的应力作用。由于涡轮叶片冷却通道细小而复杂,无论采用何种脱芯工艺都难以保证陶瓷型芯完全清除,形成残余型芯。残余型芯不仅影响涡轮叶片工作过程中气流的正常流动,降低冷却效果,而且可能堵塞叶身上用于冷却的气膜孔(数以百计,直径 0.3~0.5mm),造成叶片因局部超温而失效,对发动机造成致命损伤。为了掌握脱芯效果,确定叶片是否需要继续作脱芯处理,进行叶片残余型芯的无损检测是十分必要的。因此,残余型芯检测成为高温合金空心叶片质量控制的重要内容之一。

9.2 残余型芯检测国内外现状

根据对国内外文献资料的分析,目前用于叶片残余型芯检测的方法主要有流量测定法、密度法、内窥镜法、常规 X 射线照相法、填粉 X 射线照相法、工业 CT 法和中子照相法等。

9.2.1 流量和密度测定法

流量测定法在残余型芯检测方面存在较大的不准确性。在叶片浇铸过程中,陶瓷型芯本身的局部变形可能导致内部通道截面积的变化，从而引起流量的变化，因此通过流量测定难以正确判定有无残余型芯，也不能判残余型芯位置；密度测定法由于其检测精度有限，特别是当残芯较小时，其作用受到很大限制。

9.2.2　X射线照相法

根据北京航空材料院前期研究结果，使用常规X射线照相方法检测空心叶片残余型芯的能力主要与叶片基体的厚度、材料以及型芯的材料有关。基体越厚、材料密度越大，残余型芯材料密度越小，叶片中的残余型芯就越难被检出。由于型芯材料密度通常很小，与周围空腔难以形成较高的对比度，因此常规X射线照相方法检测残余型芯非常困难，仅对尺寸较大的残芯有一定检测效果。

为解决上述问题，俄罗斯研究人员提出在叶片内腔填充金属粉末以提高残余型芯X射线检测对比度的技术，即在叶片内腔填入与叶片材料密度相同或相近的金属粉（粒度大小为50~150μm），除残余型芯部位外的叶片空腔均由金属粉末所填充。由于金属粉和残余型芯对X射线的吸收差别极大，残余型芯和周围的金属粉在底片上会形成明显的黑度差。

国内北京航空材料研究院等单位也开展了填粉X射线照相技术的研究，取得了较好的检测结果。但同时研究也发现，采用这种检测方法对金属粉末的大小和形状有很高要求，粉末需为干燥的圆形颗粒且具有良好的流动性，否则易造成填粉不均匀。另一方面，空心叶片内腔结构较为复杂，若要均匀灌满金属粉，需要将叶片反复颠倒振动，若采用手工填粉效率低、效果不佳，需设计制作专用的填粉装置。此外，金属粉末的彻底清除是需要解决的突出问题，原因是叶片中的残留粉末可能阻塞冷却通道，引起叶片性能下降甚至失效。特别是对于单晶叶片，残留的金属粉在高温环境下还可能引起再结晶，导致叶片寿命缩短等危害。基于上述原因，目前填粉X射线检测只适用于内腔结构简单的叶片，不适用于具有复杂内腔的叶片和整体堵盖等特殊结构的叶片。

9.2.3　中子照相法

中子照相技术作为一种叶片残余型芯无损检测方法，虽然存在安全防护措施复杂、检测成本高、专用设备资源不足等缺点，但目前仍被认为是叶片残余型芯检测最有效的无损检测方法。

1956年，Thewlis利用铟转换屏、中子源核反应堆和X射线胶片拍摄了第一批飞机发动机零件的中子射线照片。1976年，美国的Edenborough成功将中子照相技术推广到航空发动机涡轮叶片检测领域，在陶瓷型芯材料中加入浓度为3%的Gd_2O_3，采用热中子照相对脱芯后的叶片进行残余型芯检测，结果显示，采用

X射线无法检出的残余型芯在热中子照片中得到清晰显示，检测出仅为1mg的残余型芯。

1989年，台湾核能研究院在反应堆上建立了一套中子照相装置，至1995年，在这套设备上已经检测了上万件零件，其中飞机发动机涡轮叶片占了很大一部分。在检测实施过程中分别采用了浸泡法（在质量浓度为4.3%的硝酸钆溶液中浸泡）和掺杂法（将质量分数1.5%~3%的钆化合物与陶瓷型芯材料混合）对陶瓷型芯进行示踪处理，试验证明掺杂法最小能检出0.3mm的残余型芯，如图9-1所示。

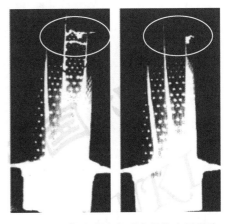

图9-1　涡轮叶片残余型芯的热中子照片

2007年以来，热中子照相检测技术逐渐推广应用于空心涡轮叶片其他方面的检测，如喷丸处理后的残砂检测。在叶片的喷丸处理中需使用尺寸很小的钢球，这些钢球在发动机重新装配前必须清理干净，否则将对叶片造成严重损害。2009年韩国原子能研究院，在UCD/MNRC反应堆上采用钆标记涡轮叶片中的残留钢砂热中子成像检测技术，增强了图像对比度，提高了残砂的中子成像检测灵敏度，可以检出直径仅为0.2mm的钢球，如图9-2所示。Cheul Muu Sim同样采用浸泡法（浓度分别为2%和5%），采用热中子照相技术也清晰发现了空心涡轮叶片中残留的直径0.2mm小球，如图9-3所示。研究还发现，中子照相法的检测能力取决于浸泡溶液的浓度和叶片的清洗情况，且胶片成像法优于数字成像法。

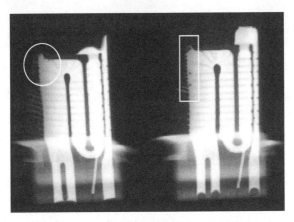

图9-2　含有钢球的涡轮叶片的中子照片

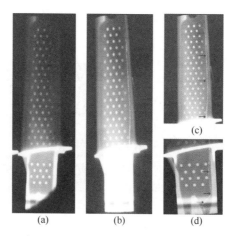

图 9-3　采用浸泡法检出叶片中 0.2mm 小球的中子照片

中子成像检测技术经过 60 多年的持续研究已日趋成熟，国外已有检测服务公司提供中子检测技术服务，如加拿大的 NRAY 公司采用了钆添加法检测航空发动机叶片残余型芯，如图 9-4 所示。

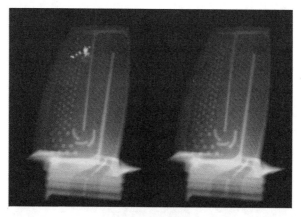

图 9-4　加拿大 NRAY 检测服务公司采用中子成像技术检测涡轮叶片内的残余型芯

根据查阅文献资料，国外航空发动机叶片制造企业使用中子射线成像法检测残余型芯时，通过在型芯料中混入 1.5%~3%（质量比）的 Gd_2O_3（添加剂法）或在清理型芯后用 $Gd(NO_3)_2$ 的水溶液浸渍松散的残留型芯（标记法）对残余型芯进行标记，随后通过中子射线照相可得到清晰图像。使用中子射线成像技术检测叶片内腔残余型芯时，通常有以下技术要点：使用核反应堆热中子源，中子源须经过足够滤波，去除 γ 射线及高能中子射线，中子束质量及图像指示器必须符合 ASTM E545 的 Ⅰ 级或 Ⅱ 级要求；底片须放置于真空暗盒中，暗盒中未经透照的新胶片在显定影处理后,本底灰雾度不大于 0.2;中子射线检测须使用极细颗粒的胶片;使用掺杂法和/或浸泡法对残留物进行标记;定期测定浸泡溶液中钆含量,并设置限值,测定结果须记录并保存;使用新鲜的去离子水或蒸馏水冲洗/漂洗浸泡过的叶片,根据零件内腔复杂程度确定冲洗/漂洗时间,注意避免过洗;零件干燥须使用 551.6~689.5kPa 的风直接吹叶片的冷却通道及外表面;烘炉干燥可以作为替代的干燥方法,空气流速、温度及干燥时间须根据零件复杂程度确定;中子照相需使用直接曝光法,使用氧化钆屏直接与极细颗粒胶片紧贴放置在真空暗盒内;掺杂法叶片透照后无需经过其他处理;浸泡法叶片若在底片上显示多余物体须经过再次水洗及重复透照,仅允许重复水洗一次。但是目前从公开可查询的资料中无法得知具体的操作方法及参数,因此使用中子成像技术检测残余型芯虽然是一项有效的检测方法,但是经过全面的研究才能编制工艺方法应用于实际产品的检测中。

国内关于空心叶片残余型芯中子照相检测技术的研究主要在平面试样上开展,例如,南昌航空大学的陈启芳在陶瓷型芯中添加 1%~5% 的 Gd_2O_3 作为示踪剂进行中子照相检测试验,结果表明检测灵敏度的主要决定因素是残余型芯厚度、示踪剂浓度和叶片材料厚度,3%~4% 浓度的示踪剂 Gd_2O_3 较为合适,当陶瓷型芯中添加质量比为 3% 的 Gd_2O_3 作为示踪剂时,在 4mm 厚的 DD6 合金基体上可以检测出 0.2mm 厚的型芯,如图 9-5 和图 9-6 所示。哈尔滨工业大学的杨芬芬证明了空心叶片内部微量残余型芯的中子照相检测能力远远高于 X 射线照相检测方法,当陶瓷型芯中加入 2% Gd_2O_3 的示踪剂时,中子射线照相可以清晰观察到 1.0mm 厚叶片材料上厚度 0.2mm 的残余型芯(图 9-7)。

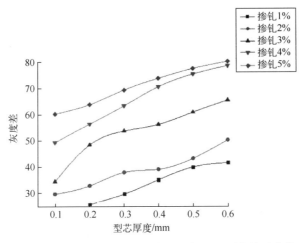

图 9-5　厚度为 4mm 试样的灰度差与型芯厚度关系曲线

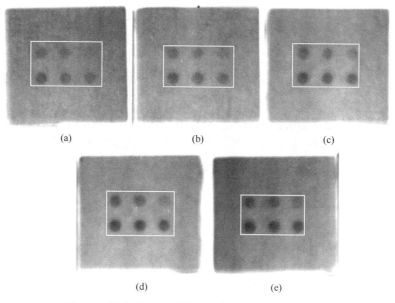

图 9-6 厚度为 4mm 试样的残余型芯检测中子照片
（示踪剂 Gd_2O_3 质量分数分别为 1%~5%）

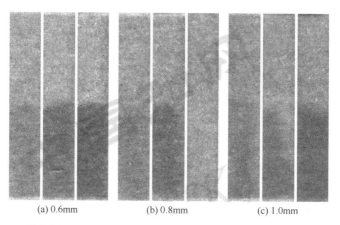

图 9-7 不同厚度（0.6mm，0.8mm 和 1.0mm）叶片材料的试样热中子照片

国内外关于中子射线照相的相关检测标准见表 9-1，主要集中于术语、系统性能测试、图像质量分级和检测方法等。另外相关标准主要关注热中子照像方法，但未能检索到关于空心涡轮叶片残余型芯检测方法的标准。

表 9-1 中子射线照相相关标准

国外标准	ASTM E545	直接曝光热中子射线照相检验成像质量的测定方法
	ASTM E748	材料的热中子照相方法
	ASTM E803	确定中子射线照相射线束 L/D 比的方法
	ASTM E1496	中子射线照相尺寸测量方法
	ASTM E2003	中子射线束纯度指示器的制作方法
	ASTM E2023	中子射线照相灵敏度指示器的制作方法
	ISO 11537	无损检测 热中子照相法的基本原理
	ISO 12721	热中子照相检测中子束 L/D 比的测定
	MIL-STD-1048	中子照相技术的专业术语和定义
	MIL-STD-1567	使用中子照相技术的说明
国内标准	GB/T 12604.8	无损检测术语 中子检测
	GB/T 31362	无损检测 热中子照相检测中子束 L/D 比的测定
	GB/T 31363	无损检测 热中子照相检测总则和基本规则
	GB/T 34641	无损检测 直接热中子照相检测的像质测定方法

9.3 残余型芯的内窥镜检测

工业内窥镜技术是一种远距离可视检测技术，它可将人们的视距延长，并且能任意改变视线方向，准确地观察物体内表面的真实状况。工业内窥镜分为硬管内窥镜（孔探仪）、光纤内窥镜和视频内窥镜 3 种。光纤内窥镜可以弯曲地通过通道，一部分光导纤维将照明光传输至光纤镜的末端，照亮检测区域，其他光导纤维将观测到的图像传回，检测人员通过目镜或显示器查看这些图像。使用搭配光纤的工业内窥镜由叶片顶端或底端插入叶片内部，可以直观观察叶片内腔探头可达部位，对该部位有无残余型芯及严重程度定性判定（图 9-8）。

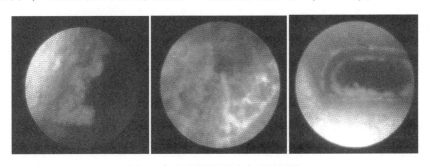

图 9-8 内窥镜检测残余型芯图像

使用光纤内窥镜检测残余型芯的优势在于：可以直观地观察叶片内腔残余型芯分布情况及形态特征。劣势在于：无法进行定量测量，只能定性检测；叶片内腔结构复杂，排气边腔道较窄、扰流柱多，某些部位光纤难以到达，无法检测；受光纤清晰度限制，偶尔出现难以区分致密残余型芯与多余金属的情况；叶片内腔若有粉状残余型芯，会污染镜头，影响清晰度。

实际叶片的光纤内窥镜检测结果表明，叶片内腔加强筋及 R 角处更易存在残余型芯。经多次脱芯处理后叶片内腔中出现了较多不致密的絮状残余型芯。

9.4 残余型芯的 X 射线照相检测

由于残余型芯材料密度低、衰减小，采用常规 X 射线照相方法检测时，存在成像对比度不足的问题，可通过填粉的方式予以改善。

图 9-9 为使用常规 X 射线照相技术检测空心叶片残余型芯示意图，图 9-10 为使用填粉 X 射线照相检测技术空心叶片残余型芯示意图。将填粉前和填粉后叶片内存在型芯的部位与周围区域在底片上的对比度分别记为 ΔD_1 和 ΔD_2，其计算公式为

$$\begin{cases} \Delta D_1 = -\dfrac{0.434\mu_{\text{型-空}}GT}{1+n} \\ \Delta D_2 = -\dfrac{0.434\mu_{\text{型-镍}}GT}{1+n} \end{cases} \tag{9-1}$$

式中：$\mu_{\text{型-空}}$ 为型芯材料与空气对射线衰减系数之差；$\mu_{\text{型-镍}}$ 为型芯材料与填粉材料对射线衰减系数之差；G 为胶片特性曲线斜率；T 为型芯厚度；n 为射线散射比。

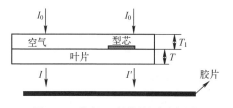

图 9-9 常规 X 射线检测示意图

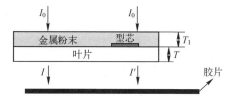

图 9-10 填粉 X 射线检测示意图

以使用氧化铝为型芯材料的 DD6 合金单晶叶片为例，表 9-2 中给出了不同射线能量下氧化铝型芯、空气和 DD6 合金三种材料的衰减系数。从表中可以看出氧化铝型芯与 DD6 合金线衰减系数几乎相差 10 倍以上，可计算出 $\Delta D_2 \gg \Delta D_1$，

因此可认为采用填粉技术后，型芯的检测能力显著提升。

表 9-2　型芯、空气、DD6 合金 部分能量下衰减系数

E/MeV	氧化铝型芯		空　气		DD6 叶片	
	$(\mu/\rho)/(\text{cm}^2/\text{g})$	μ/cm^{-1}	$(\mu/\rho)/(\text{cm}^2/\text{g})$	$\mu/(10^{-3}\text{cm}^{-1})$	$(\mu/\rho)/(\text{cm}^2/\text{g})$	μ/cm^{-1}
0.02	2.239	5.329	0.764	0.988	33.623	295.213
0.03	0.773	1.840	0.349	0.451	10.783	94.673
0.04	0.414	0.985	0.245	0.317	4.784	42.000
0.05	0.288	0.685	0.204	0.264	2.547	22.364
0.06	0.232	0.552	0.186	0.240	1.569	13.772
0.08	0.184	0.438	0.166	0.215	1.709	15.006
0.10	0.163	0.388	0.155	0.200	0.996	8.748
0.15	0.138	0.328	0.136	0.176	0.401	3.517
0.20	0.123	0.293	0.123	0.159	0.238	2.094
0.30	0.105	0.250	0.107	0.138	0.140	1.227

注：空气密度为 $1.29 \times 10^{-3} \text{g/cm}^3$；氧化铝型芯密度为 2.38g/cm^3；DD6 密度为 8.78g/cm^3。

对某 DD6 单晶叶片进行了残余型芯的 X 射线照相检测试验。未填粉时，在进气边壁厚范围为 1.6~6.0mm（由叶尖至叶根部测量）的区域内，当叶片双壁厚度约为 2.5mm 时，可检出厚度为 3.2mm 残余型芯；在排气边壁厚范围为 1.26~4.6mm（由叶尖至叶根部测量）的区域内，当叶片双壁厚度约为 3.1mm 时，可检出厚度为 1.96mm 残余型芯；在榫头厚度范围为 5.6~18.0mm 的区域内，无法检出厚度小于 3.2mm 的残余型芯。填粉之后，在靠近排气边处，当叶片厚度与金属粉厚度之和约为 6.7mm 时，可检出残余型芯的厚度为 0.6mm；在排气边，当叶片厚度与金属粉厚度之和约为 7.3mm 时，可检出残余型芯的厚度亦为 0.6mm。由以上试验结果可以看出，对于 DD6 单晶叶片，采用常规 X 射线照相检测方法，对于 2~3mm 厚度的残余型芯检测也是比较困难的；而填粉后则能检出最小厚度 0.6mm 的残余型芯。

图 9-11 为某空心叶片填粉 X 射线检测得到的结果图像，其中能清晰地看到叶片空腔中存在残余型芯。

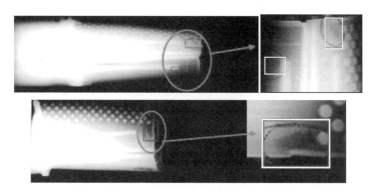

图 9-11　某空心叶片填粉 X 射线检测图像

9.5　残余型芯的工业 CT 检测

与 X 射线检测技术类似，工业 CT 检测也是基于物质对 X 射线的吸收和散射原理。由于不同密度的物质对 X 射线的吸收程度不同，工业 CT 检测时经过不同角度的射线照射后通过计算空间中各点对射线的吸收情况从而反映物体中各点的密度分布。利用工业 CT 检测技术可实现空心叶片腔内多余物的三维可视化，为残余型芯定量分析提供技术手段。

在射线能量足以穿透零件的前提下，工业 CT 技术可以无损地得到零件断层图像，不受零件的形状、结构影响。在工业 CT 图像中，残余型芯的灰度通常仅为高温合金的四分之一，使用工业 CT 技术检测叶片内腔残余型芯，要求图像的空间分辨率和密度分辨率能够满足残余型芯检测灵敏度要求。在 0.4~1.0mm 不同厚度的型芯试样上进行的工业 CT 检测试验结果表明，所有型芯均可有效检出，如图 9-12 所示。

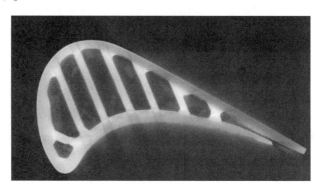

图 9-12　型芯试样的工业 CT 检测图像

从叶片不同腔体工业 CT 成像效果来看，不同内腔尺寸内图像背景差异较大，对残余型芯识别有较大影响。由于高温合金叶片材料附近存在较宽的灰度扩展区间，靠近叶片表面区域的型芯信号容易被灰度较高的背景掩盖。通过对不同能量的工业 CT 图像进行处理，可以显著提高型芯的识别率，如图 9-13 所示。

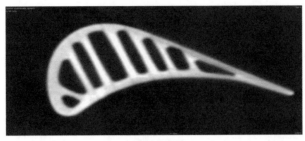

(a) 图像处理前

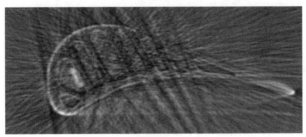

(b) 图像处理后

图 9-13　工业 CT 图像处理前后残余型芯显示对比

9.6　残余型芯的中子照相检测

中子照相检测与常规 X 射线检测存在很大不同。中子和 X 射线在与物质的作用方式上存在着显著差异（图 9-14），中子射线只与原子核发生作用而不与核外电子作用，X 射线的反应截面跟原子系数大致呈平滑的函数关系，而中子反应截面与原子系数基本无函数关系。陶瓷型芯材料主要为 Al_2O_3 或 SiO_2，其成分主要元素铝、硅与热中子的反应截面均不大，用常规的中子照相灵敏度不高，在型芯材料中加入少量与热中子反应截面非常大的元素（如 Gd）作为标记物，可以有效地提高热中子成像检测的灵敏度。引入元素能增强标记位置的对比度，使之形成足以检出的衬度，以达到检测残芯的目的。目前残芯中子检测标记物的添加方法有掺杂法和浸泡法两种。掺杂法是在型芯制作时将一定量的 Gd_2O_3 粉末直接掺到型芯材料中，叶片脱芯后直接进行中子检测；浸泡法是将经过脱芯处理但内部仍可能存在残芯的叶片在 $Gd(NO_3)_3$ 溶液中浸泡，使残余型芯吸收足够的 Gd 元素，以达到添加标记物的目的，然后实施中子检测。由于采用浸泡方法无需改变陶瓷型芯的成分，因此采用该方法对陶瓷型芯进行示踪处理具有一定的优势。

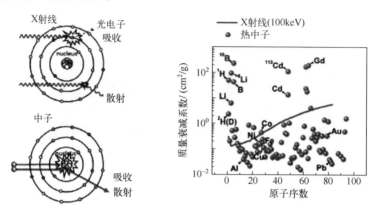

图 9-14　X 射线、中子射线与物质作用方式及其反应截面

中子射线源主要有反应堆中子源和加速器中子源。

9.6.1　残余型芯中子照相的图像质量评价方法

叶片残余型芯中子照相法是利用中子射线照射空心叶片，通过对图像的识别判断是否有残余型芯存在的一种检测方法。要检出叶片中小尺寸的残余型芯，中子照相法获得的图像质量必须达到一定水平。中子照相的图像质量采用束流纯度指示器（BPI）和灵敏度指示器（SI）两种像质计进行评价。BPI 只用于胶片法测量中子射线中热中子含量，而 SI 可用于定性测量系统的检测灵敏度。

通过对 BPI 影像的黑度测定得到评价中子束流纯度的有效热中子含量（NC）、有效散射中子含量（S）、有效伽马含量（γ）和有效电子对生成含量（P）。BPI 主要由以下部分构成：①6mm 厚的聚四氟乙烯板（26mm×26mm）；②直径 16mm 的中心孔；③板的上、下两个面距相对的侧面 4mm 处有一宽 0.6mm、深 0.7mm 的槽，槽中分别压入直径为 0.64mm、长 12mm 的镉（Cd）棒；④在聚四氟乙烯板的上、下面各有两个直径 4mm、深 2mm 的孔，孔中分别插入直径 4mm、厚 2mm 的铅（Pb）圆盘和氮化硼（BN）圆盘，如图 9-15 所示。

束流纯度指示器用于得到与中子束和成像系统参量有关的定量信息，这些参量会影响胶片的曝光，进一步影响成像质量，此外还可用于核实中子射线照相质量的一致性。束流纯度指示器和胶片与金属转换屏在中子照相系统中曝光后，采用光学密度计测量胶片中有关部分的黑度（本底密度在 2.0~3.0 之间），有关部分的黑度以 D 表示，见表 9-3。

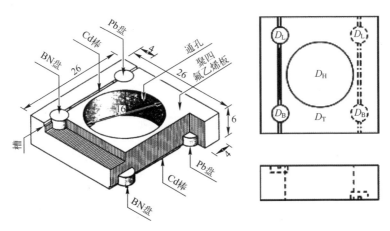

图 9-15 束流纯度指示器（BPI）结构图

表 9-3 参数 D 的定义

D_B	通过氮化硼圆盘图像测量的底片密度
D_L	通过铅盘图像测量的底片密度
D_H	通过测量 BPI 中心孔测量的底片密度
D_T	通过聚四氟乙烯图像测量的底片密度
ΔD_L	两个 D_L 值的差值
ΔD_B	两个 D_B 值的差值

采用上述 D 值确定曝光贡献量的公式如下：

有效热中子含量（NC）：

$$NC = \frac{D_H - (D_B + \Delta D_L)}{D_H} \times 100 \tag{9-2}$$

式中：D_B 为两个氮化硼圆盘底片密度的较大值。

有效散射中子含量（S）：

$$S = (\Delta D_B / D_H) \times 100 \tag{9-3}$$

有效伽马含量（γ）：

$$\gamma = (D_T - D_L) / D_H \times 100 \tag{9-4}$$

式中：D_L 为两个铅盘底片密度的较小值。

有效电子对生成含量（P）：

$$P = (\Delta D_L / D_H) \times 100 \tag{9-5}$$

另外，束流纯度指示器的中子图像需要目视检查两个区域：镉棒图像和铅圆盘区的图像。如果两个镉棒的图像相比较有明显的差异，说明准直比（L/D）低于正常所需值；如果铅圆盘较周围的聚四氟乙烯图像明显的偏亮或偏暗，说明不是 γ 射线含量高（图像较亮），就是电子对生成含量高（图像较暗）。

灵敏度指示器（SI）作为定量测定中子射线照相中可见细节灵敏度的器件，是一种台阶式楔形装置，包含已知尺寸的间隙和孔，如图 9-16 所示。

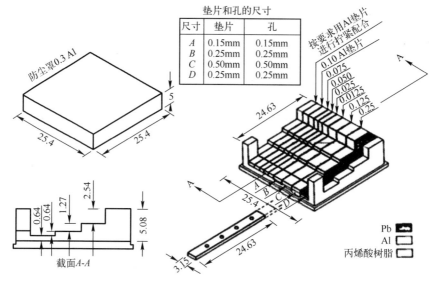

图 9-16 灵敏度指示器（SI）结构图

根据 SI 的中子图像上可分辨的不同厚度吸收体上最小的孔和最窄间隙的尺寸确定灵敏度等级，灵敏度等级由 H 值和 G 值表示。H 值分为 12 级，它的划分同时兼顾了吸收体的厚度和孔的直径大小；G 值分为 7 级，它的划分考虑了各种尺寸的间隙在不同厚度吸收体上的图像。H 值和 G 值的划分见表 9-4 和表 9-5。

表 9-4 H 值划分

H 值	孔尺寸/mm	吸收体厚度/mm
1	0.51	0.64
2	0.51	1.27
3	0.51	2.54
4	0.51	5.08
5	0.25	0.64
6	0.25	1.27
7	0.25	2.54
8	0.25	5.08

续表

H 值	孔尺寸/mm	吸收体厚度/mm
9	0.13	0.64
10	0.13	1.27
11	0.13	2.54
12	0.13	5.08

注：H 值是图像中可分辨的最接近值。

表 9-5　G 值划分

G 值	间隙宽度/mm
1	0.15
2	0.13
3	0.10
4	0.076
5	0.051
6	0.025
7	0.013

注：G 值是不同吸收体厚度上可分辨的最小铜片宽度。

为满足目前空心叶片残余型芯的检测要求，参考 GB/T 34641 确定了叶片残余型芯中子照相检测所需达到的图像质量，等级为 I 级，见表 9-6。

表 9-6　中子照相的图像质量分级

级别	NC	H	G	S	γ	P
I	65	6	6	5	3	3
II	60	6	6	6	4	4
III	55	5	5	7	5	5
IV	50	4	5	8	6	6
V	45	3	3	9	7	7

举例说明利用 BPI 和 SI 确定中子射线照相图像质量等级的方法。图 9-17 为采用热中子照相系统获得的像质计图像，试验设备为反应堆热中子照相装置，成像装置为单面乳化胶片、Gd 转换屏和暗盒。表 9-7 为评价结果，其中热中子含量>65%，γ射线含量<3%，同时分辨出吸收体厚度 1.27mm 时直径为 0.25mm 的孔以及宽度为 0.013mm 的铜片，图像质量达到 I 级，满足空心叶片残余型芯中子检测的要求。

 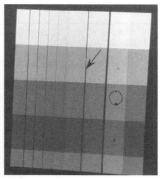

图 9-17 采用热中子照相系统获得的像质计图像

表 9-7 热中子图像质量的评价结果

序号	BPI						SI		计算结果			
	$D_B(h)$	$D_B(l)$	$D_L(h)$	$D_L(l)$	D_T	D_H	H	G	%NC	%S	%γ	%P
1号	0.79	0.76	2.16	2.14	2.16	2.53	7	7	67.98	1.19	0.79	0.79

9.6.2 残余型芯中子照相检测能力影响因素

使用中子照相方法检测空心叶片残余型芯的检测灵敏度与叶片基体的厚度、残余型芯厚度密切相关，还与示踪剂的添加方法以及含量有关。

1. 叶片基体厚度、残余型芯厚度对检测灵敏度的影响

采用不同厚度高温合金材料制作含不同厚度残余型芯的阶梯试样验证检测灵敏度，阶梯试样及其中子照片如图 9-18 所示，图中可清晰观察到圆形残余型芯的影像。图 9-19 所示为掺杂 3%Gd_2O_3 时，通过材料和残余型芯的灰度值获得的对比度、材料厚度和残余型芯厚度变化规律图。图中黑色球表示残余型芯不可见（对比度<0.05）、红色球表示残余型芯可见（0.05≤对比度<0.1），绿色球表示

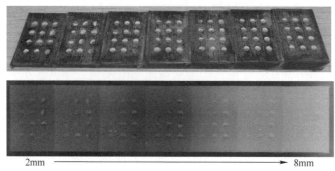

图 9-18 阶梯试样及其中子照片

残余型芯清晰可见（对比度≥0.1）。从图中可以看到，随着材料厚度增加和残余型芯厚度减小，残余型芯的检测灵敏度逐渐降低，其中材料厚度影响较大。当材料厚度小于 5.8mm 时，残余型芯的检测灵敏度优于 0.2mm；当材料厚度增加至 6.5mm 时，残余型芯的检测灵敏度降至 0.55mm；当材料厚度继续增加至 7mm 时，残余型芯的检测灵敏度显著降低至约 1mm。

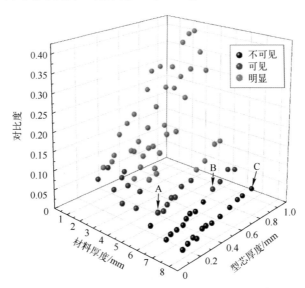

图 9-19　阶梯试样中材料厚度、型芯厚度和对比度的变化规律（见书末彩图）

2. 标记物添加方法对检测能力的影响

空心叶片往往存在加强筋等复杂结构，会对残余型芯的检测灵敏度造成一定影响。下面以某实际叶片的中子照相检测试验结果为例，说明标记物添加方法对检测能力的影响。

首先，采用掺杂质量分数为 3% 的 Gd_2O_3 陶瓷浆料制成 0.2mm、0.3mm 和 0.4mm 薄片，将其破碎后采用铝胶带粘贴在两种不同叶片的叶身表面和内腔中模拟残余型芯。采用中子照相获得的叶片和模拟残余型芯照片见图 9-20，残余型芯厚度自上而下依次为 0.2mm、0.3mm 和 0.4mm。由结果可知，在两种规格叶片叶身上预置的不同厚度残芯（0.2~0.4mm）均能清晰分辨，表明中子照相对采用掺杂法添加了标记物的残余型芯检测灵敏度达到了 0.2mm。需要说明的是，受到叶片厚度变化的影响图像上较薄部位的残余型芯对比度略高于较厚部位。

采用浸泡法标记的残余型芯，中子照相检测的灵敏度还与 Gd 元素的吸收和扩散速率有关，具有多孔性的残余型芯有利于 Gd 元素的吸收，因此检测灵敏度更高。将残余型芯材料浸泡在浓度为 10%~20% 的 $Gd(NO_3)_3$ 水溶液中一段时间，

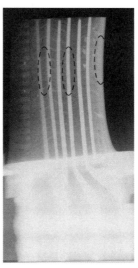

图 9-20　采用中子照相获得的叶片和模拟残余型芯照片（掺杂法）

取出并破碎后采用铝胶带粘贴在两种叶片的叶身表面模拟残余型芯，其中型芯厚度从上到下依次为 0.2mm、0.3mm 和 0.4mm。采用中子照相获得的照片见图 9-21，由结果可知，叶片 1 叶身上的预置残余型芯（共 9 个）均能分辨，叶片 2 叶身上的预置残余型芯（共 9 个）只能分辨 7 个，在最右列的 0.3mm 和 0.4mm 残芯未能分辨（图中箭头所示）。此外还可观察到，图像上不同位置的残余型芯对比度差异较大，可能是由于部分残余型芯在浸泡过程中未能吸收足够的 Gd 元素，导

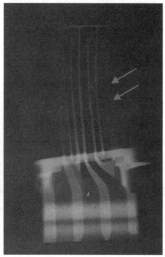

图 9-21　采用中子照相获得的空心叶片残余型芯照片（浸泡法）

致其在中子照片上对比度偏低,甚至不可分辨。因此,采用浸泡法添加标记物进行残余型芯检测时,局部残余型芯可能因对标记物吸收不充分而出现漏检,举例说明如下。

图9-22为2次脱芯工艺时空心叶片残余型芯采用浸泡法获得的中子照片。残余型芯的对比度在图像上不均匀,通过解剖发现,紧贴叶片内腔壁的残余型芯在图像上对比度高,表明残余型芯达到了良好的浸润目的,但对于充满内腔的残余型芯,其边缘在图像上对比度高,内部则由于Gd元素的吸收不充分和扩散速率的影响,未获得清晰的图像显示。

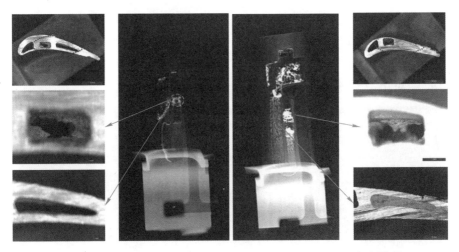

图9-22 空心叶片残余型芯采用浸泡法获得的中子照片及解剖结果

可见,采用浸泡法添加标记物的中子照相检测,其可靠性不及掺杂法。需要说明的是,掺杂法需要预先在型芯材料中添加 Gd_2O_3,新成分的添加对于型芯及叶片性能是否有影响或其影响是否在可接受的范围内还须进一步进行研究。

9.6.3 不同成像方式对残余型芯图像质量的影响

目前中子照相常用的成像方式有胶片成像和CCD数字成像,其中胶片成像又分为单面胶片成像和双面胶片成像。图9-23为空间分辨率试样分别在单面胶片、双面胶片和CCD三种成像方式下的检测图像。不难看出,单面胶片的空间分辨率优于50μm,双面胶片的空间分辨率约为50μm,CCD的空间分辨率约为100μm。可见,单面胶片和双面胶片的图像质量相当,均优于CCD成像。

三种成像方式下的灵敏度试样检测结果同样存在差异。图9-24为SI试样在三种成像方式下的检测图像。单面胶片和双面胶片的图像质量要明显优于CCD成像。从细节特征观察,单面胶片和双面胶片都可以分辨出吸收体厚度1.27mm

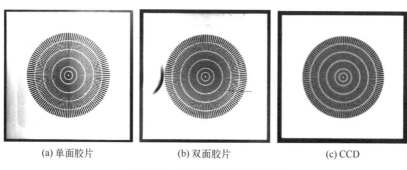

(a) 单面胶片　　　　　　(b) 双面胶片　　　　　　(c) CCD

图 9-23　空间分辨率试样图像

时直径为 0.25mm 的孔和宽度为 0.025mm 的间隙，满足 GB/T 34641 中 I 级要求，但 CCD 成像只能分辨出吸收体厚度 2.54mm 时直径为 0.51mm 的孔和宽度为 0.051mm 的间隙，并不满足 GB/T 34641 中 I 级要求。

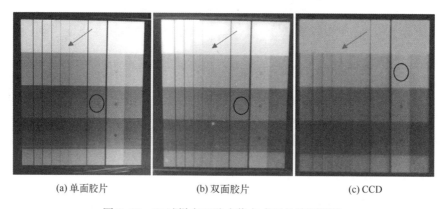

(a) 单面胶片　　　　　　(b) 双面胶片　　　　　　(c) CCD

图 9-24　SI 试样在三种成像方式下的检测图像

在实物叶片的检测中，不同的成像方式会影响图像质量，进而影响到残余型芯尺寸测量的准确性。图 9-25 为实物叶片试样在三种成像方式下的检测图像，该试样采用掺杂法制作，Gd_2O_3 的质量分数为 3%，从叶尖到叶根型芯的厚度分别为 0.2mm、0.3mm 和 0.4mm。由结果可知，在三种成像方式下，均能观察到最小厚度为 0.2mm 的型芯，但 CCD 获得的图像较为模糊，其图像质量低于胶片法，对残芯尺寸测量的准确性会产生一定影响。

综上所述，空间分辨力、灵敏度试样检测和实物叶片检测试验结果均表明，胶片成像方式的图像质量优于 CCD 成像。因此，在叶片残余型芯的中子照相检测中推荐采用超细颗粒、单面乳化的工业胶片。

需要说明的是，虽然 CCD 成像方式在本试验中所展现出的图像质量不及胶片，但作为一种数字化成像手段，其在检测效率、绿色环保、检测成本方面均有

 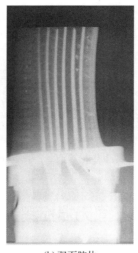 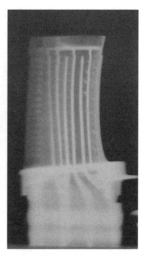

(a) 单面胶片　　　　　　(b) 双面胶片　　　　　　(c) CCD

图 9-25　实物叶片试样残余型芯中子检测图像

着很大的优势。而且随着数字图像采集和处理技术的飞速发展，CCD 的成像质量与胶片的差异将逐渐缩小。

9.6.4　反应堆中子源和加速器中子源的检测能力分析

目前中子射线源主要有反应堆中子源和加速器中子源两种。中子产额对中子成像质量有直接影响，国内反应堆中子源的中子注量率一般超过 $10^{14}\mathrm{n\cdot cm^{-2}\cdot s^{-1}}$，加速器中子产额最高为 $10^{11}\mathrm{n\cdot cm^{-2}\cdot s^{-1}}$。图 9-26 和图 9-27 分别为两片叶片使用反应堆中子源和加速器中子源进行中子成像的结果，叶片型芯中均掺杂了 3% 的氧化钆。反应堆中子源图像信噪比高、对比度好、检测效率高，但是国内反应堆中子源数量少，运行成本高，限制了叶片残余型芯中子检测的工程化应用。加速器中子源图像信噪比和对比度不及反应堆中子源，但其具有检测成本低的优势，更适合于工程化应用。随着加速器中子检测设备能力的不断提升，有望实现该技术在叶片残余型芯中子检测中的大规模应用。

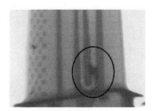 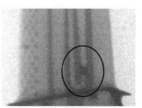

(a) 反应堆中子源　　　　　(b) 加速器中子源

图 9-26　1 号叶片残余型芯中子成像结果

(a) 反应堆中子源　　　　　(b) 加速器中子源

图 9-27　2 号叶片残余型芯中子成像结果

9.7　残余型芯不同无损检测方法综合对比

　　光纤内窥镜检测是一种直观而快速的检测方法，可直接观察叶片内腔残余型芯分布情况及形态特征；但受叶片复杂结构影响，存在较多光纤难以到达而无法检测的区域，如排气边扰流柱部分。

　　常规 X 射线照相检测灵敏度低，只能检出叶片内腔中尺寸较大的残余型芯；使用填粉技术的 X 射线照相可以有效提高型芯检测对比度，但是大部分叶片内腔结构复杂，由于存在金属粉末难以完全清除的风险，限制了该方法的工程化应用。

　　工业 CT 检测技术，对于厚度不小于 0.4mm 的型芯试片可以有效检测。工业 CT 检测对于叶片腔道内的残余型芯有较好的检测效果，并可在图像上显示型芯在腔道内三维分布情况；工业 CT 检测技术的劣势在于检测时间较长，目前二维 CT 单层图像成像时间约为 2min，若需对整个叶片进行 CT 检测，所需时间约为数个小时，若使用三维 CT 检测，为了达到较高的密度分辨率，单个扫描时间不少于 1h，并不适用于大批叶片检测。另外与 X 射线检测类似，工业 CT 检测也存在残余型芯检测对比度低的问题，使其在叶片残余型芯的检测能力方面存在一定局限性。

　　中子射线成像检测技术可以有效检测出添加了标记物的残余型芯。反应堆中子源检测图像质量极佳，可以检测叶片内腔较小尺寸的絮状型芯；加速器中子源检测图像经过适当的图像处理后，可以进行一定尺寸的型芯检测，但是图像清晰度仍与反应堆中子源有一定差距。反应堆中子源成像效率高，单幅图像仅需数秒；加速器中子源由于中子产额低，为了得到较好的图像质量，需要进行长时间曝光，单幅图像曝光时间约为 10min。随着加速器中子源注量率的提高，使用加速器的中子成像技术有望成为检测叶片内残余型芯广泛应用的方法。

参考文献

[1] KRUGLOV E P, KOCHETOVA G K. Improvement of a technological process for ceramic core removal out of internal cavities of aircraft GTE turbine blade castings [J]. Russian Aeronautics, 2007, 50 (2): 227-229.

[2] REMMERS T M, JUDD D R, GOLDEN G S. X-ray detection of residual ceramic material inside hollow metal articles: US, 5242007 [P]. 1993-09-07.

[3] 王婵, 李泽, 罗辅全, 等. 涡轮叶片内腔滞留物射线检测 [C] // 陕西省第十届无损检测年会论文集. 西安, 2006.

[4] HAROLD BERGER. Advances in neutron radiographic techniques and applications: a method for nondestructive testing [J]. Applied Radiation and Isotopes, 2004 (61): 437-442.

[5] CHIA WEI MIN, CHUANG CHOUNG YUAN, CHEN CHUNG SHENG, et. al. Case studies of neutron radiography examination at INER [J]. Nuclear Instruments and Methods in Physics Research A, 1996 (377): 16-19.

[6] CHEUL M S, YI K K, TAEJOO K, et al. Detection of hidden shot balls in a gas-cooled turbine blade with an NRT gadolinium tagging method [J]. Nuclear Instruments and Methods in Physics Research A, 2009, 605 (1-2): 175-178.

[7] 郭广平, 凌海军, 刘庆珍. 空心叶片残留型芯影像的射线照相对比度 [J]. 无损检测, 2009 (7): 544-547.

[8] 陈启芳. 涡轮叶轮残芯中子照相检测 [D]. 南昌: 南昌航空大学, 2015.

[9] 杨芬芬. 空心叶片内部微量残芯的检测方法及工艺 [D]. 哈尔滨: 哈尔滨工业大学, 2011.

第10章

复合材料在发动机上的应用及无损检测

10.1 概 述

发动机用复合材料主要有三种类型：新型耐高温环氧树脂基复合材料、金属基复合材料（MMC）和陶瓷基复合材料（CMC）。

新型耐高温环氧树脂基复合材料是最早用于发动机上的复合材料，目前已经在叶片、机匣等部件上获得了应用。美国通用电气（GE）公司的GE90发动机风扇由22个碳纤维/环氧树脂复合材料叶片组成［图10-1（a）］，CFM公司的LEAP-X发动机采用了三维编织树脂模传递成形技术（3-DW RTM）制造复合材料风扇叶片［图10-1（b）］。GE公司的GEnx发动机通过采用复合材料制作的导流叶片、前风扇机匣等［图10-1（d）］减重154kg，该型发动机的复合材料用量已占发动机总重量的13%。

目前已开始投入应用的金属基复合材料主要是钛基和铝基复合材料。铝基复合材料主要用于飞机结构，如直升机上的夹板模锻件、动环模锻件等。钛基复合材料在飞机和发动机上均有应用，已经或将应用于压气机静子叶片、转子叶片、整体叶环、盘、轴、机匣、尾部结构和作动杆等零部件上。图10-2为SiC纤维增强钛基复合材料叶环，普惠公司正在研制的复合材料风扇叶片采用连续SiC纤维增强钛基复合材料，可使风扇叶片的强度提高50%，减重14%，硬度也比普通的钛合金更高。

陶瓷基复合材料具有耐高温、低密度、高比强度、高比模量、抗氧化和抗烧蚀等优异性能，按照"NASA N+3先进发动机项目"的计划，2030—2035年，燃烧室、高压涡轮导向器叶片、高压涡轮叶片、低压涡轮叶片、高压涡轮支撑罩环和整流罩等将全部或部分采用新一代CMC，整体发动机短舱将全部由复合材料制造。CMC（如碳化硅增强陶瓷基复合材料CMC-SiC）在国际上被认为是发动机高温结构材料的技术制高点之一，法国、美国已掌握了其产业化技术，我国航空发动机陶瓷基复合材料则处于研究试验阶段。

第 10 章 复合材料在发动机上的应用及无损检测

(a) GE90发动机的风扇

(b) LEAP-X发动机的复合材料风扇

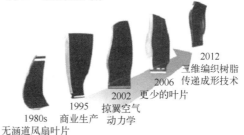

(c) 发动机复合材料风扇的演化

(d) GEnx的复合材料风扇机匣和机匣出口的导流叶片

图 10-1 航空发动机新型耐高温树脂基复合材料制件

图 10-2 SiC 纤维增强钛基复合材料叶环

材料的先进性总是与其质量的离散性并存,发动机复合材料在制造过程中难以避免缺陷的产生。复合材料构件往往具有复杂的微结构,加之其制备成形涉及多种工艺过程,因此其中可能存在大小不一、形状各异的缺陷。这些缺陷可能单独产生,也可能多个同时出现,无论何种情况,均可能在不同的失效模式下导致构件损毁。为了保证发动机的安全可靠使用，必须有相应的无损检测手段用于产品质量控制，协助改进材料的制造工艺。由于上述复合材料的特性与传统发动机金属材料存在较大差异，以往发动机无损检测常用方法是否适用？检测能力如何？是否需要改进现有方法或者开发新的无损检测手段？只有在发动机新型复合材料研制过程中同步开展无损检测技术应用研究，才能找到这些问题的答案。

10.2 陶瓷基复合材料的无损检测

10.2.1 陶瓷基复合材料特点及常用的无损检测方法

SiC_f/SiC 陶瓷基复合材料是指以 SiC 纤维为增强材料、SiC 陶瓷为基体的复合材料。它不仅保持了 SiC 陶瓷基体耐高温、高强度、低密度、抗氧化等优点，还充分发挥了 SiC 纤维的增韧作用，有效克服了单相陶瓷脆性大、对裂纹敏感、可靠性差等致命缺点。与高温合金相比，SiC_f/SiC 陶瓷基复合材料具有更低的密度（通常为 $2.0 \sim 3.0 g/cm^3$，仅为高温合金的 $1/3 \sim 1/4$），更高的耐温性（非冷却条件下大于 1200℃）。SiC_f/SiC 陶瓷基复合材料可用于航空发动机以实现结构减重、简化冷却结构、减少冷气用量、提升燃烧效率、提高推重比/功重比等目的，是航空发动机热端构件最具发展潜力的热结构材料之一。经过数十年的研究，现已发展形成多种陶瓷基复合材料制备工艺，其中有代表性的工艺主要有：化学气相渗透（CVI）工艺、聚合物浸渍裂解（PIP）工艺和熔渗（MI）工艺，其中熔渗工艺又分为反应熔渗和非反应熔渗两种。不同制备工艺的区别主要在于 SiC 基体的致密化方式：CVI 工艺采用气态前驱体（如三氯甲基硅烷等）在 SiC 纤维表面裂解、沉积得到 SiC 基体；PIP 工艺通常将纤维预制体浸渍在液态前驱体（如聚碳硅烷等）中，经高温裂解使前驱体陶瓷化，重复浸渍-裂解过程得到致密的 SiC 基体；反应熔渗是将熔融硅渗入到多孔碳预制体中，碳与硅反应生成 SiC 基体；非反应熔渗中渗入到基体孔隙内的熔融硅主要起填充作用，未发生硅与碳的反应。陶瓷基复合材料的性能与制备工艺密切相关，不同工艺制备的材料性能存在一定的差异。

然而，正是由于陶瓷基复合材料在生产过程中存在制作工艺多样、制作步骤繁复的特点，在材料内部不可避免地会形成各种缺陷。例如，CVI 工艺因为越接近预制体孔内部，气体扩散的难度越大，传质效率越低，故反应气体总会优先在预制体近表面裂解、沉积生成致密基体，进一步堵塞了内部孔道，导致该种工艺具有较高的孔隙率。PIP 工艺在裂解过程中体积快速收缩容易引起基体裂纹，甚至出现开裂现象，同时裂解会产生大量小分子气体，并通过扩散作用从基体中向外逸出，留下大量不规则的气孔，导致材料孔隙率较高。MI 工艺的熔渗反应温度通常在硅的熔点附近，高温下纤维容易受到热损伤，且基体中不可避免残余一定量的硅，基体材料具有明显的不均匀特征。材料的各向异性和不均匀性，结构的复杂性，缺陷类型、尺寸和分布的不确定性，都为其缺陷检测和质量控制带来了极大的困难。另一方面，不同制造工艺条件下缺陷的形成和演化机理，以及缺陷对材料性能的影响规律尚不明确，缺乏缺陷无损评价指标体系和无损评价方法。如何高效、准确通过检测方法表征材料内部缺陷情况，为陶瓷基复合材料在制造阶段、构件组装阶段、服役阶段及损伤修复阶段提供质量控制信息，具有重要的工程意义。

应用于陶瓷基复合材料的无损检测技术主要包括工业 CT 检测、超声检测（含声发射）和红外热成像检测。

1. 国外技术研究现状及趋势

1）工业 CT 检测

Breuning 等用工业 CT 研究了 SiC 在 Nicalon 纤维束上的沉积过程，并测定了陶瓷基复合材料中各相体积分数、比表面积及密度。Liaw、Ellingson 和 Jessen 等利用工业 CT 研究了陶瓷基复合材料孔隙率、涂层分层及纤维束分布走向。NASA 则将工业 CT 检测技术成功应用于航天器机翼、发动机燃烧室等陶瓷基复合材料构件。Brian 等通过工业 CT 的方法获取陶瓷基复合材料结构单元的几何模型并应用于力学性能仿真模型的建立。Abdel Haboub 等设计了应用于同步辐射 CT 的原位加载装置，并观察了 1700℃材料原位拉伸过程中的变化规律，如图 10-3 所示。

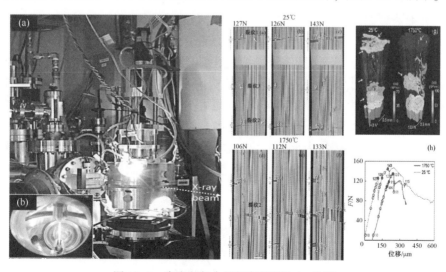

图 10-3 陶瓷基复合材料高温原位 CT 检测

2）超声检测（含声发射）

Jae Ki Sim 等通过超声的方法分析了陶瓷基复合材料刹车片的性能及均匀性。Morscher 等则将声发射技术运用到陶瓷基复合材料累积损伤检测过程中。Gyekenyesi 等采用声发射技术研究了不同类型陶瓷基复合材料在拉伸载荷作用下的损伤行为差异。

3）红外热成像检测

Sun 等使用红外热成像技术研究了陶瓷基复合材料在 PIP 方法制备过程中的结构变化。Wang 等利用红外热成像技术检测 CVI 工艺制备的陶瓷基复合材料热冲击损伤。德国宇航院的 Krenkel 通过红外热成像方法检测出 CMC 材料中不同深度和面积的内置缺陷。

2. 国内技术研究现状及趋势

1）工业 CT 检测

刘海龙等采用纳米 CT 原位拉伸试验对平纹陶瓷基复合材料的损伤演变与破坏机理进行研究，通过对比材料在各级拉伸载荷作用下内部截面图，结合断口扫描处的高清图像，获得各级载荷下经纬纤维和基体的裂纹发展趋势及材料整体损伤演变机理。冯祖德等以显微 CT 为主要研究手段，系统观察了陶瓷基复合材料在不同尺度的三维结构特征，分析了孔隙形成机制和 SiC 沉积形貌的影响因素，探索了高温蠕变前后孔隙率及微裂纹的变化。江柏红等提出了一种基于显微 CT 技术的测量复合材料孔隙率的新方法，获取材料内部三维微观图像，并通过灰度直方图阈值分割法较为精确测量陶瓷基复合材料体积孔隙率。

2）超声检测

梁菁等研究了陶瓷基复合材料微缺陷的超声检测能力，针对人工缺陷试样进行了超声检测试验，比较了不同方法的检测能力。朱颖等则在分析了碳化硅基体声学特性的基础上，将横观各向同性模型应用于材料分析中，运用声波传播理论获得材料慢度图，并用脉冲发生器与示波器搭建线性声学参量检测平台。危荃等利用自主研制的内置专用信号处理单元的空气耦合超声无损检测系统进行试验，实现陶瓷基复合材料模拟内部分层缺陷非接触无损检测。孙广开等研究了激光超声技术在陶瓷基复合材料无损检测中的应用，并搭建了激光激励、激光探测的全光学激光超声无损检测系统。

3）红外热成像检测

徐红瑞等利用红外热成像方法对陶瓷基复合材料静力压痕损伤进行了表征。王丹等通过对比研究脉冲热像和锁相热像两种红外热成像检测特性，确定了两种检测方法的检测能力和适用范围并应用于陶瓷基复合材料检测。陈曦等采用红外热成像技术分别对二维叠层复合材料的无 SiC 涂层盲孔试样和有 SiC 涂层的三点弯曲强度试样的氧化损伤进行无损检测，分析了材料氧化损伤与热辐射强度信号之间的关系，以及热扩散系数与材料密度、抗弯强度之间的关系，探索了采用红外热成像技术检测和评价材料氧化损伤的可行性。

10.2.2 陶瓷基复合材料典型缺陷

通过大量 SiC_f/SiC 复合材料层板微纳 CT 检测进行内部组织三维表征，发现主要缺陷形式如下：

1. 未渗透

未渗透缺陷是在熔渗过程中部分液态硅没有进入多孔体间隙而产生的局部密度不均，也是 MI 工艺特有的一类典型缺陷。其主要特点为形貌不规则，呈体积分布，尺寸范围差异大（图 10-4）。

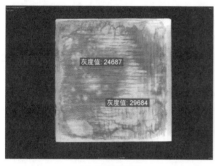 

(a) 未渗透缺陷　　　　　　　　　　　(b) 均匀渗透

图 10-4　未渗透缺陷和均匀渗透的微纳 CT 扫描图像

2. 孔洞

孔洞是复合材料的主要缺陷之一。陶瓷基复合材料中孔洞的形成原因之一是层内纤维束间隙产生的孔洞。该类孔洞形貌通常表现为圆柱状，且某一方向尺寸远大于其他两个方向，例如图 10-5 所示的孔洞长度约为 18mm，直径约为

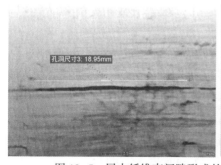 

图 10-5　层内纤维束间隙形成的孔洞不同方向微纳 CT 扫描图像

0.6mm。孔洞的第二种形成原因是成形过程中的气体没有排出材料而形成，该类孔洞通常轮廓较为圆滑，各个方向尺寸差异不大，例如图 10-6 所示的孔洞直径约为 1mm。第三种形成原因为熔渗过程中多孔体未被完全填充而形成的孔洞，该类孔洞形貌由多孔体孔隙形貌确定，通常位于未渗透区域内。

图 10-6　排气不充分形成的气孔不同方向微纳 CT 扫描图像

3. 夹杂

夹杂是由工艺过程中环境引入的非材料体系物质，对于陶瓷基复合材料，常见的夹杂为密度高于基体材料的高密度夹杂，形貌通常为颗粒状，如图 10-7 所示的 CMC 夹杂尺寸约为 0.3mm。

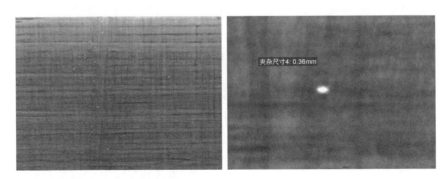

图 10-7　CMC 中的夹杂缺陷

4. 分层

分层是 SiC_f/SiC 复合材料层板另一类主要缺陷，分层可能会发生在预制体制备、多孔体制备、熔渗等多个工艺环节中，其主要原因为层间结合力不足导致的层与层之间开裂，是典型的面积型缺陷，其形貌特征为某一方向尺寸远小于其余另外两个方向尺寸。例如，如图 10-8 所示 CMC 中的分层缺陷，沿板厚方向厚度仅为 0.11mm，而沿铺层方向尺寸分别为 1.83mm 和 3.27mm。

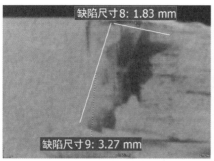

图 10-8 CMC 中的分层缺陷

5. 裂纹

裂纹存在于 SiC_f/SiC 复合材料层板基体中,裂纹的长度、宽度、深度通常具有较大差异,且具有较强的工艺敏感性,典型裂纹的尺寸和形貌如图 10-9 所示。

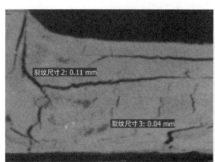
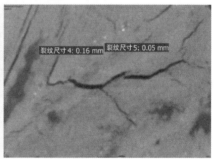

图 10-9 典型裂纹的尺寸和形貌

10.2.3 不同无损检测技术的缺陷检测能力

为了确定不同无损检测技术对 SiC_f/SiC 复合材料层板中典型缺陷检测能力,首先设计制作了含不同尺寸和深度人工孔洞的对比试块,试块原料采用 MI 工艺成形制造,人工缺陷采用机械加工方式制作,设计图见图 10-10,实物图见图 10-11。采用工业 CT、射线、超声、红外热成像等不同无损检测技术对上述对比试块进行了检测试验。

1. 工业 CT 检测

采用微纳米焦点搭配面阵列探测器的工业 CT 检测系统对含人工缺陷对比试块进行检测能力验证试验,像素尺寸为 $80\mu m$。人工缺陷对比试块工业 CT 检测结果如图 10-12 所示。

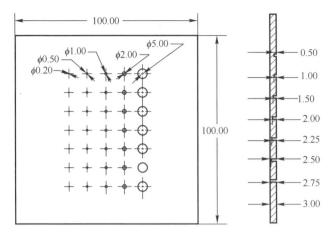

图 10-10　人工缺陷对比试块结构设计图（单位：mm）

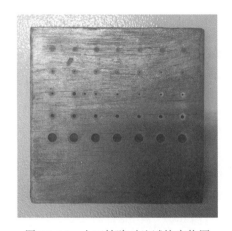

图 10-11　人工缺陷对比试块实物图

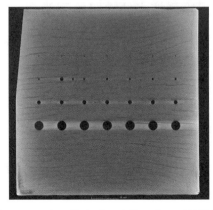

图 10-12　人工缺陷对比试块工业 CT 检测结果

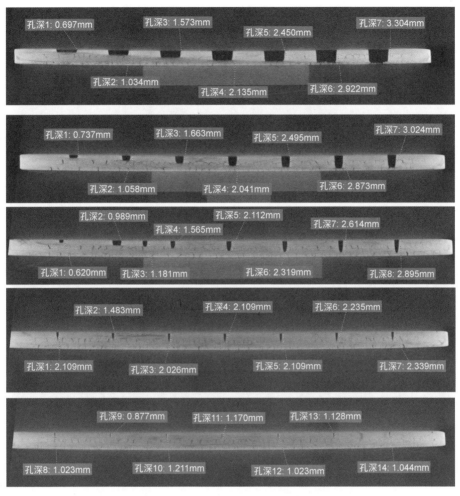

图 10-13　人工缺陷孔深测量结果

从图 10-12 中可以看出所有人工缺陷均能有效检出。人工缺陷孔深测量结果如图 10-13 所示。

从上述图像中还可以看出，除人工缺陷外，工业 CT 可以较为清晰地对 SiC_f/SiC 复合材料层板中的孔洞及裂纹进行成像，对于这些缺陷具有较强的检测能力。

2. 射线检测

选择 225kV 小焦点射线机，采用常规胶片 X 射线检测含人工缺陷对比试块，如图 10-14 所示，可以看到相同孔径不同孔深的孔具有明显的黑度差，3mm 厚度的层板中深度约 1mm 的 ϕ0.5mm 孔均能有效检出，但是由于射线成像具有厚度叠加效应，层板中的孔洞和裂纹难以识别其深度位置，且较难判断缺陷类型。

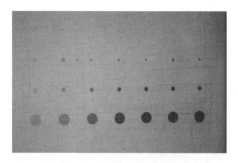

图 10-14 人工缺陷对比试块胶片 X 射线检测

分别选择微焦点射线源、0.4mm 小焦点射线源、1.0mm 大焦点射线源对含人工缺陷对比试块进行数字射线成像,检测结果如图 10-15 所示。容易看出,随着射线源焦点尺寸增大,缺陷检测能力显著下降,微焦点数字射线可检出所有尺寸的人工缺陷,0.4mm 小焦点射线源和 1.0mm 大焦点射线源,均可识别 ϕ0.5mm 的人工孔。

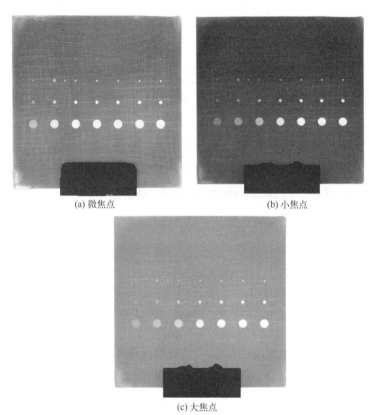

图 10-15 人工缺陷对比试块不同焦点尺寸下的数字射线成像检测

3. 超声检测

采用水浸式玻璃板反射法对含人工缺陷试样进行超声检测。采用 5MHz 聚焦探头的检测结果如图 10-16 所示。由 C 扫描图像分析，蓝黑色图像对应试块区域为疑似分层缺陷，绿色、黄色图像对应试块区域为疑似孔隙缺陷。人工孔识别能力受层板均匀性影响极大。

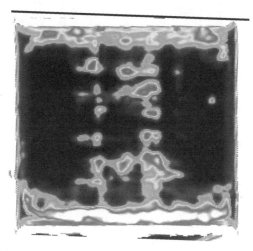

图 10-16　人工缺陷对比试块的超声玻璃板反射法 C 扫描检测结果（见书末彩图）

采用水浸式玻璃板反射法对含自然缺陷陶瓷基复合材料层板进行 C 扫描检测，检测结果如图 10-17 所示。

由上述检测结果看，6 件试样 C 扫描图像颜色显示不均匀，蓝色区域为疑似分层缺陷，黄色、绿色区域为疑似孔隙缺陷。另外，通过观察发现零件表面有凹坑，对检测结果有一定影响。

4. 红外热成像检测

红外热成像检测参数主要包括加热量、加热时间、采集时间、采集频率等。目前采用的红外检测系统加热时间固定为 2ms。对加热时间、采集时间和采样频率等进行了研究和分析。

加热量的影响：采用不同加热能量进行试验研究。通过试验结果发现，随着加热能量的增加，埋深较深的缺陷越来越清楚，图像的信噪比越高，红外热像检测的检测能力越高。所以采用本系统的最大加热量进行检测。

采集频率的影响：分别采用 98Hz 和 47Hz 对前述人工缺陷试块进行检测试验，不同采集频率的检测结果如图 10-18 所示。可见采集频率对检测能力影响并不明显。对比金属材料，对于热扩散率较低的复合材料采集频率的影响很小，一般采集频率大于 30Hz 就能达到较好的检测效果。

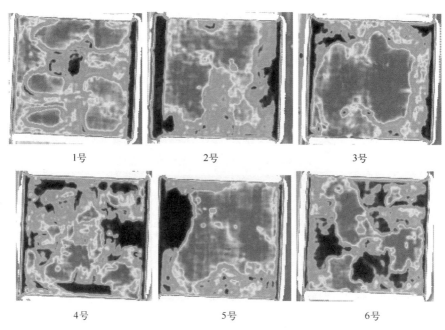

图 10-17　含自然缺陷层板超声 C 扫描检测结果（见书末彩图）

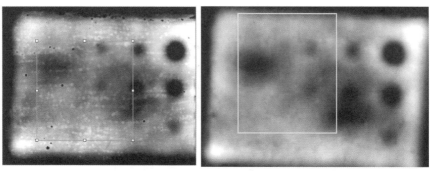

图 10-18　不同采集频率的红外热成像检测结果

陶瓷基复合材料表面粗糙，而且表面颜色容易出现不一致，对红外检测效果和缺陷识别有影响，被检测表面喷涂水溶性黑漆是一种有效的方法。对样件喷涂水溶性黑漆或是覆膜，可以提高被检表面的发射率、吸收率以及发射和吸收的一致性。如图 10-19 和图 10-20 所示为试块喷漆前后的对数温度曲线，可以看到喷涂黑漆后各点的温度曲线前半段更接近理论曲线，即斜率为 -0.5 的直线，人工缺陷的温度曲线和无缺陷区的曲线区别更明显，而同类曲线更加一致。

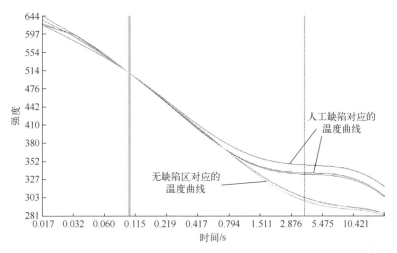

图 10-19 试块未喷漆的对数温度曲线

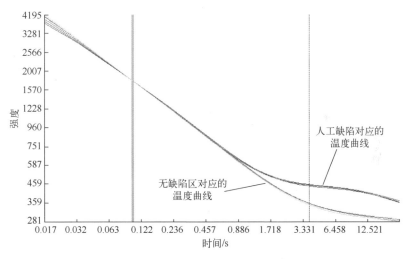

图 10-20 试块喷漆后的对数温度曲线

10.3 连续纤维增强钛基复合材料的无损检测

纤维增强金属基复合材料是将塑性、成形性和损伤容限较高的基体合金与高强度、高刚度、耐高温和抗腐蚀性的增强体（如 SiC 纤维）相结合，来提高综合力学性能的复合材料。其中 SiC 纤维为主要的承载组分，可有效提高基体材料的高温使用性能，并减轻材料的质量。金属基体的主要作用则是与增强体良好结合，保证增强体的性能得以充分发挥。此类材料的性能具有优异的设计性，可以根据实际需求调整增强相与基体的比例和结合方式，从而对材料性能进行调整。由于纤维增强金属基复合材料具有鲜明的性能特点及优势，美国、法国、英国、德国、日本等发达国家均投入大量的人力和物力对这一材料进行系统和深入的研究。其中连续纤维增强钛基复合材料（TMC）具有比钛合金更高的比强度和比模量，在同等负荷条件下，与钛合金整体叶盘相比，减重效果可达30%~40%，同时还有更好的耐热性能，可在高于600℃的环境下使用。除此之外，TMC 还具有良好抗蠕变性能和抗疲劳性能，因此在航空航天领域获得广泛关注，近年来国外大型航空发动机公司均开展了 TMC 材料和成形技术的研发，并已在 TMC 整体叶环的制造上取得了突破。相关成果已应用于部分在研发动机和现有发动机的改良上，未来还将用在推重比 20 以上的新型航空发动机上。国内的北京航空材料研究院、西北工业大学、北京航空工艺研究所和中国科学院金属研究所等相继开展了 TMC 材料和零件的工艺研究，其中北京航空材料研究院研制的 W 芯 SiC 纤维增强钛基复合材料已用于整体叶环和轴类制件等典型结构件的制造。

10.3.1　TMC 制件的工艺特点

制备金属基复合材料的工艺方法可分为液相法和固相法两类。

液相法主要是指在制备过程中，当基体与纤维相接触时，基体至少是处于部分熔化的状态。制备时，先把纤维增强相预制成形，然后将基体熔体倾入，在无压力或小压力下使其浸渗到纤维间隙而达到复合化的目的。该工艺一般用于制备基体熔点较低的复合材料，如铝基复合材料。

固相法是制备连续纤维增强金属基复合材料最常使用的方法，它又分为 3 种工艺：箔-纤维-箔法（FFF 法）、涂敷基体的预制带法（MCM 法）和涂敷基材成分的纤维法（MCF 法）。其中 FFF 法是制备纤维增强金属基复合材料最早开始使用的方法。箔-纤维-箔法制备纤维增强金属基复合材料的流程如图 10-21 所示。首先，用金属丝将纤维进行编织，然后将其与金属箔叠层放置后通过热压的

图 10-21　箔-纤维-箔法制备纤维增强金属基复合材料的流程

方法制得复合材料，使用该方法可简单易行地制备出平板类复合材料。FFF 法有微观组织可控、化学成分准确、杂质含量低等优点，但其缺点也很明显：合金箔价格高；纤维需进行编织从而易受损伤；所制备的复合材料中纤维分布难以均匀；界面处易产生开裂；复杂形状零部件制备困难等。

MCM 法主要是利用等离子体喷涂等技术手段将基材涂敷于纤维上并形成预制带。这种方法要求具备粉末形式的基体材料，等离子体喷涂是在熔融状态下进行的，沉积温度较高，易造成纤维损伤，对钛合金这类活性材料会造成较大的间隙污染，而且难以避免裂纹和缩孔。

MCF 法采用物理气相沉积（PVD）或电子束蒸发沉积等方法将基体合金涂覆在纤维表面得到先驱丝，然后将有涂层的纤维束集起来，通过真空热压或热等静压的方法进行致密化，进而制备出复合材料，见图 10-22。采用物理气相沉积方法可以制备质量很高的金属基复合材料先驱丝，是目前广泛采用的一种方法。而且此方法特别适用于制备难以获得基体箔材的复合材料，可采用单丝缠绕制备出环形件、盘件、轴类件、管等零件。典型的 TMC 整体叶环纤维分布与结构如图 10-23 所示。

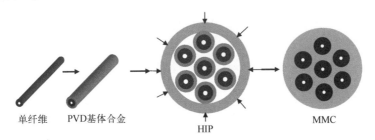

图 10-22　纤维涂层法制备连续纤维金属基复合材料示意图

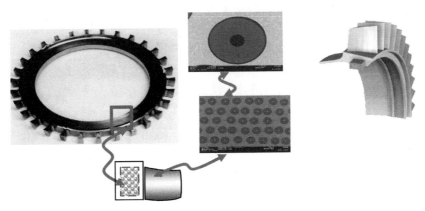

图 10-23　典型的 TMC 整体叶环纤维分布与结构

10.3.2　TMC 制件的无损检测方法

由于结构和制备工艺的特殊性，TMC 制件中可能产生各种微观缺陷和宏观缺陷，前者主要包括纤维微断裂、基体微孔洞、纤维拔出等，后者通常包括纤维屈曲、纤维碎断、纤维束开裂、纤维/基体界面开裂、焊缝开裂、钛合金包套内夹杂和气孔等。目前针对 TMC 中微观缺陷的无损检测，一般采用超声显微镜和高能 X 射线透射（XRT）技术，这两种技术的检测分辨率可达 0.1 mm。图 10-24 为利用超声显微镜和 XRT 技术检测出的 TMC 微观缺陷。其中基体未致密、纤维弯曲、单纤维断裂、纤维拔出留下的微孔洞等缺陷清晰可见。这两种检测技术仅适合于尺寸较小的 TMC 薄制件，对于厚度超过 10mm 的 TMC 工件高频超声或 X 射线的穿透能力明显减弱，成像分辨率迅速降低，检测和识别缺陷的能力也迅速下降。

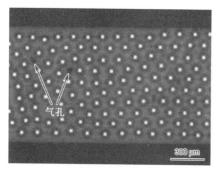
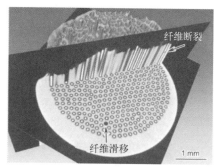

(a) 超声显微成像　　　　　(b) 断口XRT成像

图 10-24　利用超声显微镜和 XRT 技术检出的 TMC 微观缺陷

TMC 内部宏观缺陷的检测，通常采用超声脉冲反射法、工业 CT 以及 X 射线检测。工业 CT 和 X 射线的检测灵敏度受零件尺寸的影响较大，通常厚度大于一定尺寸时 X 射线检测灵敏度急剧下降，而零件外形尺寸大于 400mm 时，即使是高能 CT 也无法穿透零件得到清晰的图像。对于相对尺寸较大的 TMC 制件，超声检测是目前内部宏观缺陷检测的最佳方法。

在连续纤维增强金属基复合材料中纤维是主要承载体，而纤维与基体材料的界面可有效传递载荷，调节材料的内应力分布，阻止裂纹扩展，对材料的综合力学性能有重要影响。在某些情况下，TMC 材料中的纤维/基体界面可能因结合质量差甚至开裂而形成缺陷，采用超声技术无损评价 TMC 材料中纤维与金属界面结合质量是重要的研究方向。由于钛合金基体与纤维结合紧密，界面过渡区狭窄（微米级），界面反射的深度和缺陷（如果存在）的深度相同，很难通过位置将两者有效区分；同时为了检出小缺陷而提高超声检测灵敏度时，界面反射信号幅度会随之提高，所需检测的缺陷信号可能被界面反射信号所掩盖，造成检测能力的不足。因此确定界面反射信号和缺陷反射信号的特征，正确识别缺陷信号是超声检测界面结合质量的难点。

10.3.3 TMC 整体叶环的超声检测

目前正在研制的 TMC 整体叶环，是使用基体-纤维涂覆法+热等静压工艺制备的 SiC/Ti 钛基复合材料与钛合金内、外环焊接而成的复合制件。即首先将采用基体-纤维涂覆法制成的先驱丝缠绕于钛合金内环的凹槽内，然后采用热等静压将钛合金内环与钛合金外环焊合。零件外径 500mm，叶环中复材环（纤维团）的截面尺寸约 15mm×15mm。纤维束的上、下端面、内圆周与钛合金内环接触，纤维束的外圆周与钛合金外环相接触，形成 4 个结合界面。TMC 整体叶环制件检测示意图见图 10-25。

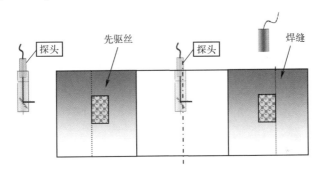

图 10-25　TMC 整体叶环制件检测示意图

TMC 整体叶环制件的超声检测分为纤维/金属界面结合质量检测和焊合质量检测，采用超声水浸聚焦 C 扫描方法进行缺陷检测和底波损失检测。纤维/金属结合界面检测在上、下端面和内外圆周四个方向进行，焊合质量检测在外圆周向进行。超声检测方向示意图如图 10-25 所示。超声检测时纤维/金属结合界面处有反射信号，当纤维平整分布与界面结合良好时，信号幅度较均匀，在 C 扫描图上呈现较为统一的颜色；当纤维屈曲时，界面反射信号幅度明显降低，当界面结合不良时，界面反射信号幅度升高，在 C 扫描图上呈现明显的颜色变化。本节介绍了 TMC 整体叶环几种常见缺陷类型及特征。

1. 纤维碎断

纤维碎断是指纤维丝的粉碎性断裂。纤维碎断后极易形成空洞。

图 10-26 显示的是 1 号整体叶环底波损失的超声 C 扫描图、X 射线和工业 CT 检测结果以及异常部位解剖结果。可见，超声底波损失检测结果与 X 射线检测结果具有较好的对应性。对图中异常部位进行了 CT 检测和解剖分析，结果显

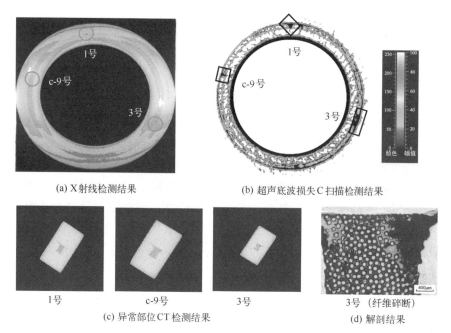

图 10-26 结合界面纤维碎断的无损检测和解剖对应结果（见书末彩图）

示为界面处的纤维碎断。

2. 纤维束开裂

纤维束开裂是指纤维束集中断裂，纤维束集中断裂通常有一定的长度和方向性。

图 10-27 显示的是 2 号整体叶环的超声检测和解剖对应结果。图中标记位置为复合材料内部发生了纤维束开裂现象，从图中可以看出裂纹贯穿了复合材料部分，呈径向分布特征。超声脉冲反射 C 扫描和底波损失 C 扫描图像显示与解剖结果吻合。

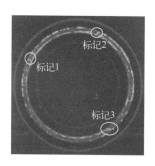

图 10-27 2 号整体叶环的超声检测和解剖对应结果

3. 焊缝开裂

焊接开裂的超声检测和解剖对应结果，如图 10-28 所示，结合界面处的焊缝开裂可以通过异常部位的位置信息获得。

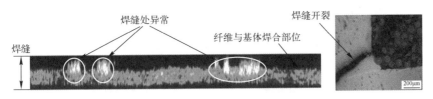

图 10-28　焊缝开裂的超声检测和解剖对应结果

4. 纤维屈曲

纤维屈曲是指由于纤维缠绕或热等静压过程中各部位受力不均等原因，导致纤维束局部产生弯曲变形的缺陷。

图 10-29 显示的是 3 号整体叶环超声检测和解剖对应结果，从图中可以看到多处异常显示。经解剖发现均为纤维屈曲，从图上可以看出纤维屈曲的特征，即纤维部分屈曲变形形成了缺口后金属填充进入，使得界面信号显著降低，信号幅度与金属反射幅度相同。

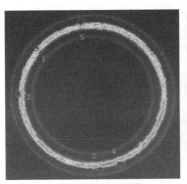 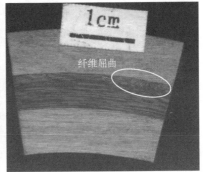

(a) 端面超声C扫描结果　　　(b) 标记3号处解剖结果

图 10-29　3 号整体叶环的超声检测和解剖对应结果

由于国内对连续纤维 TMC 构件的研究起步较晚，制造工艺、结构设计均属探索阶段，TMC 制件的无损检测仍有许多问题亟待解决，如连续纤维体积分布、复合材料内部裂纹可检性以及纤维的定位精度等，相关检测技术有待于进一步深入研究。

10.4 树脂基复合材料的超声检测

树脂基复合材料在航空发动机上的应用研究始于20世纪50年代，经过60余年的发展，国外已经将其应用于现役航空发动机。树脂基复合材料的服役温度一般不超过350℃，主要用于发动机的冷端。最典型的应用部件是风扇叶片和风扇机匣，其中风扇叶片是发动机最重要的零件之一，与钛合金风扇叶片相比，树脂基复合材料风扇叶片除具有明显的减重优势外，其受撞击后对风扇机匣的冲击较小，有利于提升风扇机匣的包容性；风扇机匣是发动机最大的静止部件，它的减重直接影响发动机的推重比与效率。图10-30所示为国外先进发动机风扇机匣的发展历程。

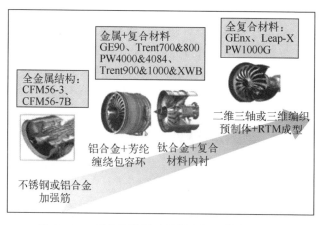

图10-30 国外先进发动机风扇机匣的发展历程

国产发动机用树脂基复合材料风扇叶片和风扇机匣的研制尚处于起步阶段。

航空发动机所采用的树脂基复合材料与飞机机体使用的树脂基复合材料有相似之处，而且通常情况下发动机复合材料的组织更加紧密，内部界面对检测的影响更小，因此可以采用与机体用树脂基复合材料相类似的无损检测方法，或借鉴其他类似结构和用途的复合材料无损检测方法，例如，风电叶片已经采用超声、声发射等方法进行检测（图10-31）。但由于航空发动机复合材料制件结构复杂，制作工艺多样，如各类机匣、叶片，主要为环形、锥、双曲率形状的碳纤维层压板结构，主要制作工艺有热压罐工艺、RTM工艺及3D编织工艺等，无损检测方法如何实施、检测的有效性都需要开展专门的研究。

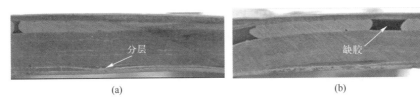

图 10-31　风电叶片中的缺陷

10.4.1　常用超声检测技术

超声检测方法是树脂基复合材料最常采用的方法，其优点是检测灵敏度高，操作简单，对材料内部危害较大的缺陷基本能够有效检测出来，并能够准确确定内部缺陷的位置。缺点是检测效率较低，对检测人员专业知识要求较高，检测时需使用耦合剂。

树脂基复合材料的超声检测有接触式脉冲反射法、接触式脉冲穿透法、水浸式反射板法、喷水式脉冲穿透法、喷水式脉冲反射法和超声相控阵检测方法等。其中常用的检测方法有接触式脉冲反射法、水浸式反射板法和喷水式脉冲穿透法。常用复合材料超声检测方法示意图如图 10-32 所示。

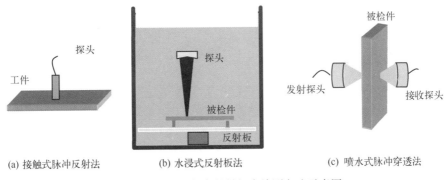

图 10-32　常用复合材料超声检测方法示意图

上述方法各有特点，可根据材料特点选择不同的检测方法。一般来说，对面积相对较小的平面型层压板，宜采用水浸式反射板法检测；对于面积较小而且形状较复杂的复合材料层板制件宜选用接触式脉冲反射法检测；对于大型复合材料层板制件宜选用喷水式脉冲穿透法 C 扫描检测；对于厚度较小的夹层结构制件，宜选用喷水式穿透法检测；对于厚度较大的夹层结构制件，宜选用脉冲反射法单面检测。

10.4.2　检测用对比试块

复合材料检测中使用的对比试块主要用来验证检测系统的可靠性与可重复

性，调节检测灵敏度，验证上下表面检测分辨率和评估缺陷。对比试块的材料、铺层方向、固化工艺、厚度、表面状态和形状结构等应与被检件相同或相似。复合材料检测用对比试块的种类和制作方法如表 10-1 所列，对比试块的结构尺寸和缺陷分布如图 10-33 所示。

表 10-1　复合材料检测用对比试块的种类和制作方法

检测缺陷	试块种类	制作方法	适用的检测方法
分层、夹杂	内嵌物对比试块	在缺陷处内嵌两片厚度为 0.02~0.05mm 范围的隔离膜，如聚四氟乙烯膜，或单层厚度为 0.1mm 的不锈钢片	脉冲穿透法 脉冲反射法
	平底孔对比试块	试块固化后，在背面钻铣平底孔至所需检测的深度或仅将芯材钻铣一定深度（通常为 1mm）	脉冲反射法
	外贴薄膜对比试块	在无缺陷的被检件或试块表面，直接粘贴不能透声的材料作为人工缺陷	脉冲穿透法
孔隙率	不同孔隙率含量对比试块	通过制作工艺控制不同层数层板中的孔隙含量	脉冲穿透法 脉冲反射法

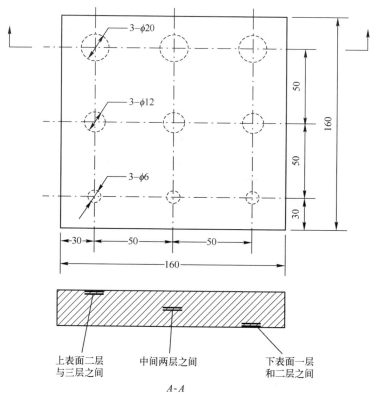

图 10-33　复合材料对比试块的结构尺寸和缺陷分布（单位：mm）

图 10-33 层板结构对比试样可以采用内嵌物、打孔、贴膜等方法模拟分层、夹杂等面积性缺陷，人工缺陷大小根据被检测对象验收等级的规定制作，缺陷埋藏深度通常包含上表面、下表面和中间层，上下表面缺陷用来验证上下表面检测分辨力，三种埋深的缺陷同时用来调节检测灵敏度。

复合材料检测用对比试块应定期进行校验，以验证缺陷的埋深和大小未发生明显变化。采用自动成像检测有助于检测结果的稳定和保存，一般来说，层板结构对比试块和胶接结构对比试块可以采用聚焦探头进行喷水穿透法检测和反射板法检测，蜂窝结构对比试块采用喷水穿透法检测。

10.4.3 复杂结构检测方法

复合材料制件中的 R 角有 T 形结构、L 形结构、帽形结构等，根据复合材料的成形工艺特点，其 R 角部位主要有分层、孔隙和夹杂等类型的缺陷，缺陷取向多沿层间分布。R 角结构及其缺陷分布如图 10-34 所示。

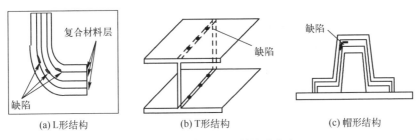

图 10-34 R 角结构及其缺陷分布

由于形状和空间尺寸的影响，对 R 角部位进行超声检测存在许多困难，如：R 角部位曲率小，宽度窄，不利于超声探头的耦合；不能保证 R 角各部位的入射声束都与该部位表面垂直，影响检测灵敏度；不能准确地对缺陷大小进行评定等。目前，国内外先进的 R 角超声检测技术主要有以下几种：

1）接触式脉冲反射法

这种检测方法是通过加工特定形状的楔块或使用小直径探头与 R 角接触，保证声束有效进入被检件，解决探头与 R 角的耦合问题，从 R 角一侧（内 R 角或外 R 角）实施反射法检测。接触式脉冲反射法检测如图 10-35 所示。

2）喷水式脉冲反射法

这种检测方法是通过设计加工特定形状的喷嘴楔块使探头与 R 角接触，通过喷水保证声束从 R 角一侧（通常为内 R 角）有效进入被检件实施反射法检测。喷水式脉冲反射法检测如图 10-36 所示。

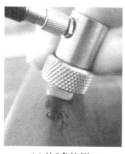

(a) 外R角检测　　　　　　(b) 内R角检测

图 10-35　接触式脉冲反射法检测

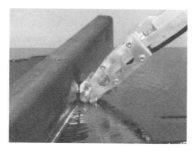

图 10-36　喷水式脉冲反射法

3）喷水式穿透法

喷水式穿透法是通过设计加工两个特定的喷水探头（图 10-37），调整两个探头的位置，确保 R 角一侧探头发出的声波通过喷出的水柱穿透被检件后被另一侧探头接收，通过监控接收信号的衰减程度来评价制件的质量。

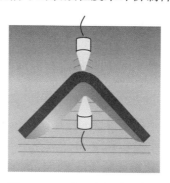

图 10-37　喷水式穿透法检测

4）阵列探头超声检测

阵列探头超声检测是采用多个晶片形成探头阵列，通过多通道超声仪器同时激发探头进行超声检测的方法。对于 R 角检测，可根据 R 角的尺寸特点，在 R

角截面的不同部位布置多个晶片，形成与 R 角部位曲率相近的探头阵列，使各晶片声束之间存在一定相互交叉覆盖，并保持 R 角各部位的声束垂直入射，通过水浸或喷水耦合，运动整个探头阵列一次扫查即可完成整个 R 角的检测，获得缺陷在 R 角的分布信息。曲面阵列探头超声检测如图 10-38 所示。

图 10-38　曲面阵列探头超声检测

5）超声相控阵检测

超声相控阵检测技术是近年来为检测复杂形状制件，提高检测效果而发展起来的一种新的超声无损检测方法。超声相控阵检测技术通过对一个换能器中多个晶片发射、接收声束时间延迟的控制，实现声束的偏转和聚焦。该检测技术可以较灵活地控制声束方向和聚焦方式，能够达到提高检测速度，简化机械装置的目的。

对于 R 角部位，同一个相控阵探头可以通过更换楔块实现对一定尺寸范围 R 角的检测，包括内 R 角和外 R 角。相控阵检测内、外 R 角示意图如图 10-39 所示。

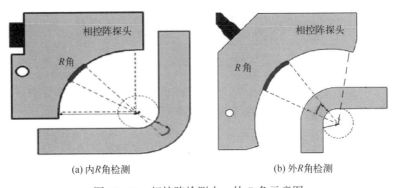

(a) 内 R 角检测　　　　　　　　(b) 外 R 角检测

图 10-39　相控阵检测内、外 R 角示意图

以上 R 角检测方法各有特点，单探头检测，成本低，易于实现，但由于探头直径小，声束覆盖的有效检测范围窄，对 R 角部位尤其是曲面较大的 R 角进行检

测时，需要调节探头角度，使入射声束与 R 角不同曲率部位垂直进行多次扫查，或沿 R 角圆弧面进行扫查（图 10-40），检测效率低，且探头与被检件不同曲率部位的垂直度和耦合情况需要靠人为调节，准确性低，稳定性差。采用超声相控阵检测技术对复合材料 R 角部位进行检测，耦合效果好，可以通过一次扫描，实现 R 角部位多个角度的检测，同时进行 A 扫描波形、B 扫描图像、C 扫描图像显示（图 10-41），通过图像可准确测量缺陷大小，实现 R 角的可视化检测，但相控阵仪器和探头比较昂贵，对使用人员要求较高。

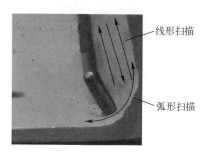

图 10-40　单探头超声检测扫查方式

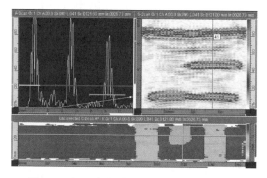

图 10-41　R 角超声检测 A、B、C 扫描图

10.4.4　大型曲面结构的超声检测

对大型曲面结构，国外通常采用自动检测系统进行检测。图 10-42 是采用六轴自动检测系统和相控阵检测技术，对大型曲面结构进行脉冲反射法自动 C 扫描检测。图 10-43 是可以检测复杂型面结构的机器人手臂机械装置，如图 10-43（a）所示为机器人手臂机械装置可进行脉冲反射法检测，如图 10-43（b）所示为机器人手臂机械装置可进行穿透法检测。

图 10-42　六轴检测系统和相控阵检测技术进行大型曲面制件自动检测

(a) 可实现脉冲反射法

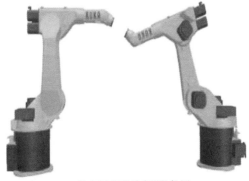

(b) 可实现脉冲穿透法检测

图 10-43　检测复杂型面结构的机器人手臂机械装置

10.4.5 孔隙率检测

孔隙率是复合材料中的主要缺陷之一，对材料强度有较大影响。目前国内外对复合材料孔隙类微观缺陷的检测与评定方法有超声声速法、超声衰减法、微波法等，其中超声衰减法应用最多。超声衰减法的检测原理是依据超声衰减幅度与孔隙率含量的对应关系曲线，通过测量材料的声波衰减幅度来间接评定孔隙率，进而评定复合材料的质量。通常情况下，相同厚度的层板，声波衰减幅度随孔隙率含量的增加而增大；相同孔隙率含量的层板，声波衰减幅度随层板层数的增加而增大。图10-44给出某一材料体系复合材料孔隙率层板试块的底波声衰减幅度与孔隙含量对应关系曲线。检测时，可以根据被检件层数和验收条件中规定的允许存在的最大孔隙率含量，选择相应的孔隙率对比试块，当被检件中底波的衰减幅度大于相应孔隙率试块的声波衰减幅度时，则认为被检件的该部位孔隙率不符合要求。

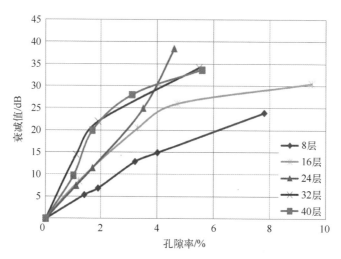

图10-44 复合材料孔隙率层板试块的底波声衰减幅度与孔隙含量对应关系曲线

参考文献

[1] 李佩桓, 张勇, 王涛, 等. 连续 SiC 纤维增强金属基复合材料研究进展 [J]. 材料工程, 2016, 44 (8): 121-129.

[2] 张少平, 李冠达. 纤维增强钛基复合材料整体叶环设计技术 [J]. 燃气涡轮试验与研究, 2015, 28 (1): 45-48.

[3] 成小乐，尹君，屈银虎，等.连续碳化硅纤维增强钛基（SiC$_f$/Ti）复合材料的制备技术及界面特性研究综述［J］.材料导报（A综述篇），2018，32（3）：796-806.

[4] 王玉敏，张国兴，张旭，等.连续SiC纤维增强钛基复合材料研究进展［J］.金属学报，2016，52（10）：1153-1170.

[5] 朱艳，杨延清，马志军，等.SiC/Ti基复合材料界面反应的热力学研究［J］.稀有金属材料与工程，2002，31（4）：279-282.

[6] 李虎，黄旭，黄浩，等.连续SiC纤维增强钛基复合材料界面反应研究［J］.锻压技术，2016，41：103-108.

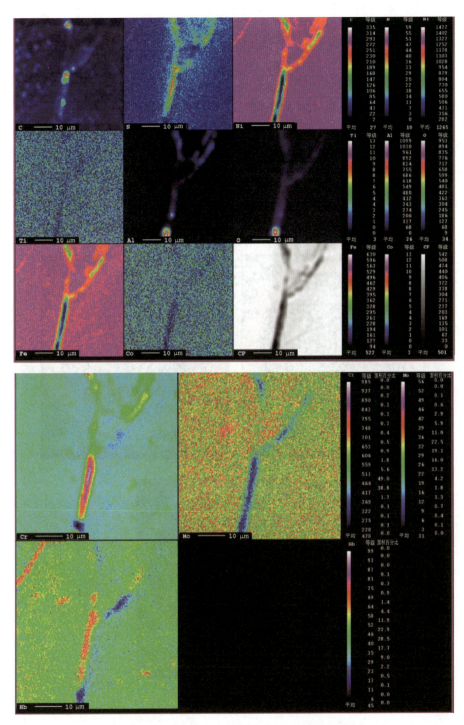

图 2-13 沿缺陷横向电子探针成分面扫描分析图谱

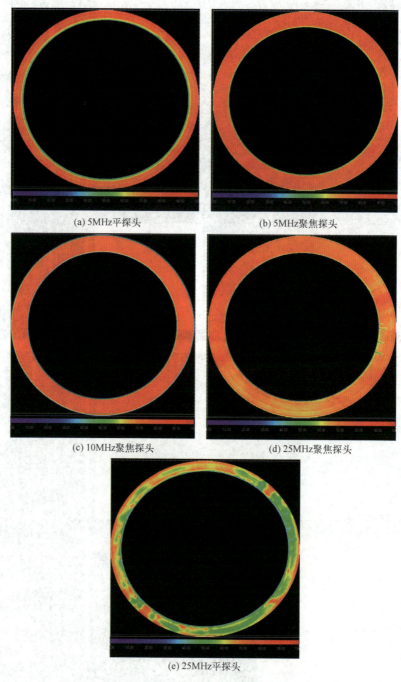

图 2-19 纵波直入射时不同探头的底波监控 C 扫描图像

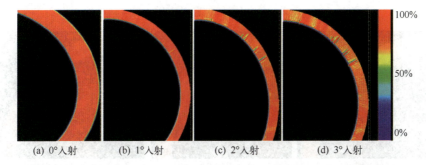

(a) 0°入射　　(b) 1°入射　　(c) 2°入射　　(d) 3°入射

图 2-23　不同声束入射角度下的底波监控 C 扫描图像（10MHz 聚焦探头）

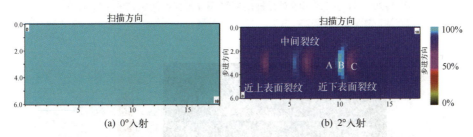

(a) 0°入射　　　　　　　　　　　(b) 2°入射

图 2-25　不同入射角度下、不同位置裂纹的底波监控数值模拟结果

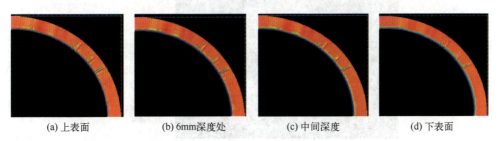

(a) 上表面　　(b) 6mm 深度处　　(c) 中间深度　　(d) 下表面

图 2-27　焦点落于不同位置径轴向裂纹的底波监控 C 扫描成像结果

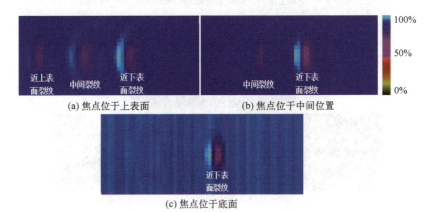

(a) 焦点位于上表面　　　　　　　(b) 焦点位于中间位置

(c) 焦点位于底面

图 2-28　不同位置裂纹的底波监控 C 扫描数值模拟结果

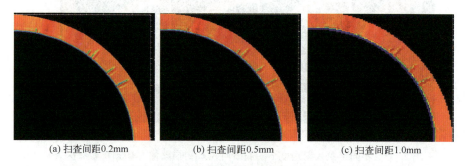

(a) 扫查间距0.2mm　　　(b) 扫查间距0.5mm　　　(c) 扫查间距1.0mm

图2-29　不同扫查间距对径轴向裂纹底波监控检测影响的试验结果

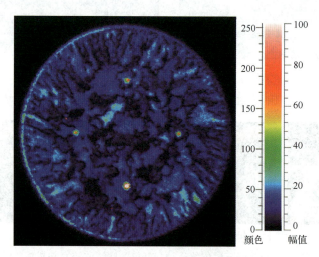

图3-9　归一化焦距约0.3的15MHz聚焦探头超声C扫描图像

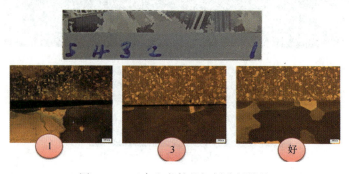

图3-33　双合金盘件的解剖分析结果

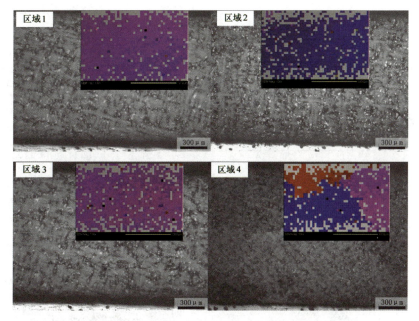

图 4-19 镍基高温合金基体截面的微观组织形貌

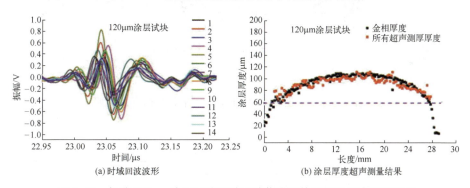

(a) 时域回波波形   (b) 涂层厚度超声测量结果

图 4-28 标称 120μm 涂层试块时域回波信号和涂层厚度超声测量结果

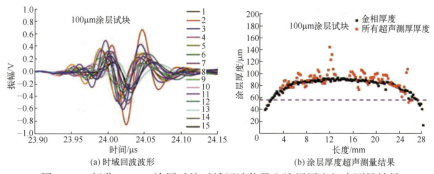

(a) 时域回波波形   (b) 涂层厚度超声测量结果

图 4-31 标称 100μm 涂层试块时域回波信号和涂层厚度超声测量结果

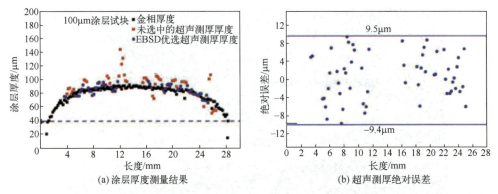

图 4-33　标称 100μm 涂层试块测量结果对比及超声测厚绝对误差

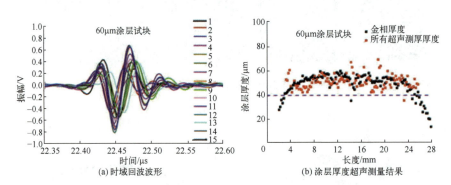

图 4-34　标称 60μm 涂层试块时域回波信号和涂层厚度超声测量结果

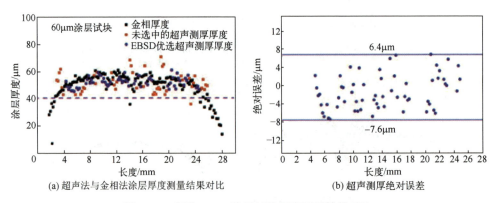

图 4-36　标称 60μm 涂层试块厚度测量结果对比及超声测厚绝对误差

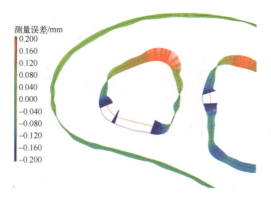

图 5-23 叶片测量结果误差示意图

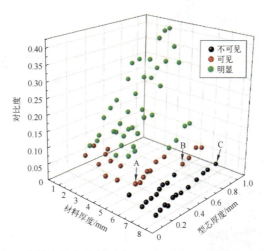

图 9-19 阶梯试样中材料厚度、型芯厚度和对比度的变化规律

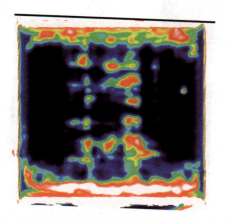

图 10-16 人工缺陷对比试块的超声玻璃板反射法 C 扫描检测结果

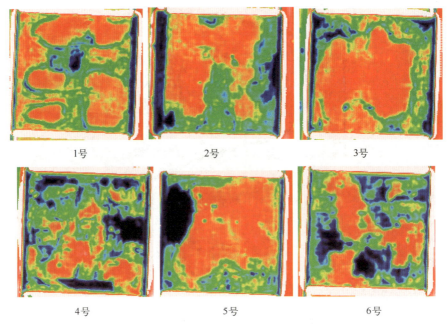

图 10-17 含自然缺陷层板超声 C 扫描检测结果

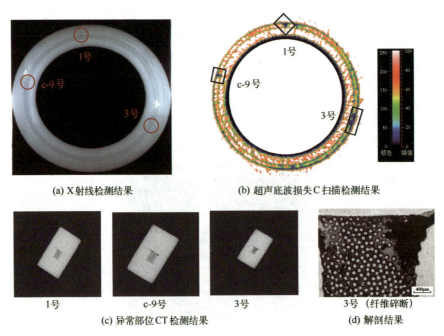

图 10-26 结合界面纤维碎断的无损检测和解剖对应结果